完成データ付

CGキャラクター制作の秘訣

江原 徹 著

目次

キャラクターデザインの概要 7
キャラクターデザインのポイント 9
タイプ別キャラクター制作のポイント 10

Chapter 01
素体の作成 11

01 ボックスからのラフモデル制作 14
02 形状の修正 16
03 リトポロジ 22
04 口内 24
05 手 25
06 足 30
07 目 31
08 UV展開 32
09 眉毛、まつ毛 34
10 肌のタイリングテクスチャ 37
11 体全体のベーステクスチャ 39
12 顔のベーステクスチャ 43
13 体へのベーステクスチャの適用 52
14 ポリペイントによる加筆 56
15 顔のディスプレイスメント 59
16 顔のディテール調整 64
17 体のディテール調整 65
18 ディスプレイスメントマップの適用 66
19 スペキュラ／ラフネスマップ 68
20 各テクスチャの設定 69
21 瞳 70

Chapter 02
XGenと髪の毛 81
01 XGenオブジェクトとガイドの作成 82
02 XGenの設定 86
03 浮き毛 91
04 キャラクターの髪の毛の制作 95

Chapter 03
衣装とアクセサリ 103
01 ティアラ 104
02 ネックパーツ 105
03 インナー 106
04 スーツ 107
05 スカート 108
06 レザーパーツ 110
07 ブーツ 110
08 スリーブ 111
09 衣服の装飾 119
10 モノクル（片眼鏡） 123
11 モノクルのチェーン 124
12 グローブ 128
13 ベルト 129
14 ファスナー 130
15 UV展開 130
16 ディテールを作り込む 132

Chapter 04
テクスチャの作成 135
01 Substance 3D Painterを使ったテクスチャ制作 136
02 ネックパーツのテクスチャ作成 144

Chapter 05
クオリティアップ 151
01 顔の形状 152
02 毛穴 158
03 スペキュラ 159
04 髪の毛 160
05 修正後の確認 161
06 HDRIシーンでの確認 163
07 データチェック 165

Chapter 06
簡単なセットアップ 167
01 ケージモデルの作成 168
02 ケージモデルのスケルトン作成 170
03 オリジナルモデルへウェイトをコピー 175

Chapter 07
ポージングとシミュレーション 177
01 ポージング 178
02 モデルの修正 178
03 衣装のシミュレーション 179

Chapter 08
仕上げ 185
01 要素に分けてレンダリングする方法 186
02 ライトで分けてレンダリングする方法 189
03 シーンの要素分け 191
04 要素の合成 194
05 最終仕上げ 198

Gallery 204

まえがき

たくさんのCG 関連書籍から
「完成データ付 CGキャラクター制作の秘訣」を手に取って下さり、
ありがとうございます。
本書は長年、仕事や自主制作で培ってきた
私の経験をまとめたものです。
3DCG制作に参考になるような
テクニックや作り方・考え方を詰め込みました。
主に、中級者以上、キャラクターモデラーを対象としていますが
初心者・学生の方にも役立つ内容になっていると思います。

キャラクター制作にはさまざまな方法があります。
「本書の作り方が正解」ということではなく
あくまで「1つの例」として、参考にしてください。
ツールやソフトは、バージョンアップ・新機能追加などによって
その使い方も変化します。
別のやり方、もっと効率のよい方法はあるかもしれませんが
独自の制作方法を模索する
きっかけになりましたら幸いです。

「完成モデルデータ」はダウンロードできます。
本書が、みなさんの制作に役立つことを願っています。

江原 徹

著者略歴
大手ゲーム会社やCGプロダクション勤務を経て、現在フリーランスとして活動。アニメ調からリアル調まで、さまざまなジャンルのキャラクターを制作。最近では、大作ゲームのキャラクターやバーチャルヒューマン系のCG制作にも参加している。

Twitter：twitter.com/tehara80
ArtStation：www.artstation.com/tehara

【付録】ダウンロードデータについて
本書をお買い上げいただいた皆様に、「キャラクター完成データ（軽量版・通常版/ Maya 2020 対応）」「素体データ（FBX 形式）」をご用意しています。詳細については、ボーンデジタルの書籍サポートページをご参照ください。

※データを使用するにはパスワードが必要です
https://www.borndigital.co.jp/book/support
パスワード：GvmYuW5L

キャラクターデザインの概要

多くの仕事では、予め、キャラクターのデザイン・設定画・資料が用意され、それに合わせてCG キャラクターを制作していきます。ここでは、自主制作のオリジナルキャラクターをデザイン、制作するときの手順を紹介します。

仕事案件の多くでは、三面図や「身長」「性格」などの設定が書かれたデザイン画が渡されます。

参考例（オリジナルデザイン）

発想

Pinterest 等で日頃から集めているファンタジー系のデザイン画や、煌びやかな衣装を観ながら頭の中で想像を膨らませ、大まかな形（シルエット）を思い浮かべたら、それをベースにデザインを考えます。

今回のデザインのベース

- 白い衣装をまとったキャラ
- 魔法使いでエリート
- 髪の毛は白色に近く、ビシッと決まった形をしている
- 肩の辺りでまとめ、胸の方に垂らすヘアスタイル
- ティアラを着けている

カッコイイシルエットになるように

- 魔法詠唱時のシルエットを想像し、必要なパーツを探る
- 長い布を背中に着けると、風にたなびかせたときに動きが出る
- スカートのような布をサイドに着けると、たなびかせたときに見栄えがする

大まかにデザインする

ラフな形でいいので、大まかにシルエットを決めていく。

性格を決める：これまでに決めた要素を基に、ふさわしい性格を探る

- 強く凛々しい女性
- どんな敵にも怯まない精神力がある
- とにかく強い
- しっかり者
- 仲間がピンチでも、冷静に魔法で敵を倒す
- 常に魔法の勉強をしている

上記のようにどんどん詰めていき、そのイメージに合う顔の特徴を決めます。

顔の特徴

- 凛々しい
- 隙のないキリっとした目
- 口元も厳しめの印象に
- 鼻はスラっとして、鼻筋は長め
- 勉強のし過ぎで視力が悪いため、モノクル(片眼鏡)を着けている

これらの特徴に、衣装と性格を加味してデザインに起こします。

キャラクターデザインのポイント

視線誘導：キャラクターの顔に目が行くような形状や模様にする

- 顔の周りに飾りなどを密集させる
- 目立つ色を顔の近くに置く
- 全体をラインとして見たとき、顔に集中するようなライン取りをする

一か所、必ずアクセントになる色を置く

今回のデザインでは、後ろに垂れている赤い布（これにより、画が引き締まる）。

必ず粗密をつける

今回のデザインでは、特に顔の周りを密に。

ディテール量に強弱を出す

ディテールの多い部分とそうでない部分を作り、全体に強弱をつけ、見栄えがするように。

これらのポイントを基にデザインを一旦決めますが、今回は自主制作なので、モデリングしながらもよいアイデアがあれば適宜調整していきます（※仕事のプロジェクトで、予め、デザイン・設定画が決まっている場合は、必ずそれに合わせて作ります）。

タイプ別キャラクター制作のポイント

セミリアルキャラクター

- デフォルメしながらも洗練された形に
- リアルな基本形を保ちつつ、骨格もデフォルメする
- バランス感覚が必要（例：シルエットのカッコよさ、破綻している角度のないように）
- パーツの比率は変えてもよい（形のきれいさ重視）
- 女性モデルは男性モデルよりも難易度高め
- 「カッコいい」「かわいい」「美しい」形を把握しておく必要がある

リアルキャラクター

- 骨格もしっかりとリアルな形に
- パーツ（顔や目の大きさ等）の比率もリアルに
- 美しさよりも、どのくらい本物に見えるか
- 「毛穴」や「顔の色温度」等、本物に極めて近くなるように作る
- まつ毛、眉毛、産毛、髭もリアルに再現
- 必ず左右非対称な形に

アニメキャラクター

- デザイン画そっくりに作ることが求められる（設定・デザイン画がある場合）
- バランスやきれいなシルエットを取る必要がある（形のきれいさ重視）
- リアルな骨格を意識しながらも、アニメに落とし込んでデフォルメする
- 流行りの顔や絵柄のインプットが必要
- 標準マテリアルでも歪みやしわはない方がよい

Chapter 01

素体の作成

ボックスから、さまざまなキャラクター制作のベースとして使える「素体」を作成します。これは今後の制作にも活用できるので、丁寧に作り込みましょう。本書で紹介する3DCGツール以外、他のツールを使用する場合にも、記述を参考にして、制作のヒントにしてください。

素体の作成

全体の流れ

01 ボックスからのラフモデル制作

ポリゴンでキャラクター全体の大まかなバランスを形成します（使用ツール：Maya）

02 形状の修正

首から下の形状を整え、ディテールをつけていきます（使用ツール：ZBrush）

03 リトポロジ

ディテールがつき、ポリゴン数が増えたモデルをリトポロジして、後の作業がスムーズになるようにポリゴンの流れを整えます（使用ツール：Maya）

04 口内

口を開けたとき空洞にならないように、ポリゴンを追加して口内を作ります（使用ツール：Maya）

05 手

重要かつ繊細な部分なので、別オブジェクトとして作成します（使用ツール：Maya）

06 足

主に指を作る際のポイントに焦点を当てます（使用ツール：Maya）

07 目

レンズ用の球オブジェクトを入れ調整。キャラクターに欠かせない「目力」が出るように、丁寧に作ります。（使用ツール：Maya）

08 UV展開

ローポリモデルの段階でUV展開します。一度スムーズをかけ、ハイポリモデルにしたあと、適切な大きさにUVを調整します（使用ツール：Maya）

09 眉毛、まつ毛

「目力」がより際立つように、眉毛とまつ毛を作ります（使用ツール：Maya、XGen）

10 肌のタイリングテクスチャ

肌のベースとなるテクスチャ。タイリングした際、継ぎ目ができないようにします（使用ツール：Photoshop）

11 体全体のベーステクスチャ

体全体にタイリングテクスチャを適用。肌に程よいムラを追加します（使用ツール：Substance 3D Painter）

12 顔のベーステクスチャ

顔の画像を利用して、適用しやすいテクスチャに調整します（使用ツール：Photoshop）

13 体へのベーステクスチャの適用

UDIMのある体へベーステクスチャを適用します。適用したテクスチャはポリペイント化して、その後、加筆します（使用ツール：ZBrush）

14 ポリペイントによる加筆

テクスチャの継ぎ目をなじませ、足りない要素を追加します（使用ツール：ZBrush）

15 顔のディスプレイスメント

顔の画像を利用して、毛穴やしわ等のディテールをつけます（使用ツール：ZBrush）

16 顔のディテール調整

顔のディテールを調整します（使用ツール：ZBrush）

17 体のディテール調整

体にディテールを追加・調整し、ディスプレイスメントマップに変換します（使用ツール：ZBrush）

18 ディスプレイメントマップの適用

「体のディテール調整」で生成した「ディスプレイスメントマップ」を適用します（使用ツール：Maya）

19 スペキュラ／ラフネスマップ

肌の光沢やムラをつけるために、スペキュラ／ラフネスマップを作成します（使用ツール：ZBrush）

20 各テクスチャの設定

各テクスチャを適用。数値設定で、より肌らしく見えるように調整します（使用ツール：Maya）

21 瞳

瞳、虹彩、白目を作成して、「目力」を強めます（使用ツール：Maya、ZBrush、Photoshop）

01 ボックスからのラフモデル制作

3Dモデリングツールを使って、キャラクター全体の大まかなバランスを形成します（本書ではMayaを使用）。まずボックスを作成しますが、調整しやすいように、ポリゴンの分割数はあまり細かくしません。

01. **［作成］→［ポリゴンプリミティブ］→［立方体］** でボックスを作成します（※ここではMayaを使用、ポリゴンの分割数を4 x 3 x 4にしています）

02. 底辺のポリゴンを選択し、**［メッシュの編集］→［押し出し］** を実行します。押し出した部分が首になります。

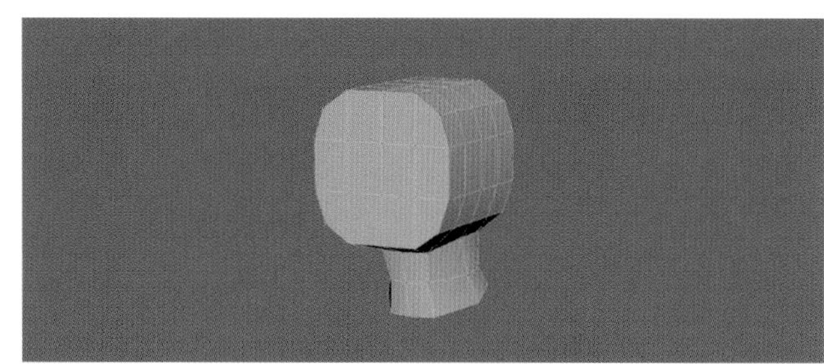

03. ［押し出し］を繰り返し、その都度、さまざまなアングルから確認しながら、シルエットを整えます。

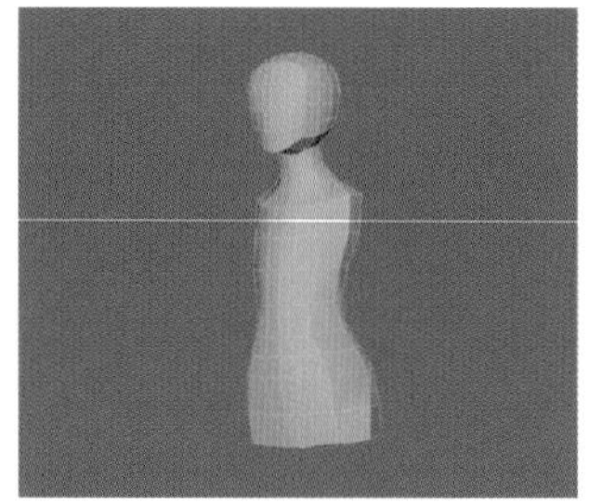

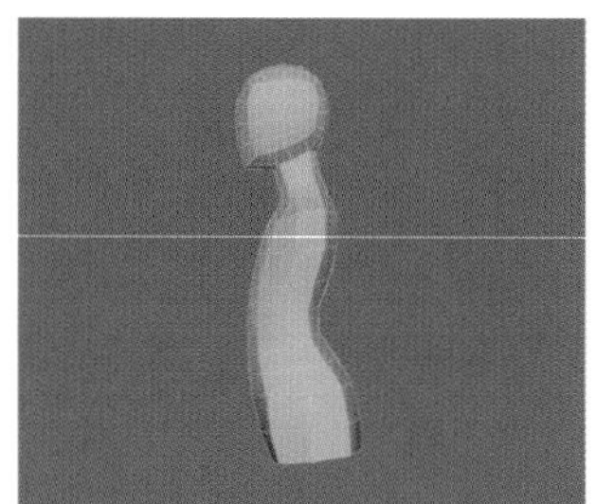

04. さらに［押し出し］と［ポリゴン編集］を繰り返し、大まかな人間の形状に近づけます。

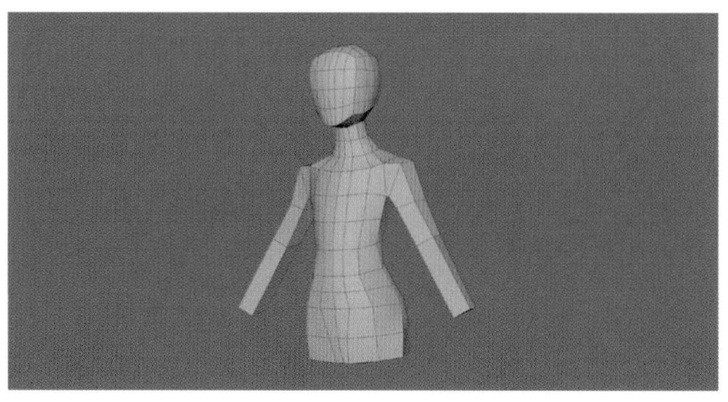

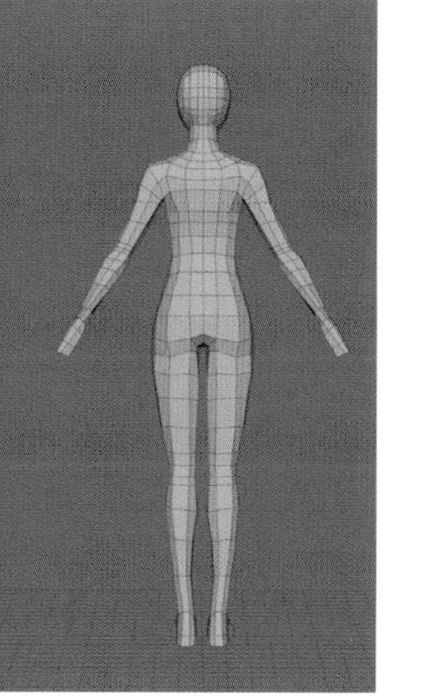

人体に関する資料、書籍を参考にしながら、形状(バランスやシルエット)を大まかに決めていくとよいでしょう。

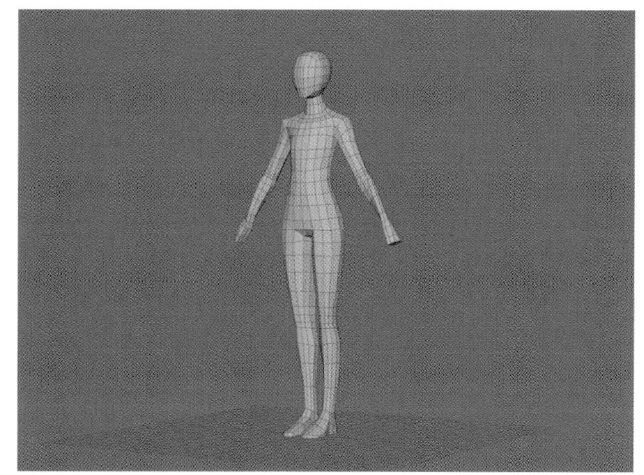

[メッシュ]→[スムーズ]を1回かけたモデル。形に気をつけて作ったので、この段階でも整っています。次はZBrushで形を調整していきます。

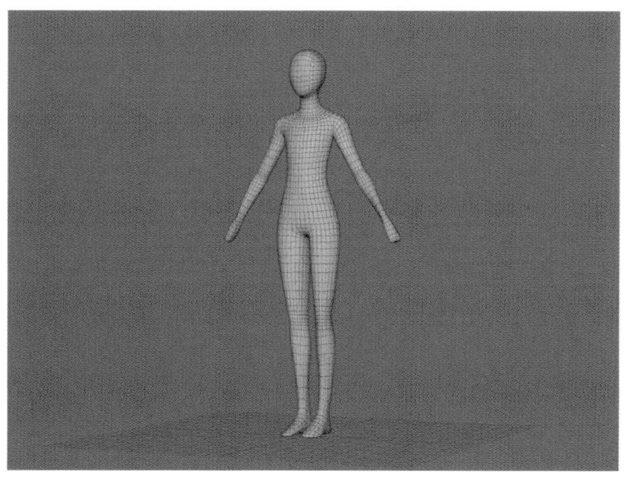

02 形状の修正

作成したラフモデルの首から下の形状を整え、ディテールをつけていきます。

01. Mayaで作成したオブジェクトをZBrushにインポートします。

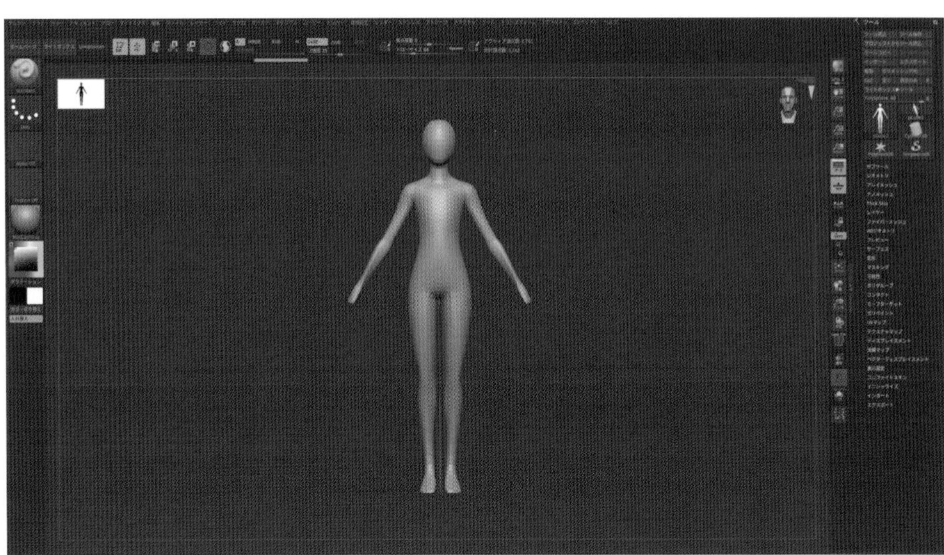

02. 胸や腰回り等、形のポイントになる部分を[Move]ブラシや[Standard]ブラシで作り起こします。横から見ても、違和感がないよう注意しましょう。

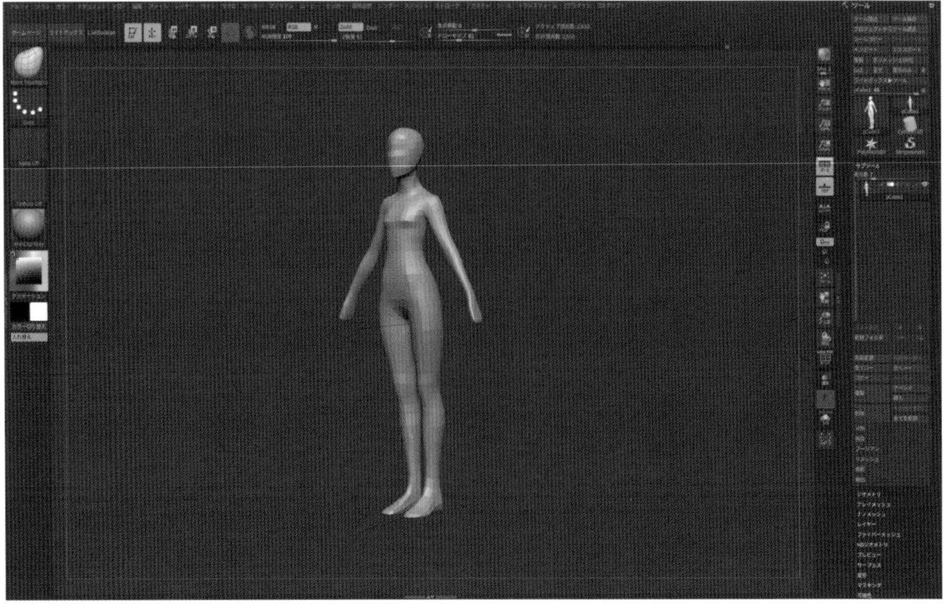

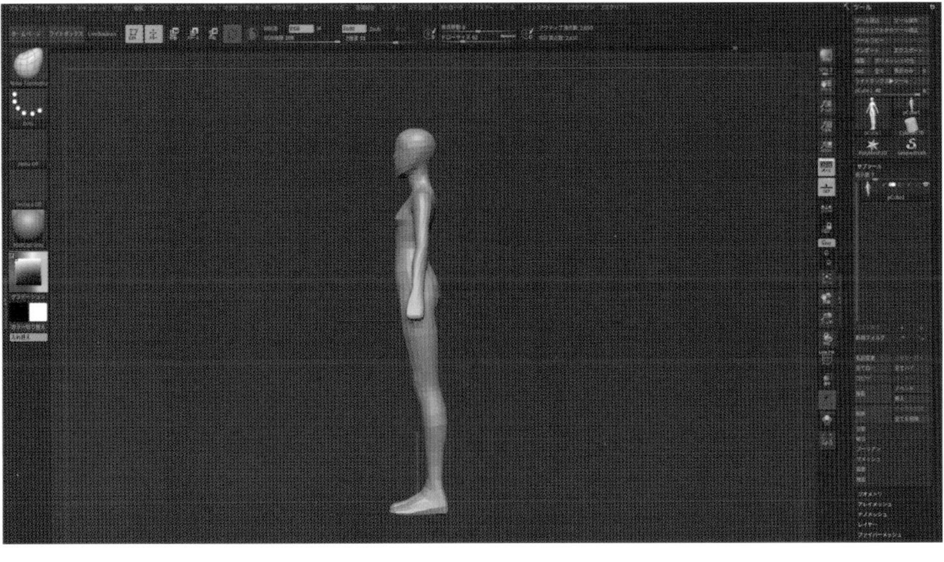

POINT

- 重心がしっかりとれているか
- 横から見て、前や後ろに倒れないような形になっているか
- 横から見て、足が一直線になっていないか（程良く「S字」になっているのがベスト）
- 体に対して、腰が引き過ぎていないか
- 一回転させて、どこから見ても（シルエット）がキレイかどうか

これらのポイントを常に意識しながら、あまり作り込んでいない状態で調整するのが重要です。この時点でベースの形がしっかりしていないと、いくら作り込んでも「ディテールがあるだけの違和感のあるモデル」になってしまい、あとで大幅な修正が必要になることがあります。

03. 女性らしい特徴を加えながら、より人間らしい形状に整えます。

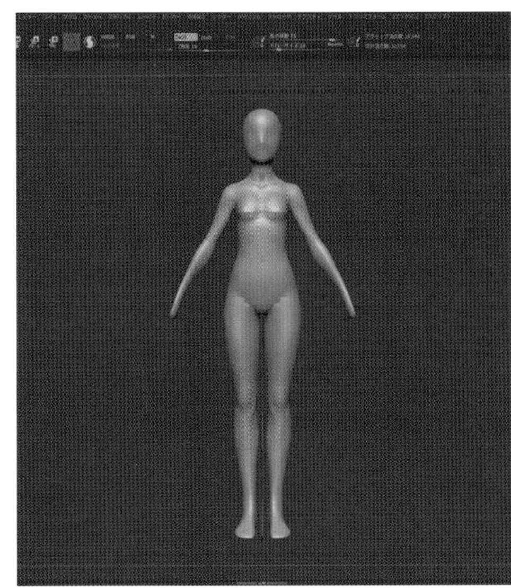

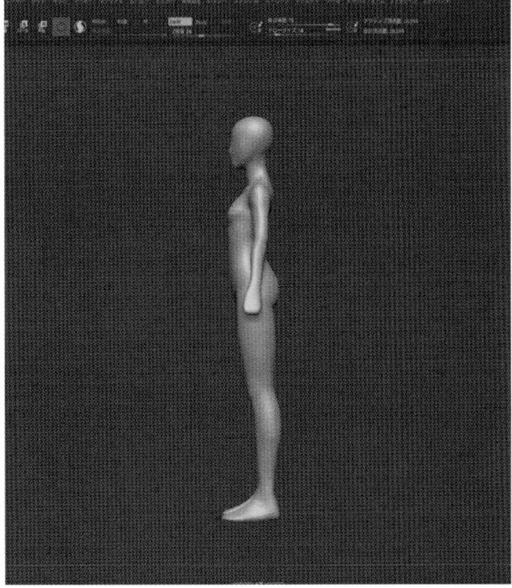

04. 足の付け根や鎖骨、膝などのポイントを徐々に作り込み、バランスを整えます。ある程度整ってきたら、顔に取り掛かります。

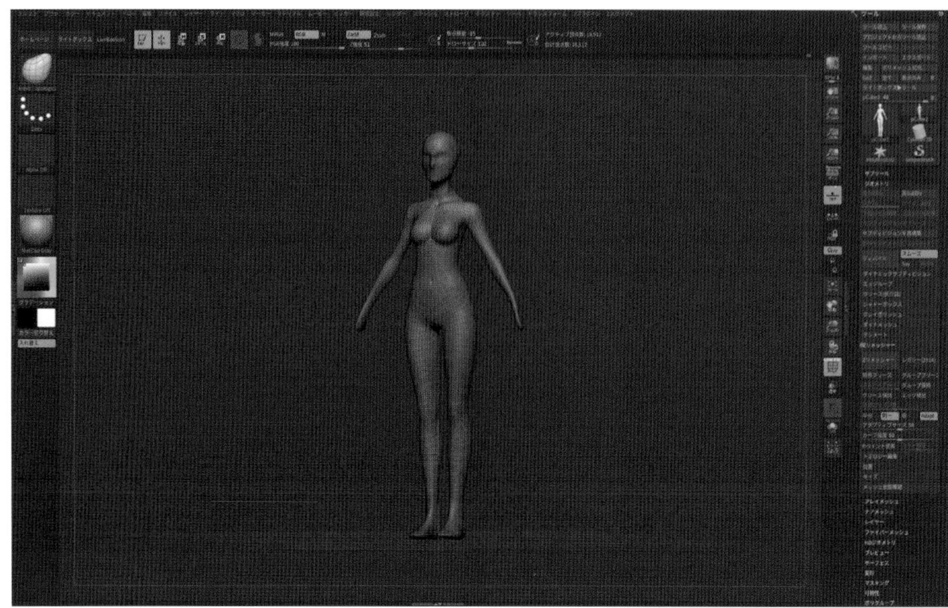

05. 押し込みたい部分（目）をマスクでペイントし（[Ctrl]キーを押したままブラシをかける）、**[Ctrl]+左クリック**で反転させます。

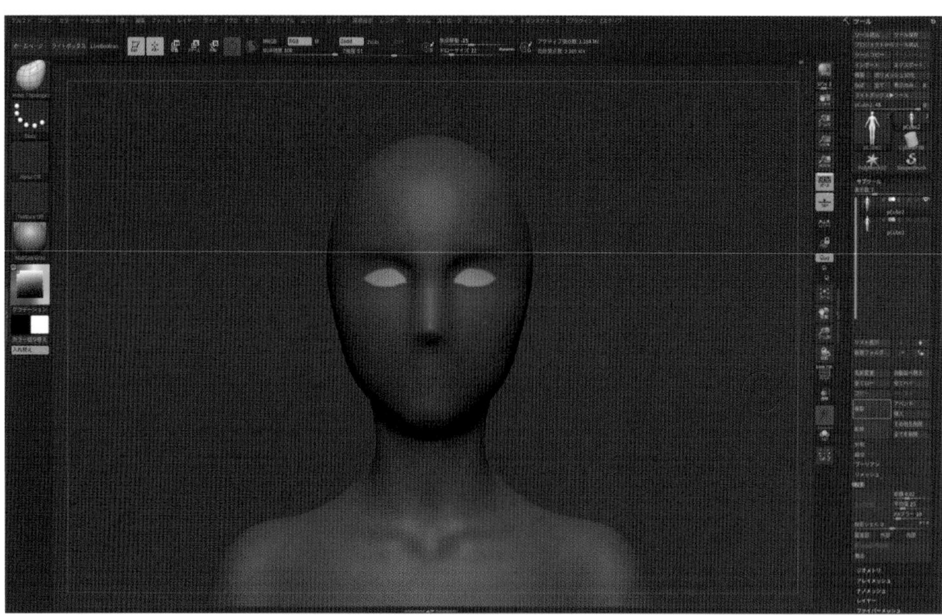

06. [移動ツール]で内側に押し込み、目の「あたり」を作ります。

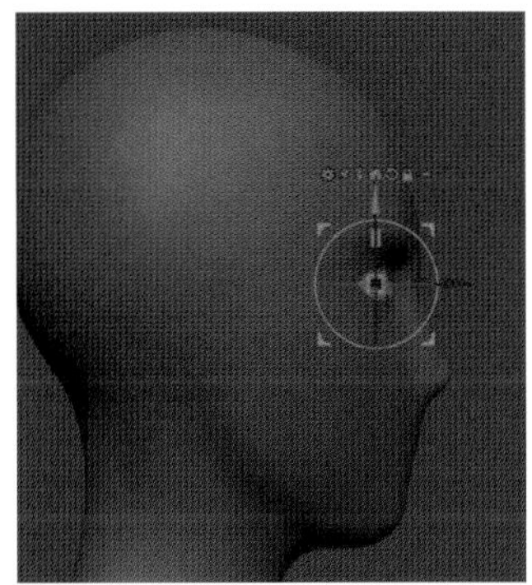
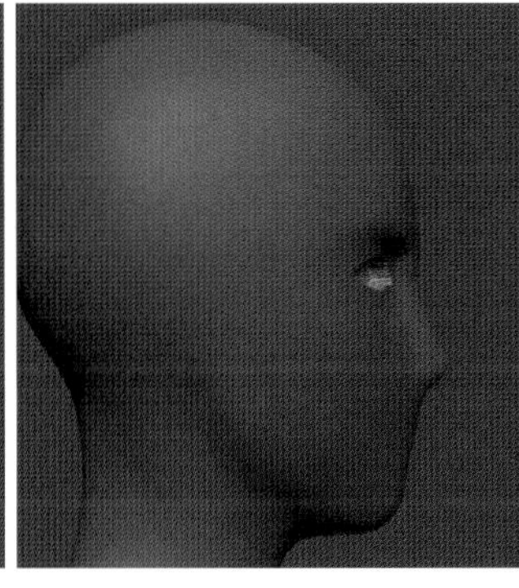
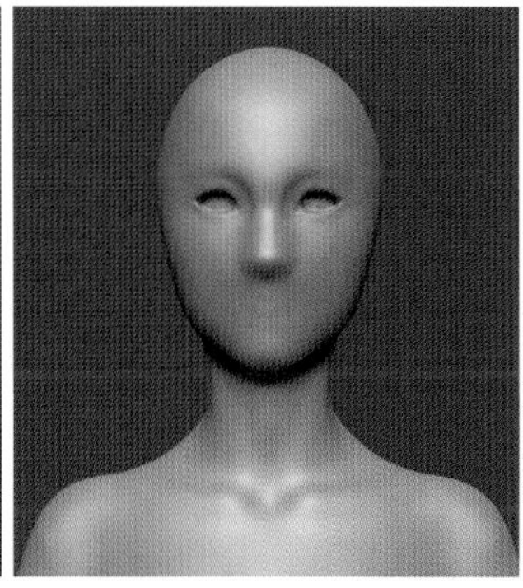

07. まだ少し大きめな顔ですが、目・鼻・口・耳をマスクや[Standard]ブラシ、[Move]ブラシで大まかに作ります。顔の造作ができたら、顔の大きさを調整してバランスを整えます。

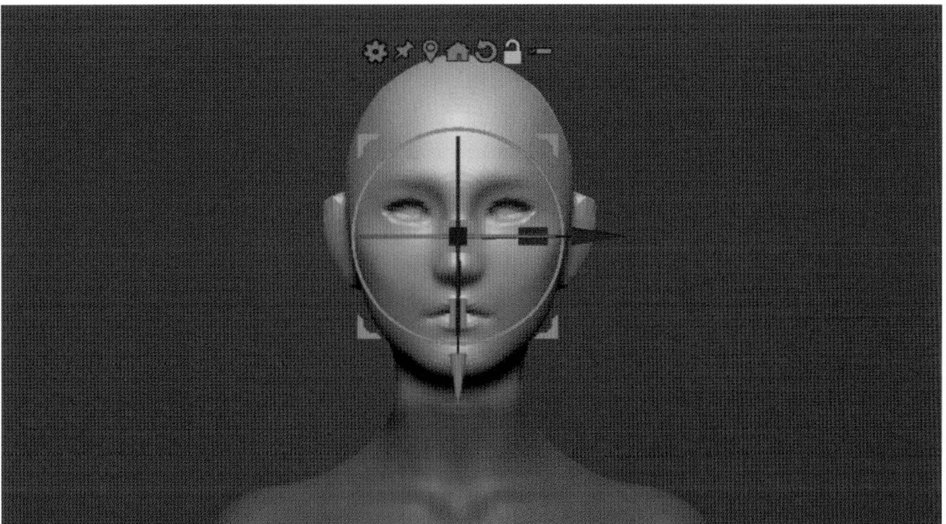
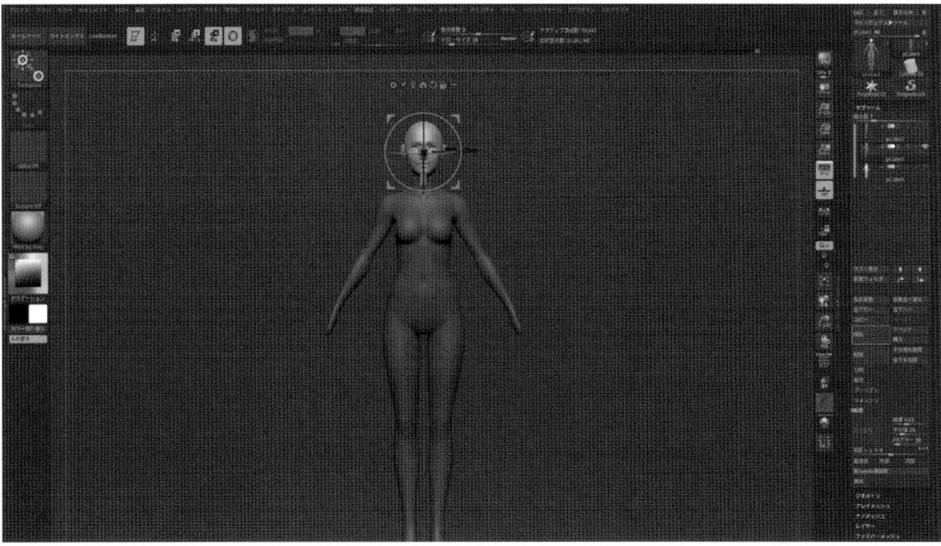

08. パーツが揃ってきたので作り込みます。忘れずにさまざまなアングルからシルエットを繰り返し確認しましょう。

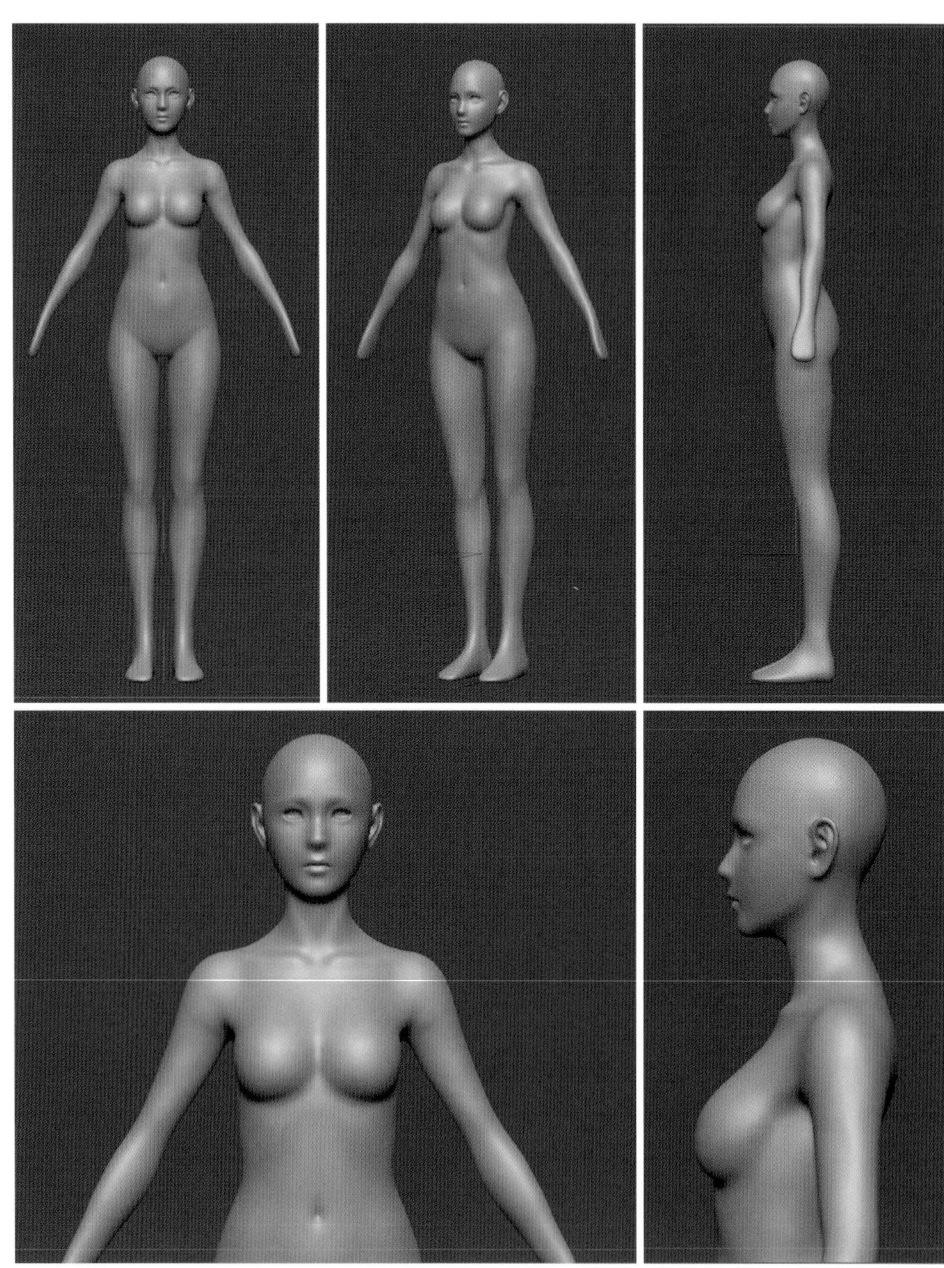

09. Mayaにモデルを読み込みます。今回は1/1実物大スケールで作るので、身長を測り調整します（※スケールはプロジェクトによって異なります）。

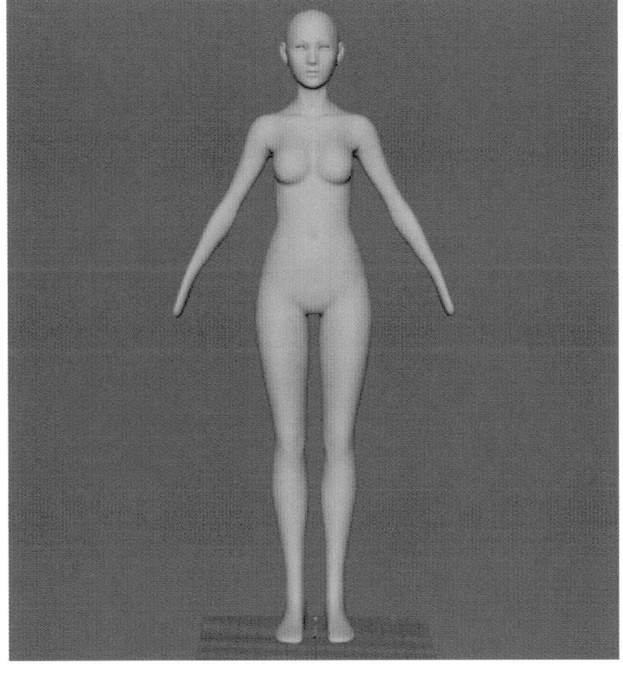

10. ［作成］→［測定ツール］→［距離ツール］で、身長を1/1スケールに調整します。

11. 足も実際のサイズを調べ、適切な大きさにします。ここは意外と見落としがちなので、注意が必要です。図の右のモデルが1/1スケールです（※身長は165cmを想定）。

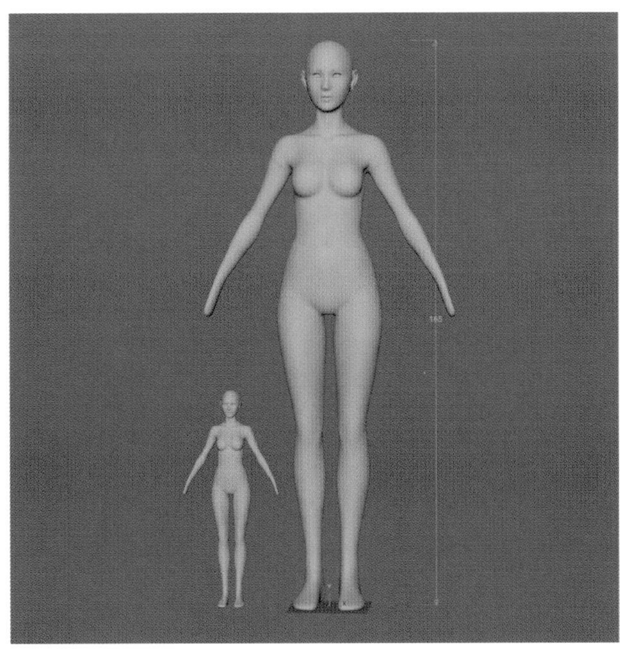

03 リトポロジ

形状の修正によって、ディテールがつき、ポリゴン数が増えてしまったので、リトポロジを施し、後の作業が楽になるようにポリゴンの流れを整えましょう。

01. Mayaへ読み込んだモデルを選択、下図のアイコンをクリックし、[ライブ]モードにします。

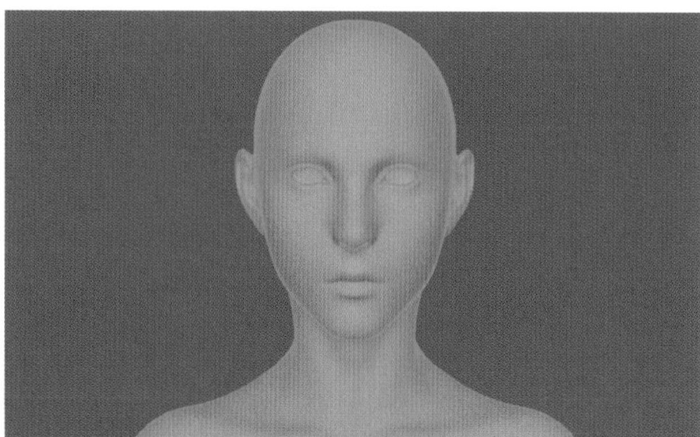

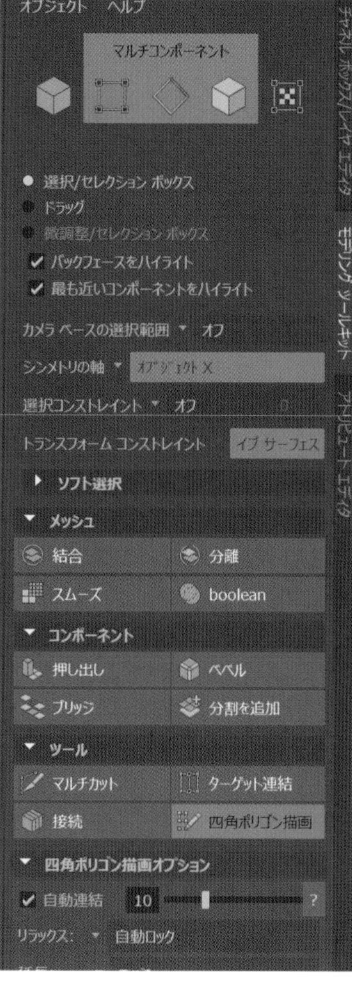

Mayaの[モデリングツールキット]を図のように設定してリトポロジします(※ここではMayaでリトポロジを行いますが、他のツールを使用してもよいでしょう)。

02. ポリゴンの流れを整えます。まず、顔にポリゴンを配置。今回は図のような流れにしました（※キャラクターやその用途によって異なります）。

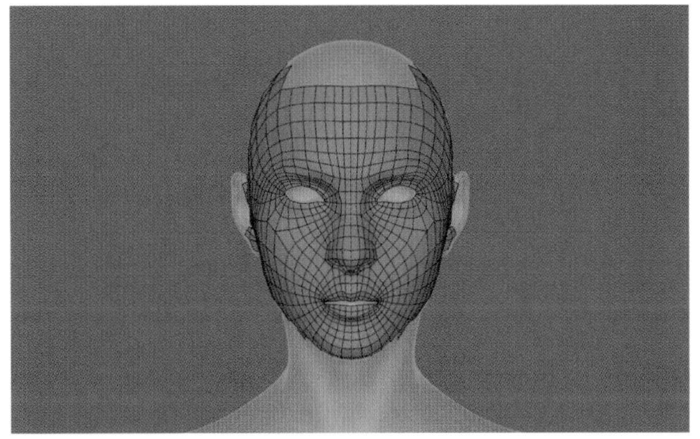

03. 斜めからのアングル。ここから、全身へとリトポロジを続けます。一旦、大きなポリゴンを貼り、その後に細かく分割すると、時間の節約になります。

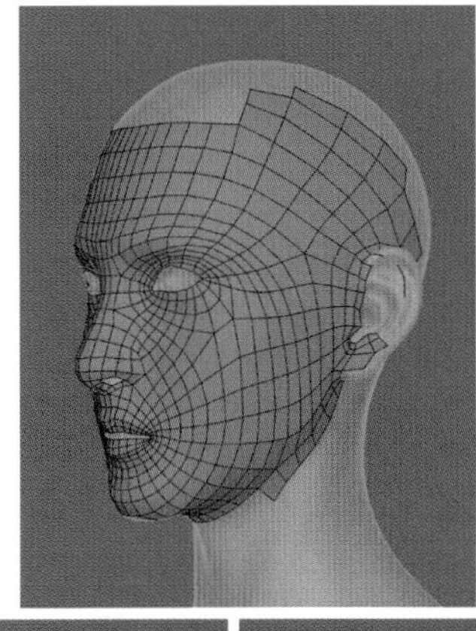

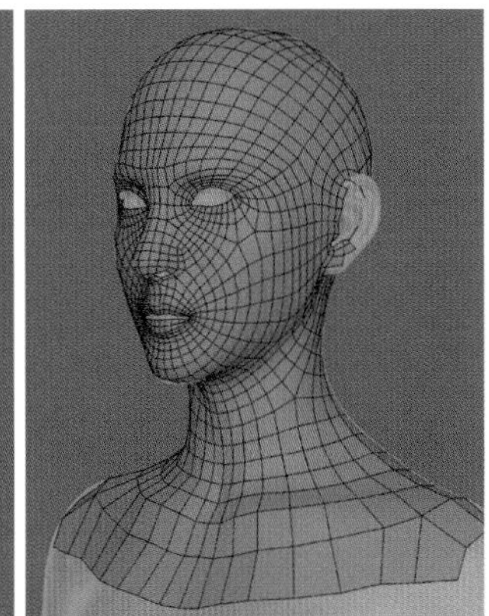

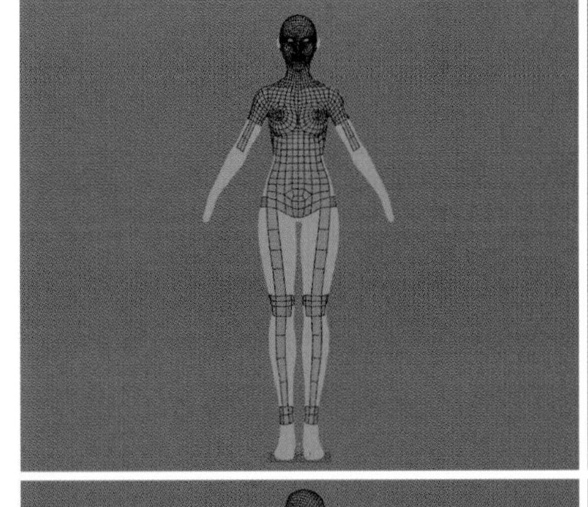

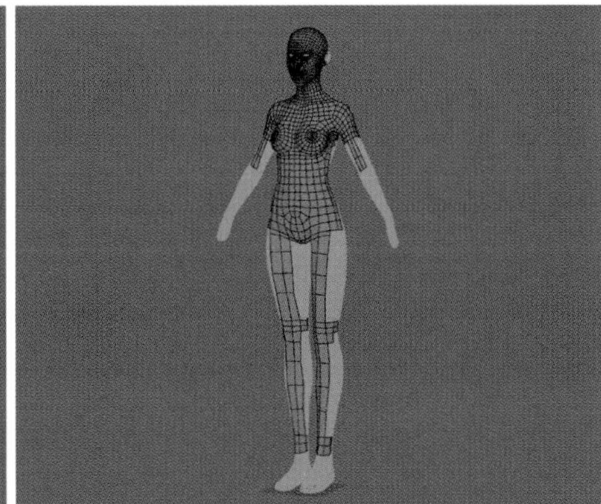

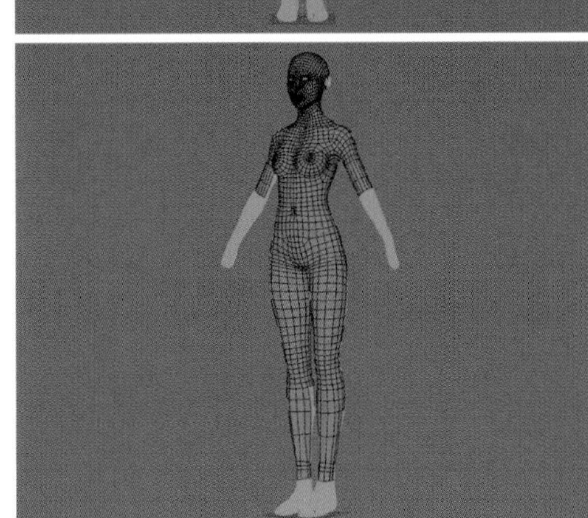

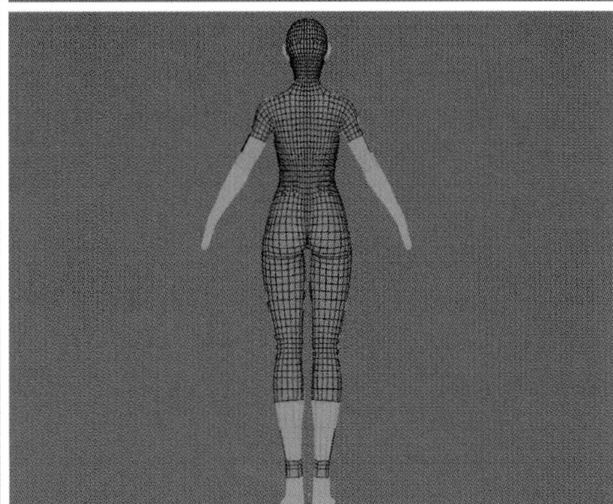

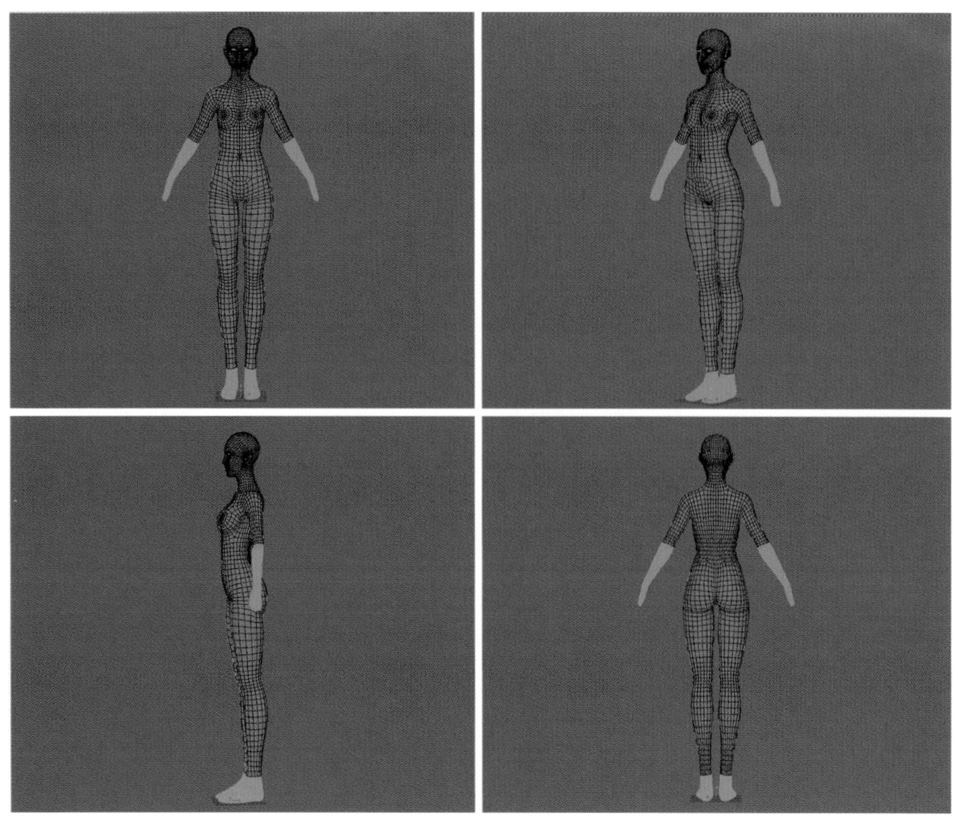

04 口内

リトポロジを終えたモデルの口内は、まだできていません。口の切れ目のエッジを選択、[押し出し]ツールで押し込み、図のように分割数を増やして口内を作ります。口内をフェース選択し、**[Shift]+[>]キー**で選択範囲を広げて[選択項目の分離]ボタンを押すと、編集する範囲以外が非表示になり、作業が楽になります。

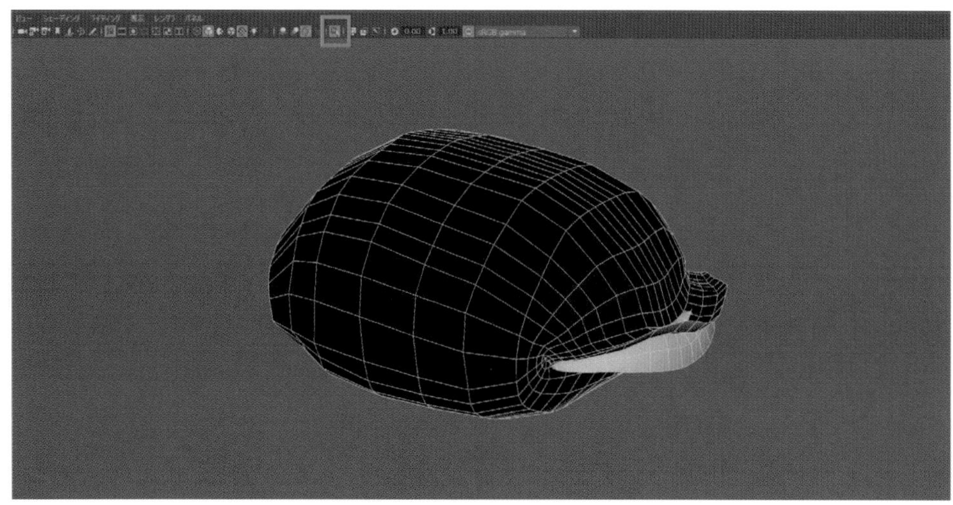

05 手

ここまでの作業で、手と足以外のパーツが整ってきました。次は「手」です。重要かつ繊細な部分なので別オブジェクトとして作成します。

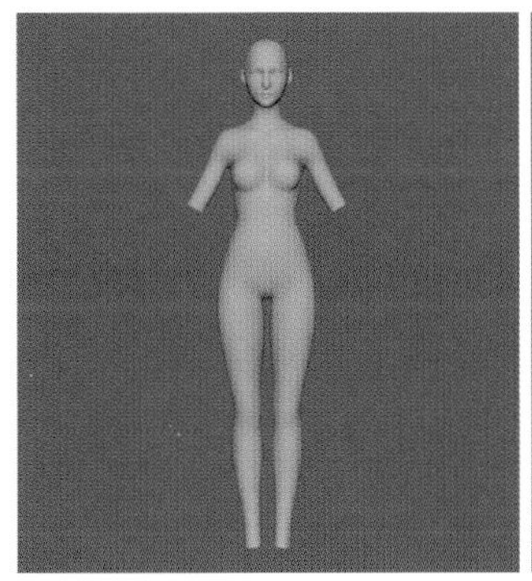
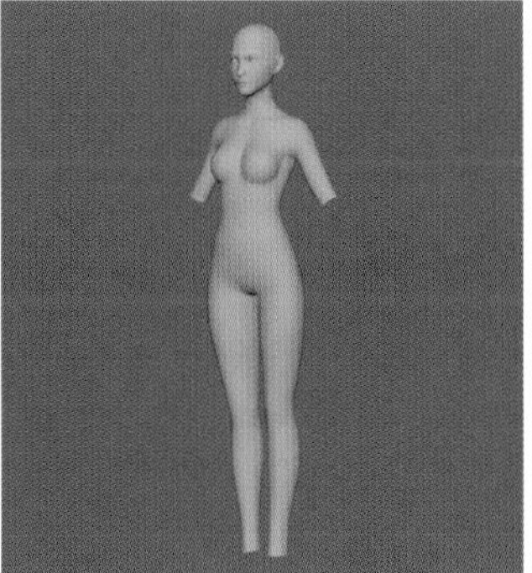
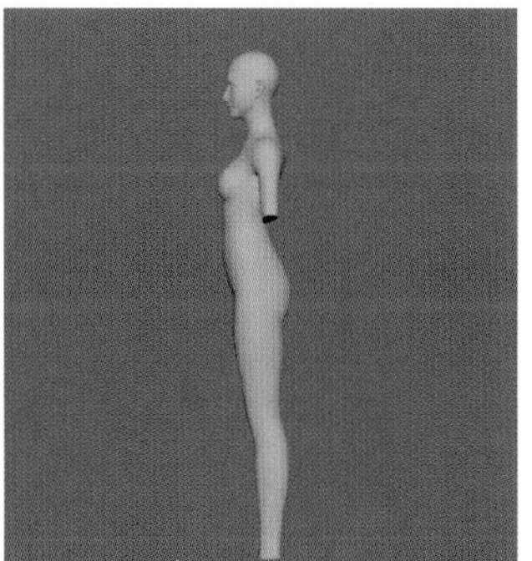

01. まず「前腕」を作ります。腕の切れ目（肘）のエッジを選び、押し出します。人体構造上、直立時に手のひらを地面の方へ向けると、肘から手のひらにかけてねじれが発生するため、腕はひねられた形状になっています。

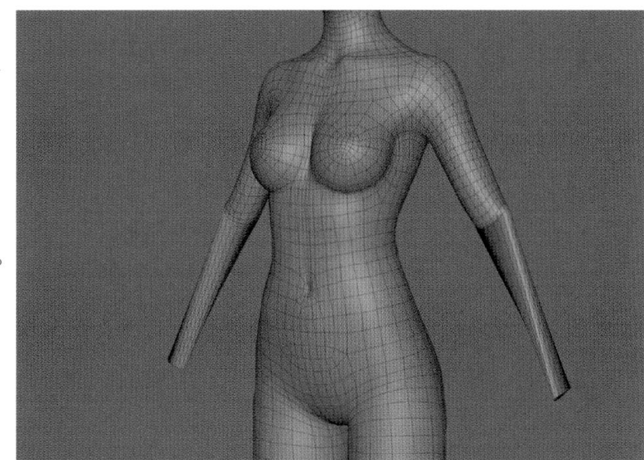

02.［Shift］キー＋［エッジループを挿入］で、モデルの形を滑らかにしながら、エッジを追加します。

メッシュ ツール　メッシュ表示　カーブ　サーフェ
モデリング ツールキットを非表示
ツール
ポリゴンに追加
接続
折り目ツール
ポリゴンを作成
エッジ ループを挿入
穴を開ける
マルチカット
エッジ ループのオフセット
削減ウェイトをペイント
アトリビュート転送をペイント
四角ポリゴン描画
スカルプト ツール
エッジをスライド
ターゲット連結

03.「手」を作っていきます。指を1本作って複製し、適切にスケールしていくと効率的です。まず、指のベースになるボックスを作りましょう。

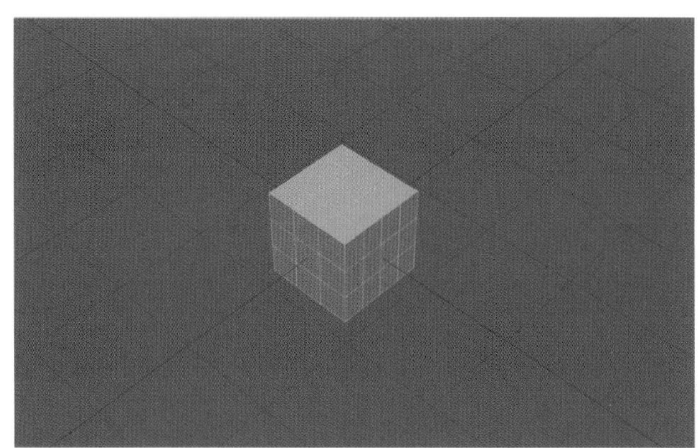

04. スケールや［マルチカット］［エッジループを挿入］などの編集機能を使い、形状を整えます。

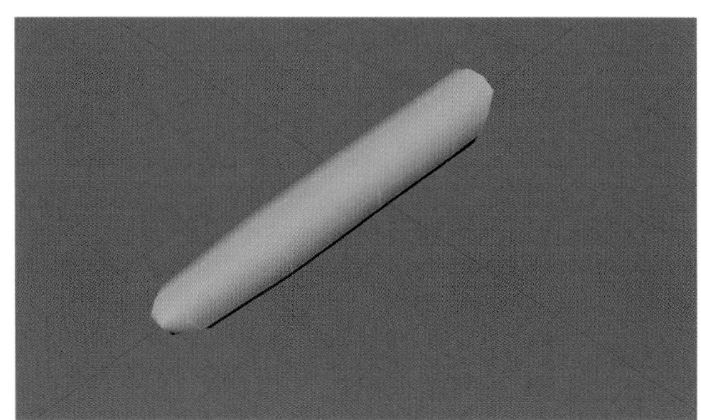

05. 自分の指を観察したり、資料を確認したりしながら、指の関節位置を整えます。

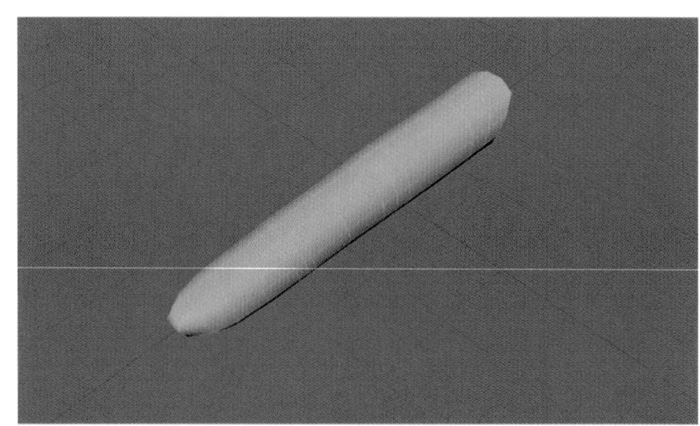

06. 爪の部分を内側に少しだけ押し込みます。

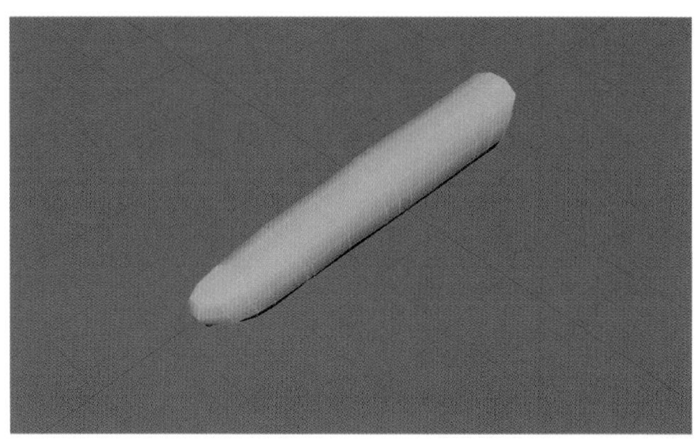

07. 爪の部分を選択して**[メッシュの編集]→[複製]**を実行します。

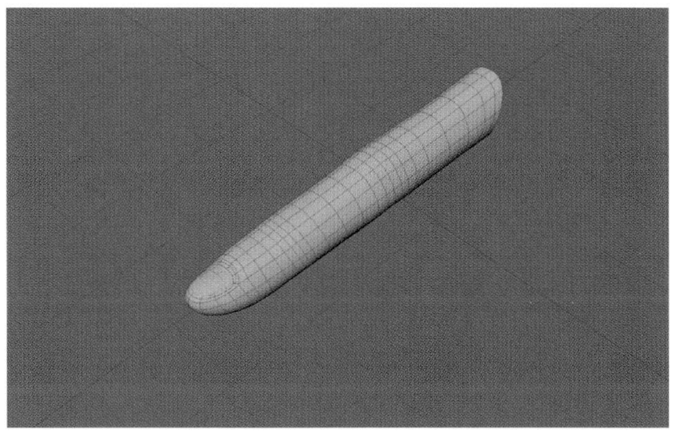

08. 複製した爪に**[メッシュの編集]→[押し出し]**で厚みを加えます。

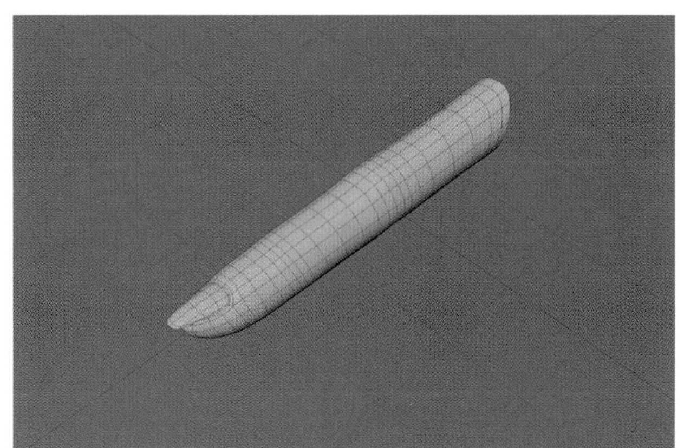

09. 仮の色を着け、違和感のないようにサイズを調整します。爪は大きめに作ってしまいがちなので、しっかりと比率を捉えましょう。また、関節の位置と、指の腹にあるしわの位置にも注意してください。

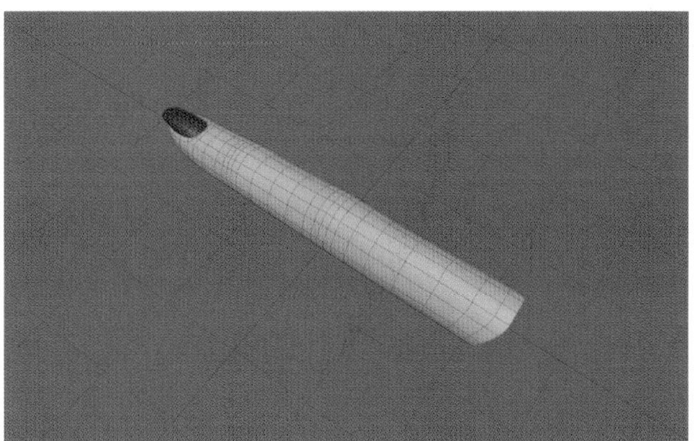

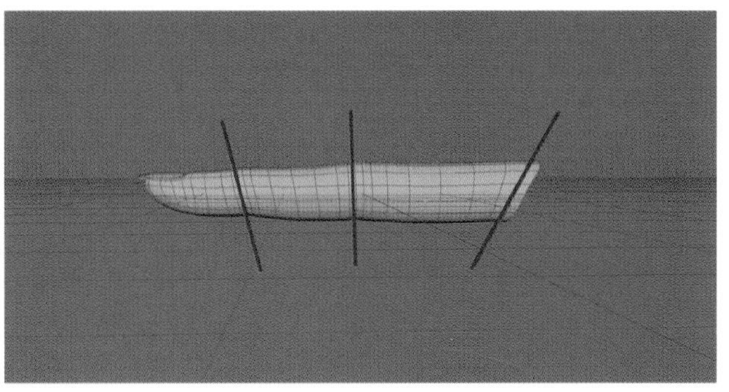

10. 指が1本できたら、それを3つ複製します。大きさ、角度、位置を比較しながら、各指を調整しましょう。

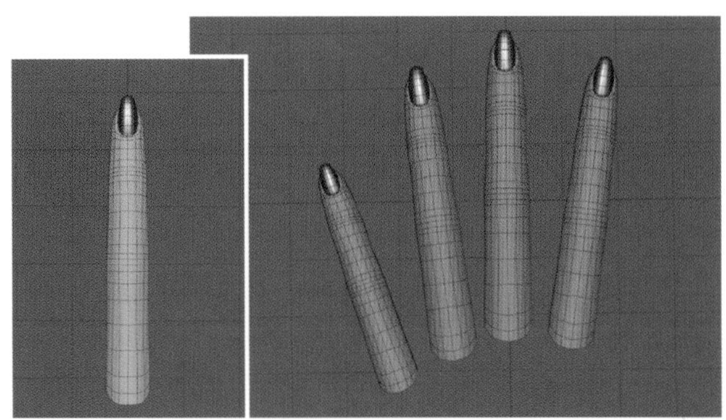

11. 指と上手くつながるように、ポリゴン数や流れに注意しながら、手のひらの部分になるポリゴンを作成します。

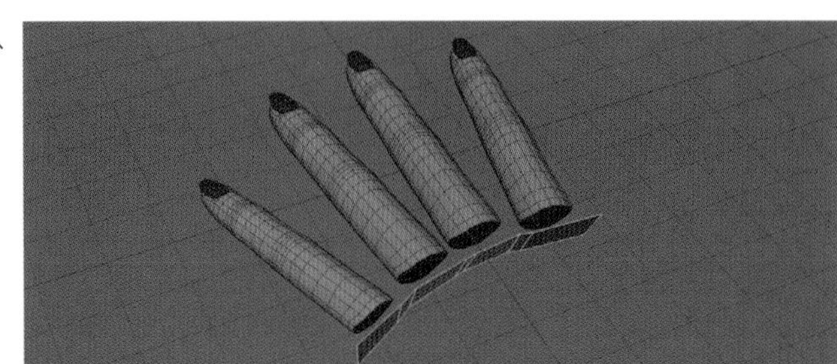

12. ［押し出し］で、形に注意しながら、手のひらと手首を作っていきます。

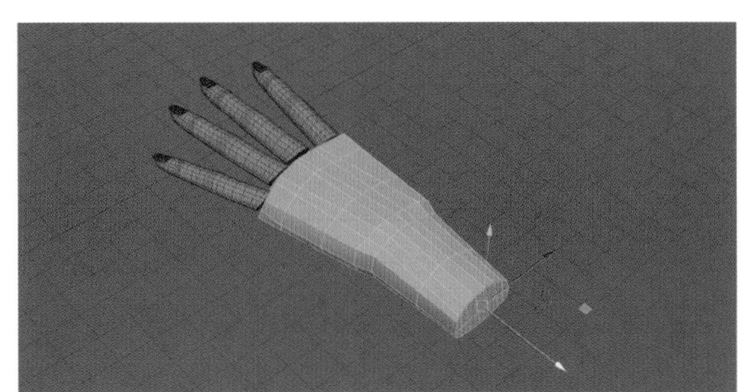

13. 指と手のひらの接続部分を選択して、削除します。指はすぐに接続せずに、角度、位置、大きさを、実物や資料とじっくり見比べてから接続します。

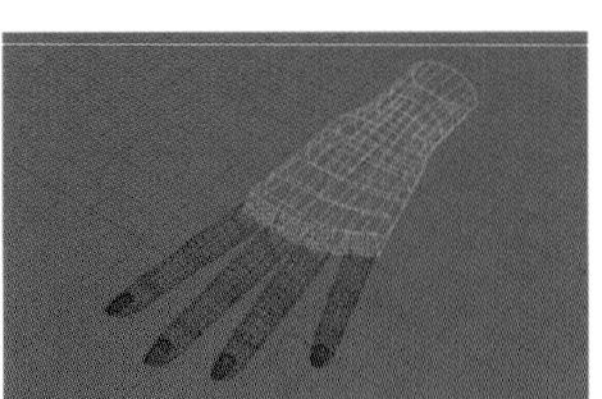

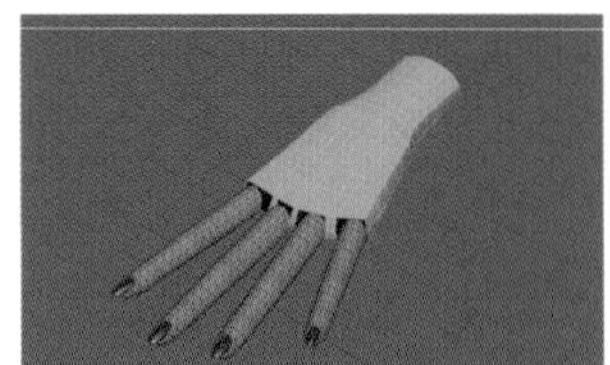

14. 親指を［押し出し］ツールで大まかに作ります。

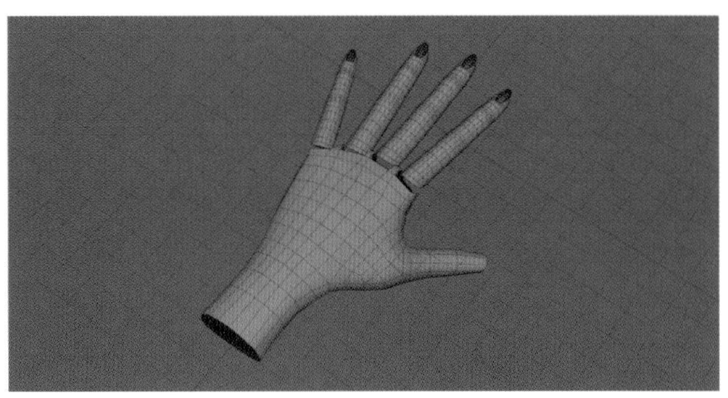

15. **[Alt]+[B]キー**を何度か押し、背景色を黒にしてバランスを確認。続けて**[ライティング]→[フラットライトを使用]**をオン、シルエットをわかりやすくして、再確認します。どんなオブジェクトでも、必ずこの手法でチェックし、違和感を覚えたら修正しましょう。

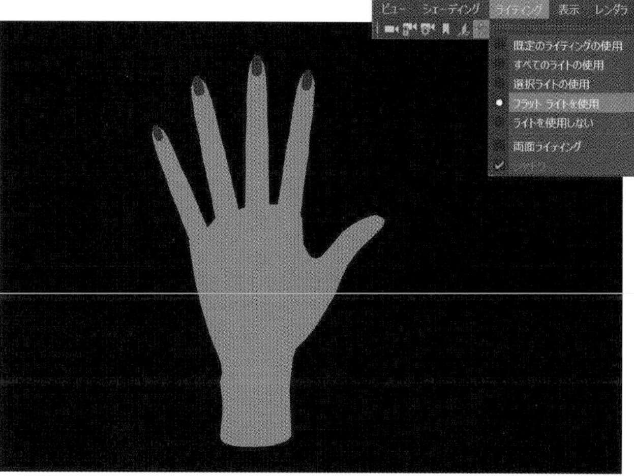

16. さまざまなアングルからシルエットを確認し、違和感が無いようにします。今回はセミリアルの女性の指なので、ほぼ歪みのない、スラっとした手になるように調整しています。

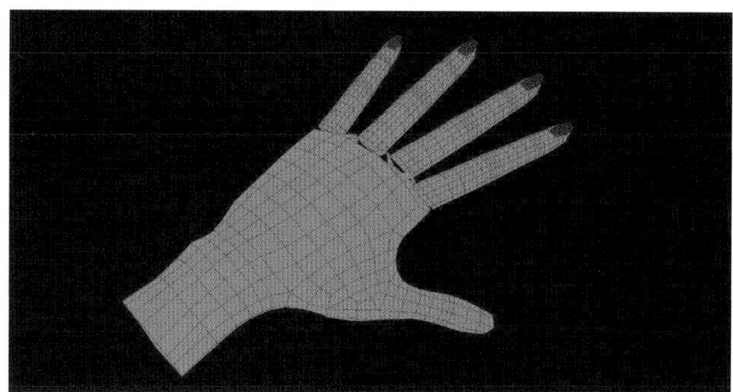

17. 継ぎ目の頂点数を**[メッシュ ツール]→[マルチカット]**で等しくし、**[メッシュの編集]→[ブリッジ]**でつなげます。

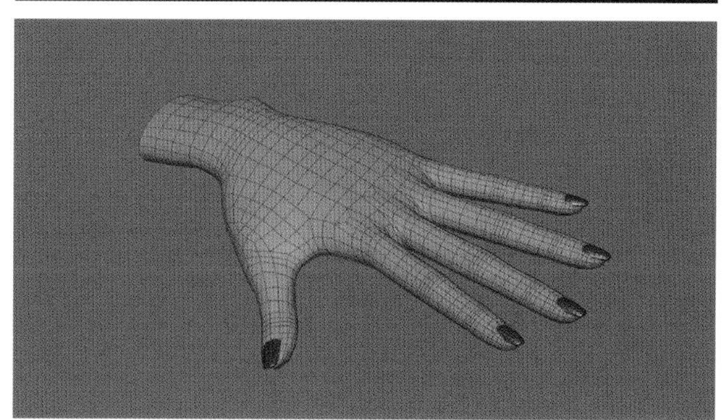

18. 指を接続したら、次は手と前腕(手首)を接続します。手を作る際は、前もって前腕の頂点数を確認し、それに合わせて作ると接続が楽になります。

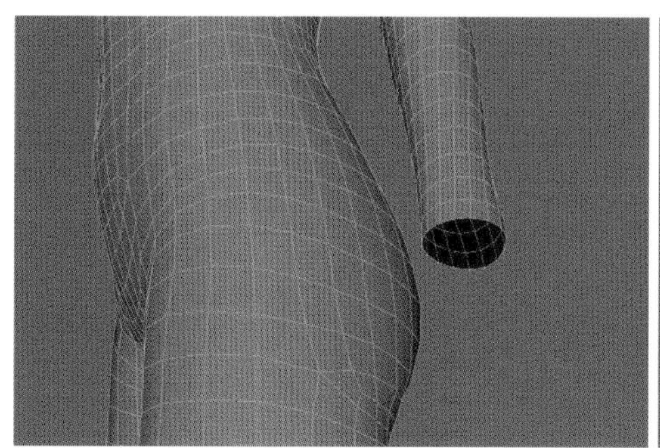

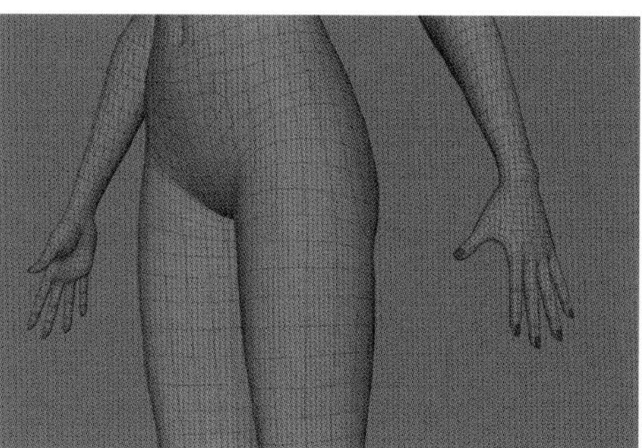

06 足

次は、「足」を作っていきます。ここでは、主に足指を作る際のポイントに焦点を当てます。

01. 大まかに足の形状を作ります。大切なのは「ベース作り」です。これが正確であれば、指を加えても違和感のない形になります。

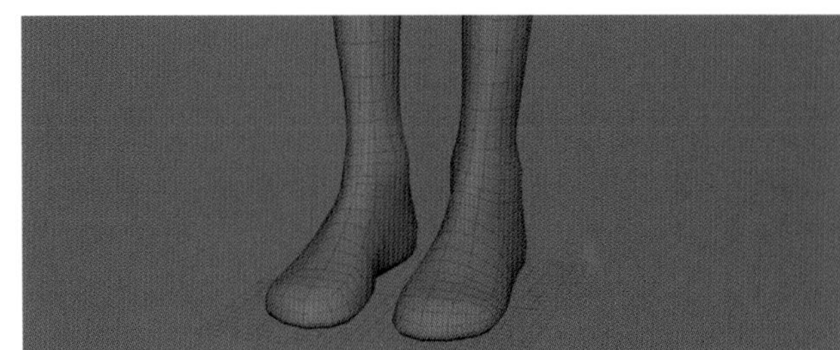

02. つま先部分を分割して指になる部分を作り、接続部分のポリゴンを削除します。

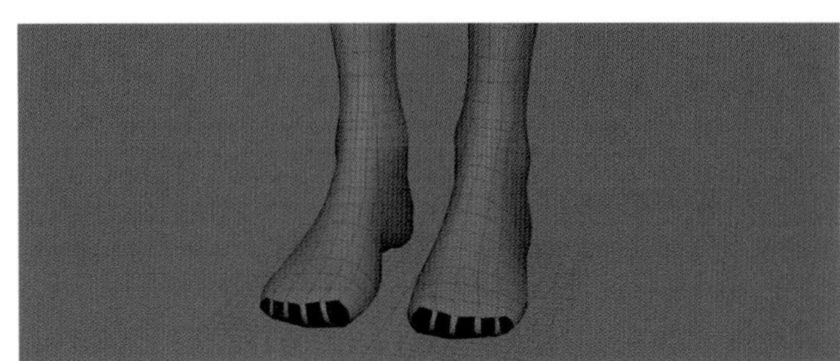

03. [押し出し]で指を生やします。形を気にしながら整えます。穴の開いている部分は **[メッシュツール]→[ポリゴンに追加]**でポリゴンを貼ります。

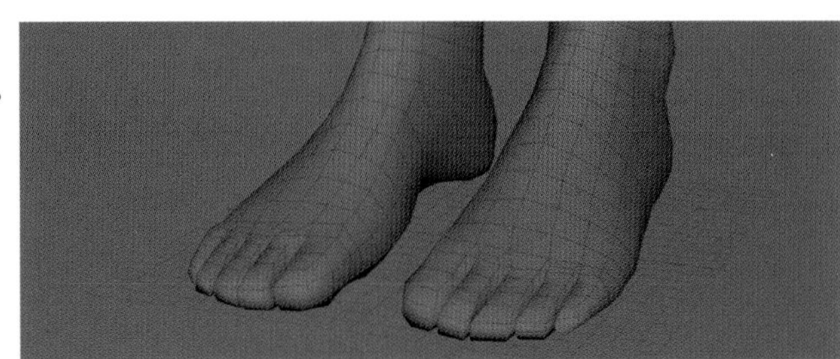

04. さらに作り込みます。また、爪のベース部分も作ります（※ブーツを履かせるため、かかとを上げています）。

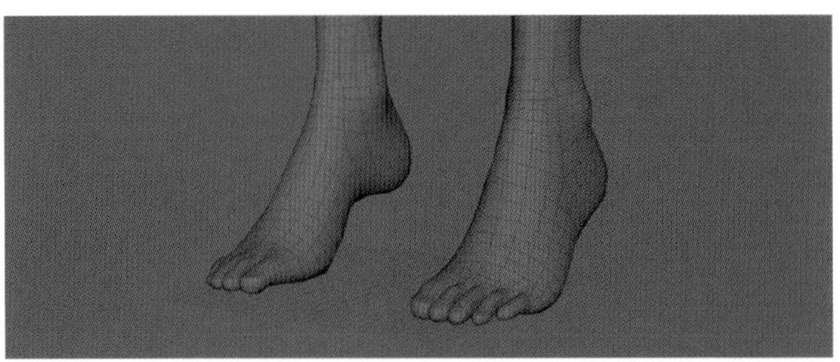

05. 爪のベース部分ができたら、選択して[押し出し]で爪を作ります。

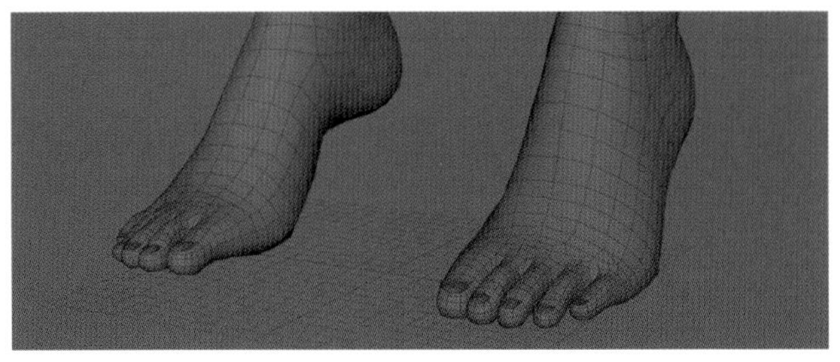

07 目

今回は「セミリアル」想定なので、かわいさ、カッコよさを重視して、目を大きくします。セミリアルの場合、既成概念に捕らわれず、世界観にマッチした大きさにできるので、作り方は比較的自由です。「目」の役割はとても大きく、雑だと「目力」がなくなり、クオリティの低下につながります。キャラクターの存在感を左右するので、しっかり丁寧に作り込みましょう。

レンズ用の球オブジェクトを入れて調整します。写真等の資料を見ながら作業を進めます。

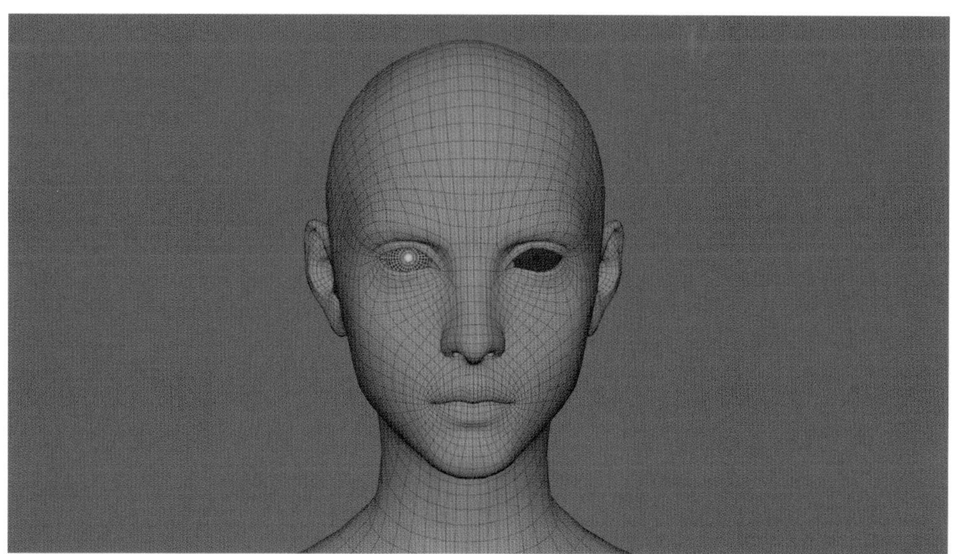

01. 眼球を適切な場所に配置します。その中心が開いたまぶたの中心よりも若干上になるようにします。その結果、上まぶたは下まぶたよりも前に出ます。また、上まぶたの方が厚いので、それも前に出る要因になります(P.155を参照)。

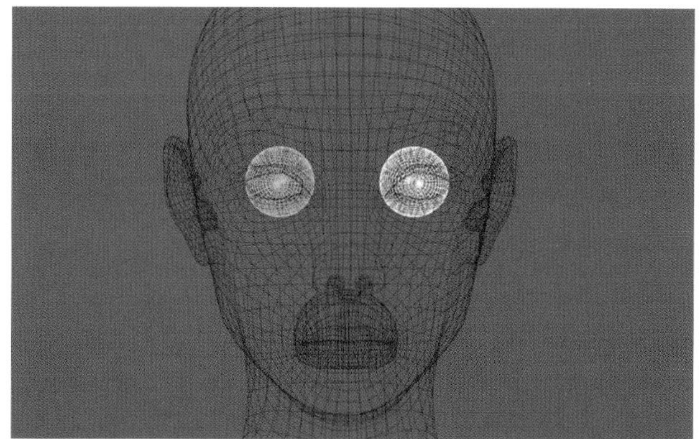

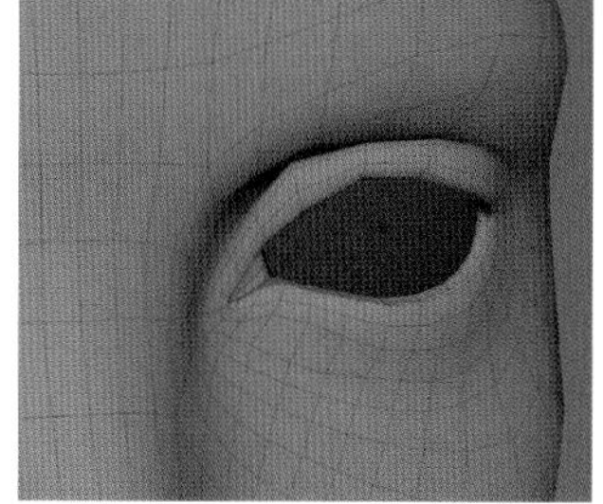

02. 隙間ができないように、まぶたや目頭から眼球が離れていないかを慎重にチェックします。まぶたを上下に割る際、頂点数を合わせておくと、顔のアニメーションで表現の幅が広がります。また、まぶたを厚めにすると「安定感」や「リッチさ」が増します（※セミリアル等の場合）。

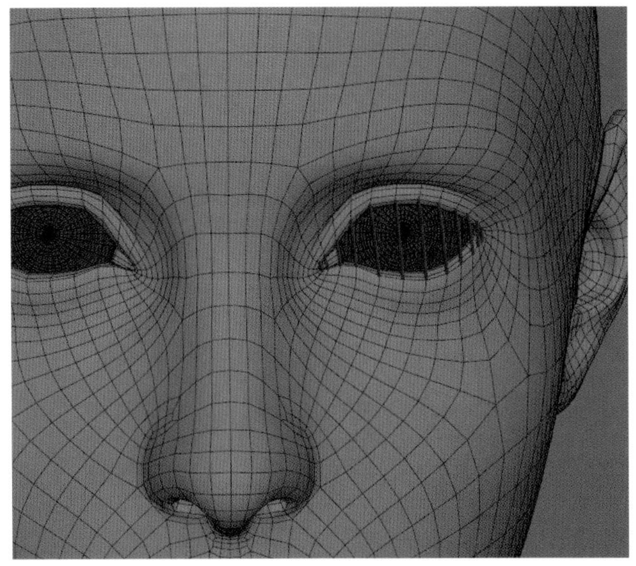

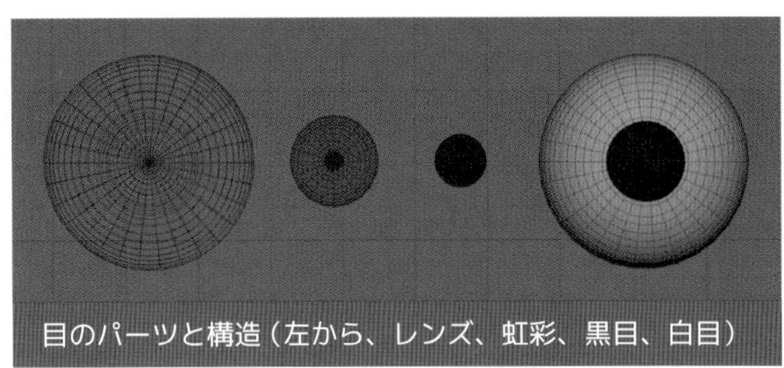

目のパーツと構造（左から、レンズ、虹彩、黒目、白目）

08 UV展開

まず、ローポリモデルの段階でUV展開します。次に1度[スムーズ]をかけ、ハイポリモデルにしてから、適切な大きさにUVを調整します。

01. Mayaの[UVエディタ]で一旦UV展開します。

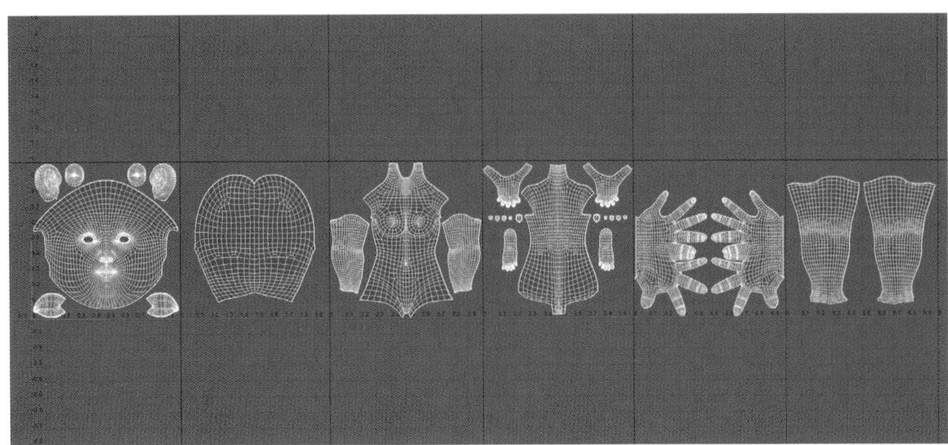

02. [メッシュ]→[スムーズ]をかけます。

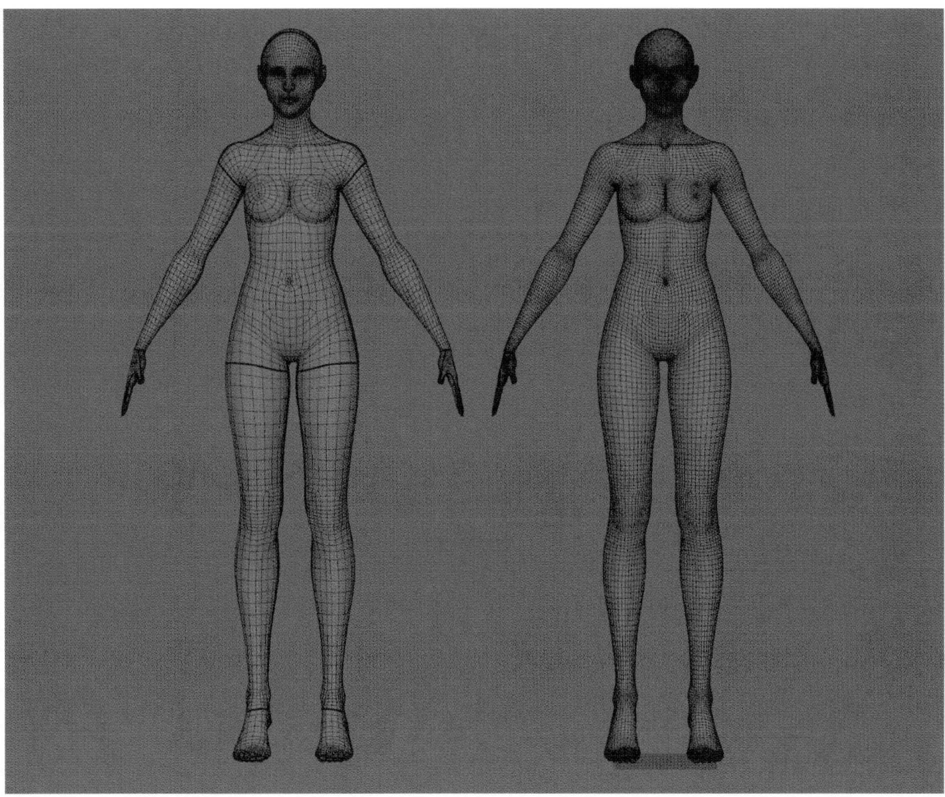

03. [スムーズ]をかけたら、UVマップを図のように配置し直します。このキャラクターの場合、テクスチャサイズは、顔が8K(8,192 × 8,192)ピクセル、それ以外は4K(4,096 × 4,096)ピクセル)です。顔はアップになっても耐えられる大きさにしています。

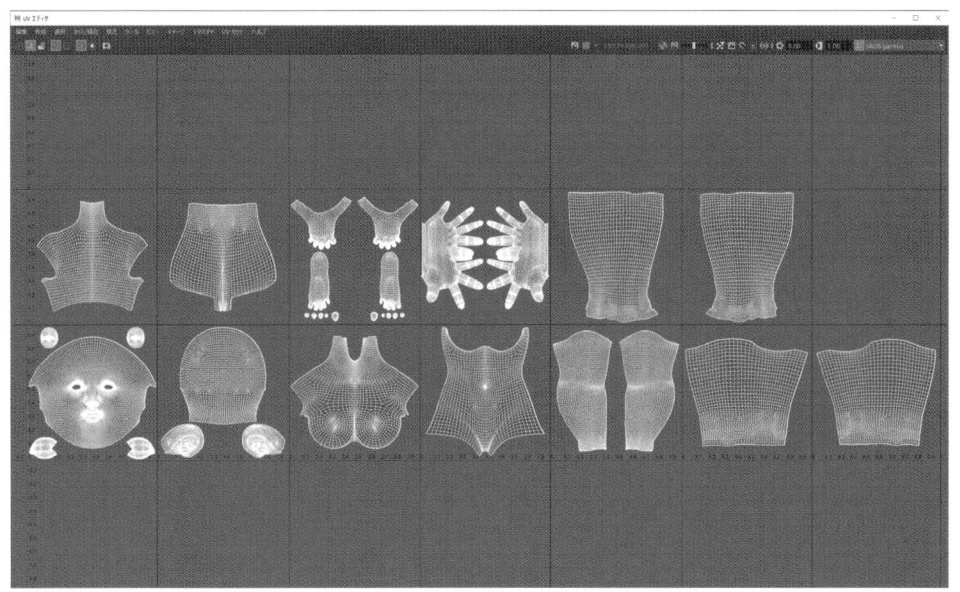

09 眉毛、まつ毛

「目力」がより際立つように、眉毛とまつ毛を作ります。ポリゴンで1本ずつ植えていく方法もありますが、ここでは、Maya のXGenで作成します。（※XGenの操作に関しては Chapter 02 を参照してください）

01. Mayaで、眉毛を生やす部分のポリゴンを広めに選択します。

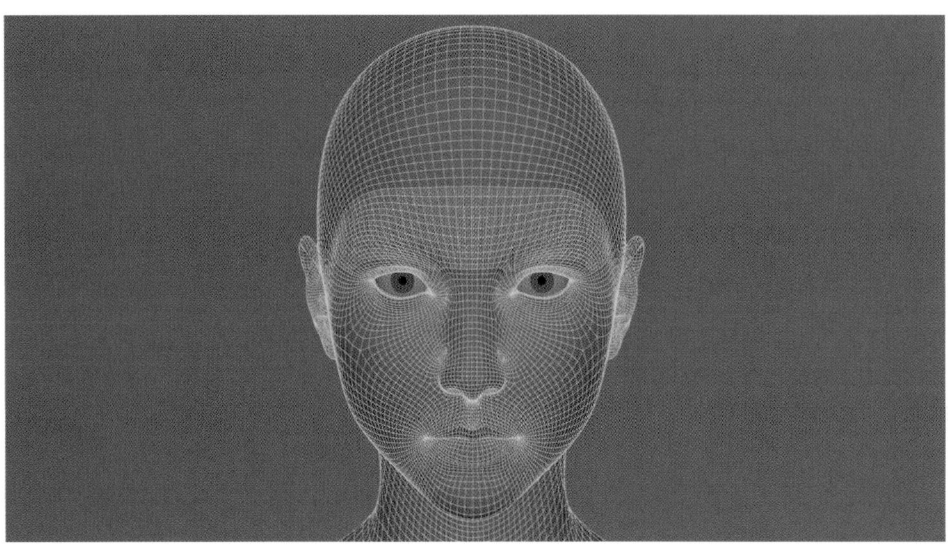

02.［メッシュの編集］→［複製］で選択したポリゴンを複製します。これが眉毛のベースポリゴンになります。

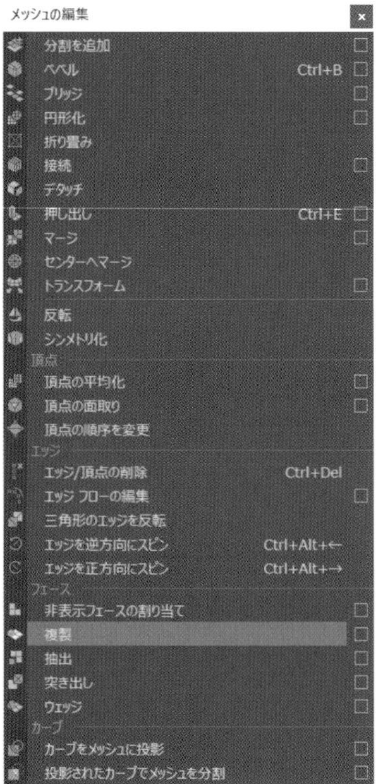

03. 眉毛と同じように、まつ毛のベースポリゴンも作ります。そして、できた2つのベースポリゴンを**［メッシュ］→［結合］**で1つにします。

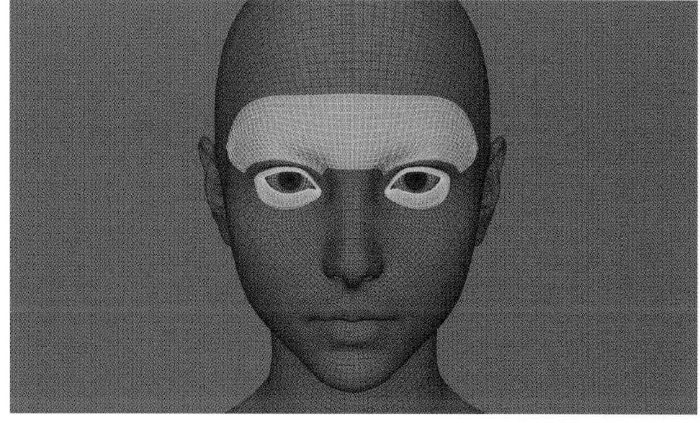

［UV エディタ］に表示された眉毛とまつ毛のベースポリゴンのUV。

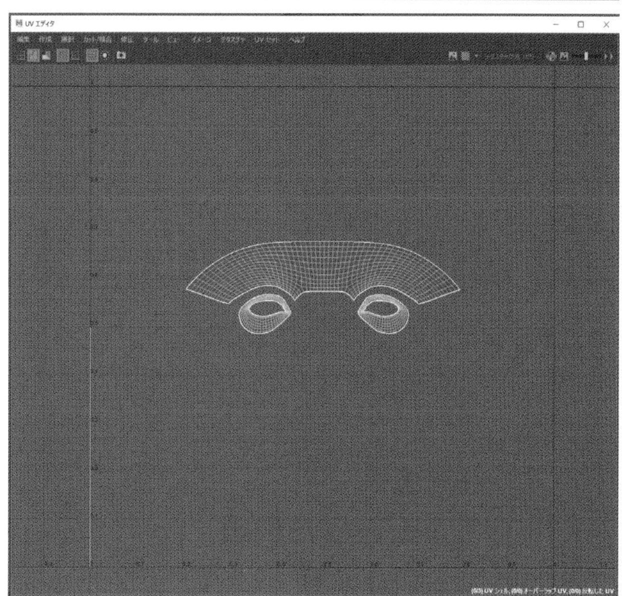

04. XGenでコレクションを設定し、「眉毛」「上まつ毛」「下まつ毛」をそれぞれディスクリプションで分けます。

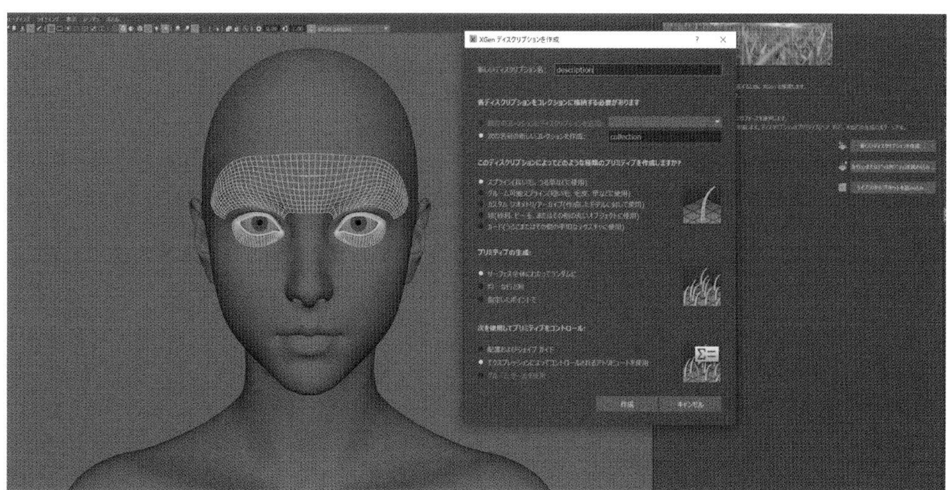

05. 眉毛、まつ毛のガイドを追加します。

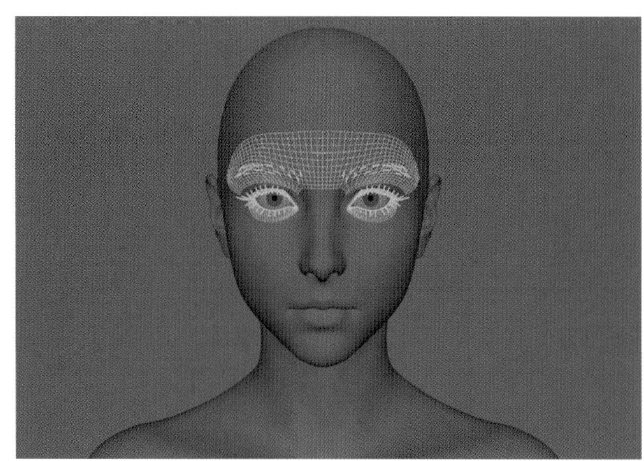

06. 毛を生やす部分を白く塗ります。ここからXGenのヘアが生えます。

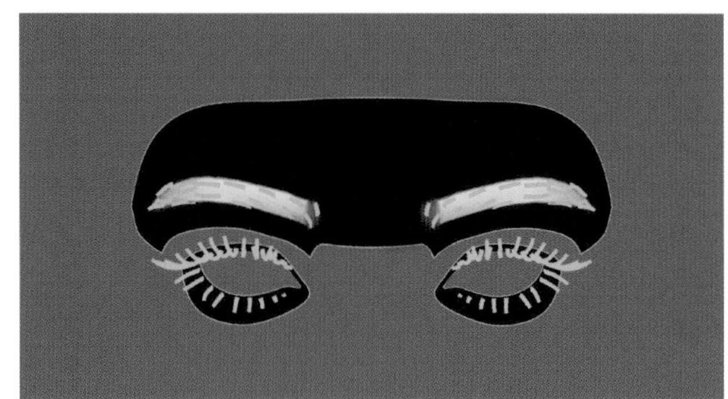

07. モディファイアを編集し、眉毛、まつ毛を作ります。

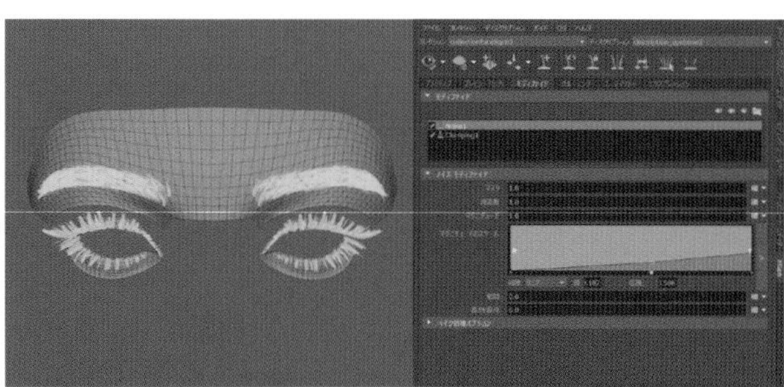

ボディを表示すると、図のようになります(※セミリアルなので一部誇張しています)。

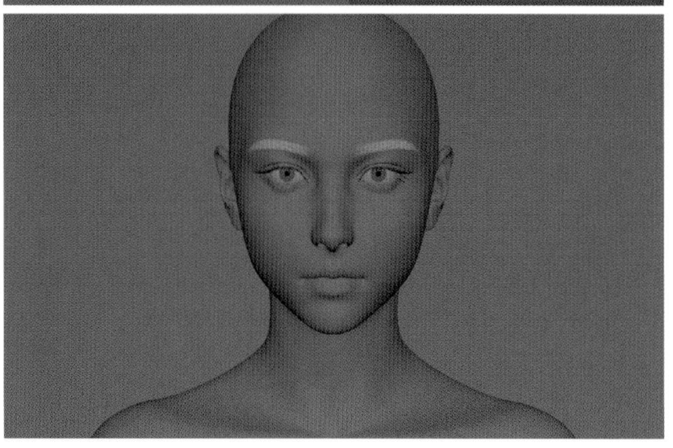

10 肌のタイリングテクスチャ

肌のタイリングテクスチャを作成し、全身に適用した際に、継ぎ目ができないようにします。

01. テクスチャ適用前の準備をします。口内やまぶたにも貼れるように、図の左のようなモデルを用意します。

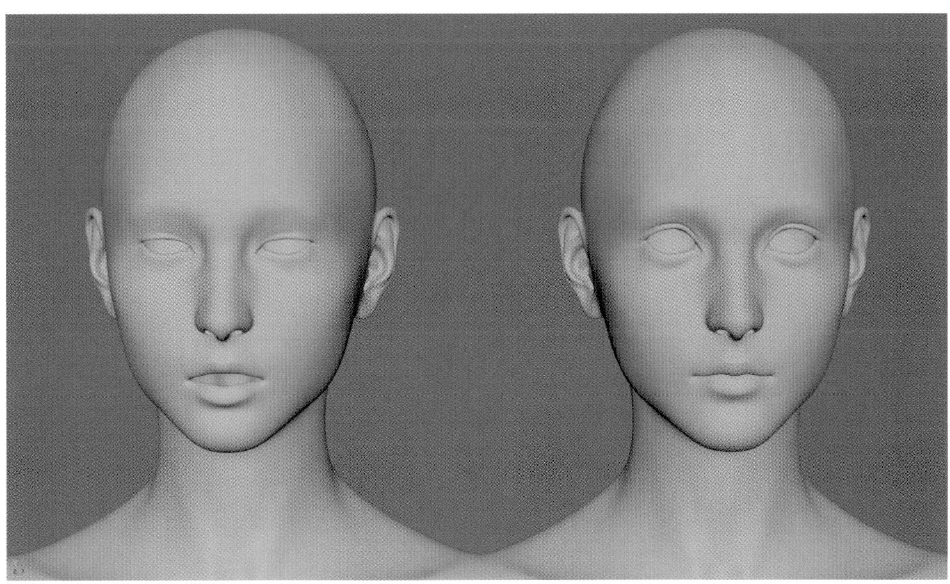

02. 全身の肌の質感を一旦つけるための「タイリングテクスチャ」を作りましょう。手描き画像や写真をベースに作成してもよいですが、今回はTexturing XYZで購入した画像を利用します。

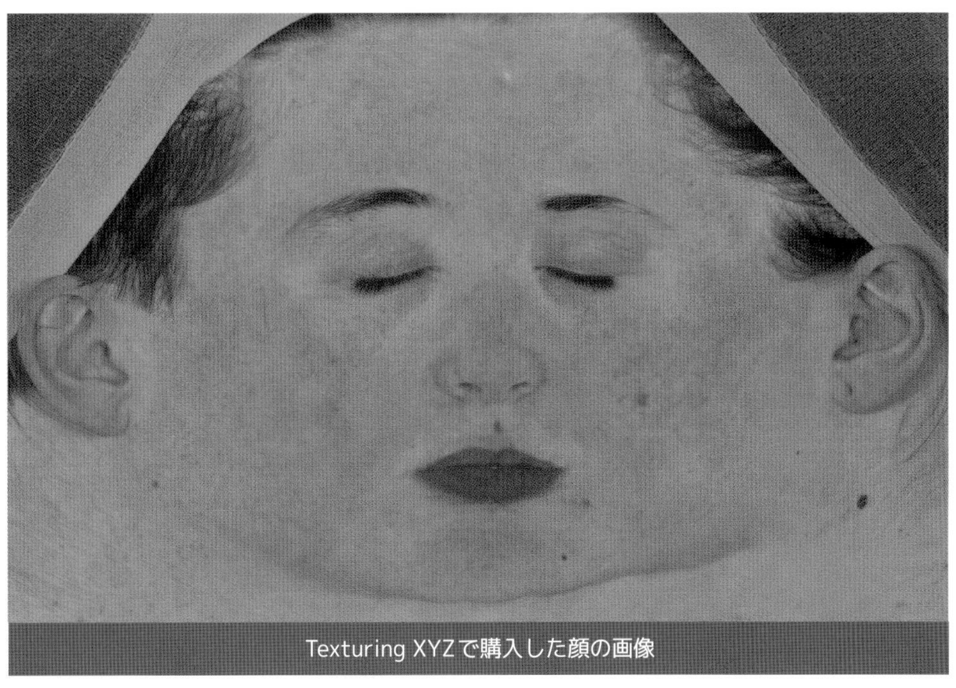

Texturing XYZで購入した顔の画像

03. Photoshopで肌の一部を切り取ります。

04.［フィルター］→［その他］→［スクロール］機能で、継ぎ目がなくなるようにペイント・編集します。［コンテンツに応じた塗りつぶし］や［スポイト修正ブラシツール］を使うと便利です。

次は、このテクスチャを「素体」の全身にタイリングで適用し、色の塗られていない部分をなくします。

編集したタイリングテクスチャ

11 体全体のベーステクスチャ

体に肌のタイリングテクスチャを適用して、肌に程よいムラを加え、体全体のベーステクスチャを作ります。この方法の利点は、**色の塗られていない部分をなくし、ベタ塗りよりもディテールのあるテクスチャを作成できる**ことです。ここでは、Substance 3D Painterを使って作業を進めます（※Substance 3D Painterに関してはChapter 04を参照してください）。

01. MayaからFBX形式で書き出した「素体」を図のような設定で、Substance 3D Painterに読み込みます。着色するだけなので、「オブジェクト情報の書き出し」は不要です。

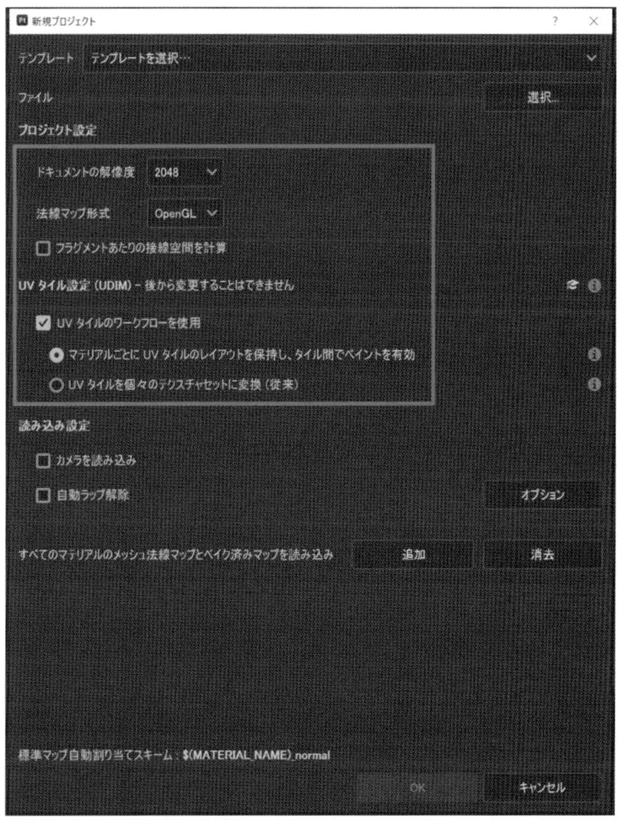

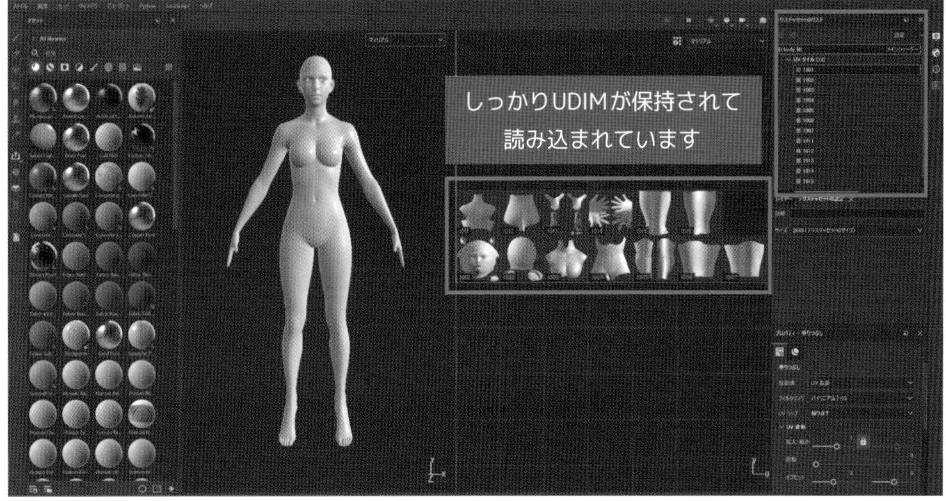

02. BaseColor表示にします。

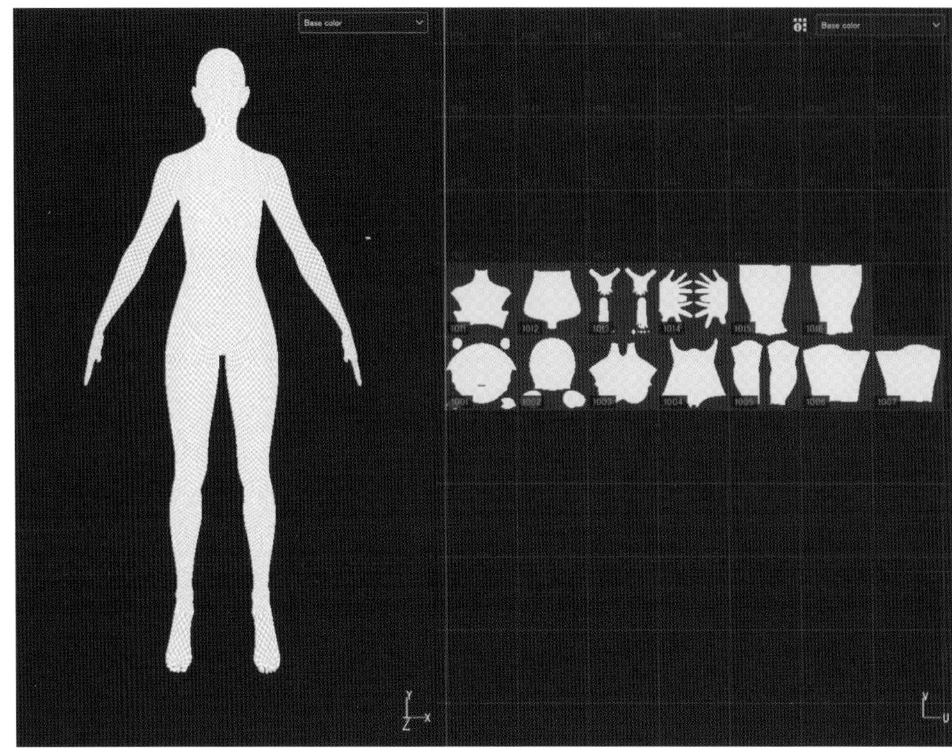

03. 作成したタイリングテクスチャ(skin_tile_texture)を、以下の設定で読み込みます。

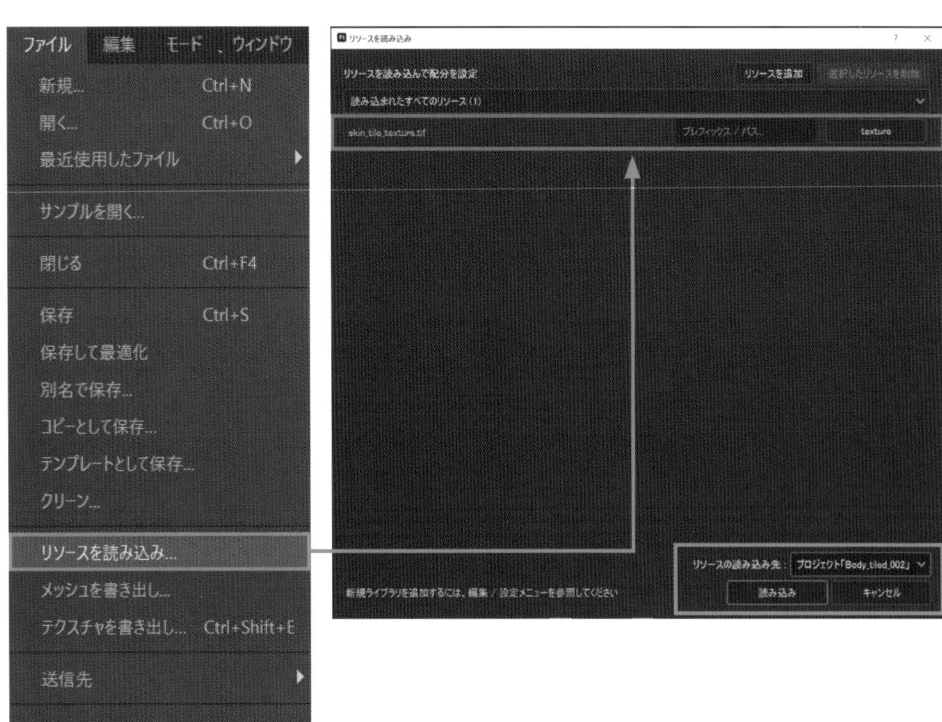

04. ［塗りつぶしレイヤー］を追加し、［BaseColor］に［skin_tile_texture］をドラック＆ドロップして適用します。［UVラップ］を［繰り返す］に設定し、［拡大縮小］を丁度よいタイリング数にします（※今回は**8**にします。タイリング数を上げすぎると、繰り返しが目立つので注意）。

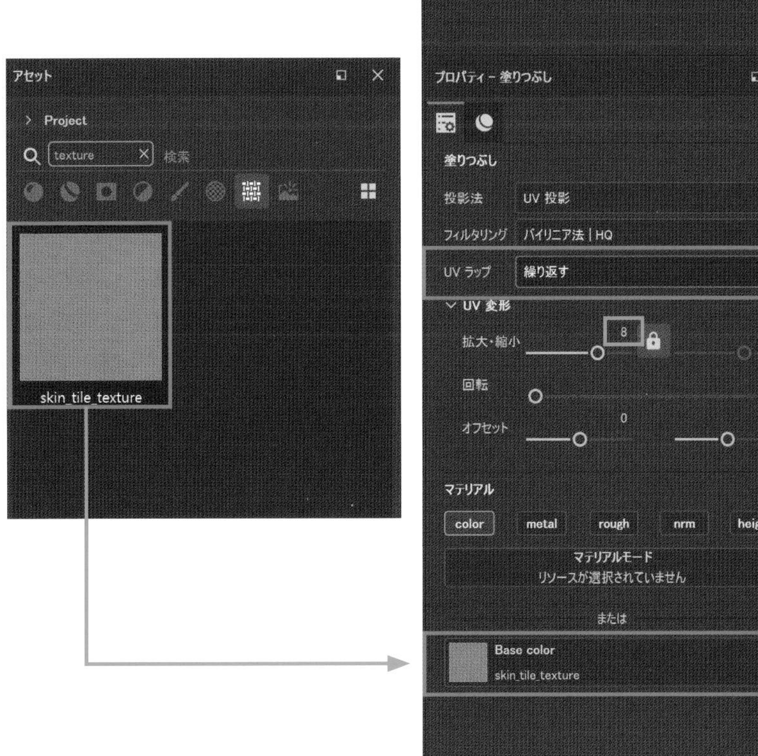

05.［ファイル］→［テクスチャを書き出し］でテクスチャを書き出します。

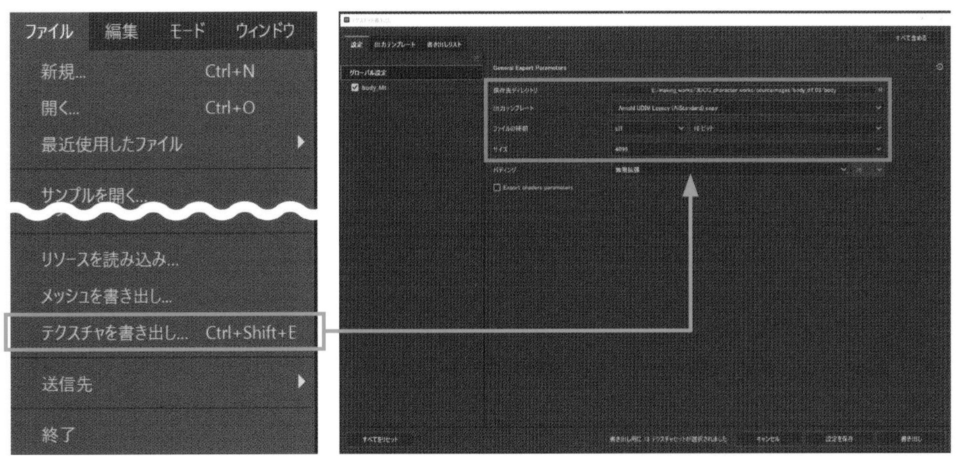

06. [出力テンプレート]タブを開き、出力マップを選びます。

※今回はカラーの出力だけなので[Arnold UDIM Legacy (AiStanderd)]をコピーして、カラー以外は消しました)。

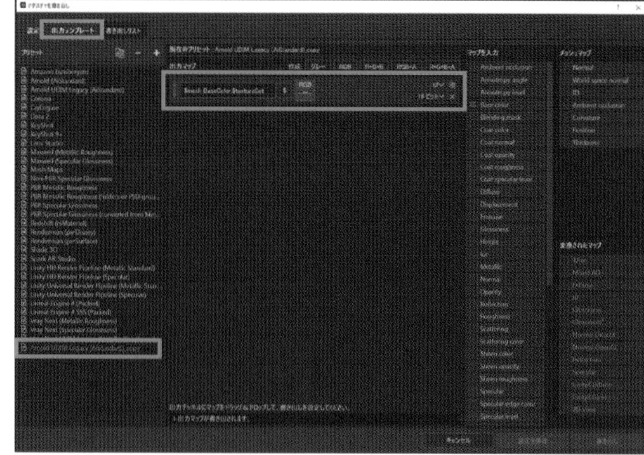

07. [書き出しリスト]タブでUDIMで出力できるか再度確認。[書き出し]を押し、テクスチャを出力します。

出力されたテクスチャ。これらを元にして、実際の制作モデルのテクスチャ編集をします。

model_001_BaseColor.body_Mt1001
model_001_BaseColor.body_Mt1002
model_001_BaseColor.body_Mt1003
model_001_BaseColor.body_Mt1004
model_001_BaseColor.body_Mt1005
model_001_BaseColor.body_Mt1006
model_001_BaseColor.body_Mt1007
model_001_BaseColor.body_Mt1011
model_001_BaseColor.body_Mt1012
model_001_BaseColor.body_Mt1013
model_001_BaseColor.body_Mt1014
model_001_BaseColor.body_Mt1015
model_001_BaseColor.body_Mt1016

12 顔のベーステクスチャ

顔の画像を利用して、適用しやすいテクスチャに調整します。手描き画像や写真をベースにしてもよいですが、今回は、Texturing XYZで購入した画像を使い、Photoshopで加工します。

01. 顔の手描き画像や写真を準備し、モデルに合うようにPhotoshopで加工します([修復ブラシツール][コピースタンプツール][コンテンツに応じた塗りつぶし]ツールを使用)。

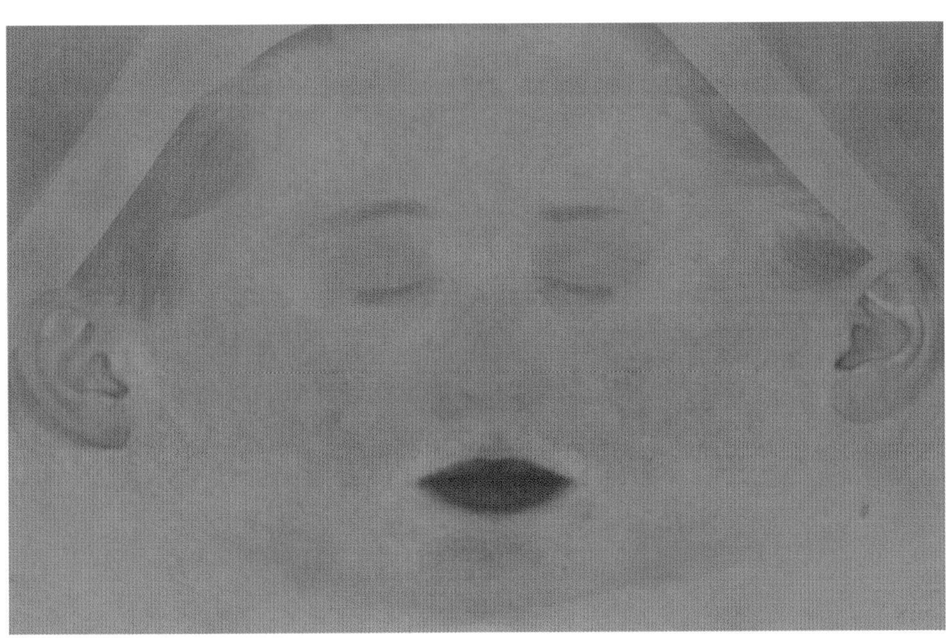

02. Photoshopでテクスチャの解像度を確認。8,146 × 5,104ピクセルだったので、Mayaで同じ比率(81.46 × 51.04 cm)のプレーンを作成して、分割数を高くします。

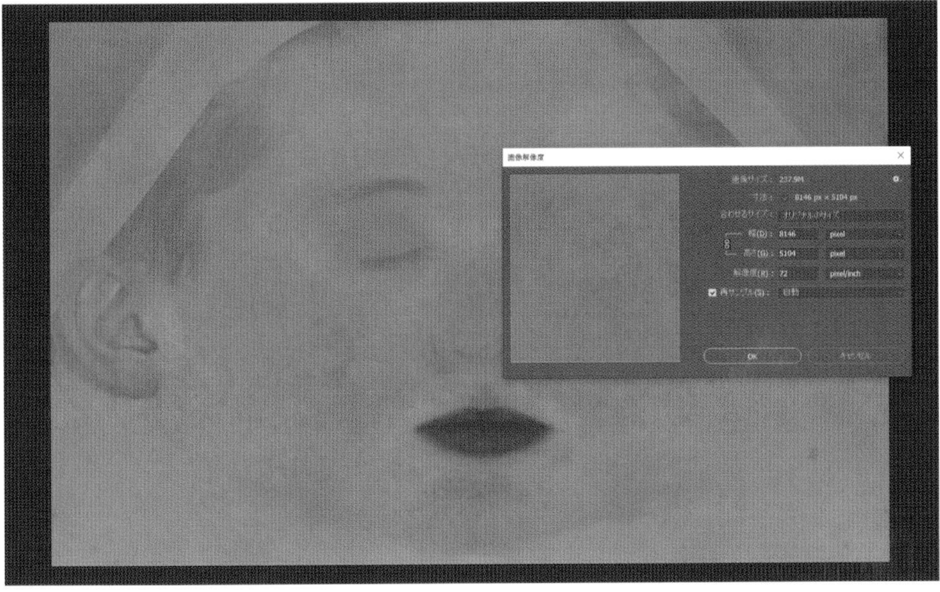

作成したプレーン（テクスチャ表示なし）

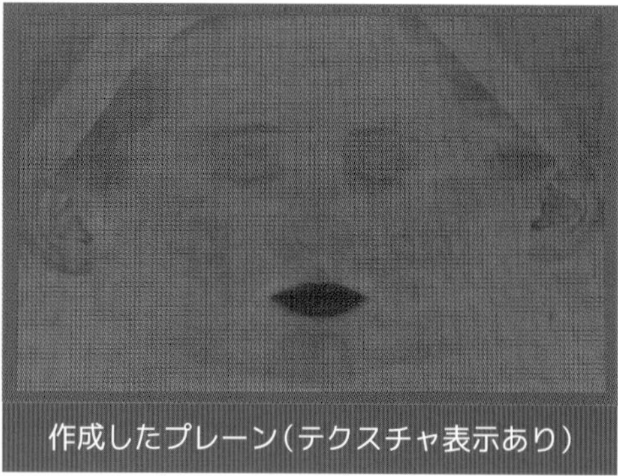

作成したプレーン（テクスチャ表示あり）

03. Mayaで作成したプレーンをZBrushにインポートし、サブツール上でキャラクターの顔の上に配置。プレーンのサイズを顔の大きさに合わせます。

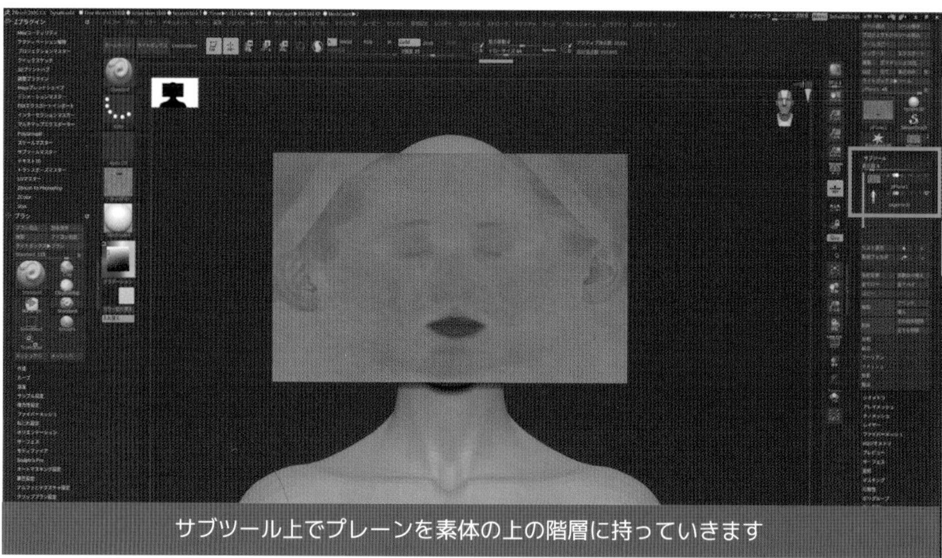

サブツール上でプレーンを素体の上の階層に持っていきます

04. ZBrushの有償プラグイン［ZWrap］でテクスチャを適用します（30日間は無料で試用可能。https://www.russian3dscanner.com/zwrap）。**［Zプラグイン］→［ZWrap］→［Start ZWrap］**を実行すると、ウインドウの左にテクスチャ、右にオブジェクトが表示されます。

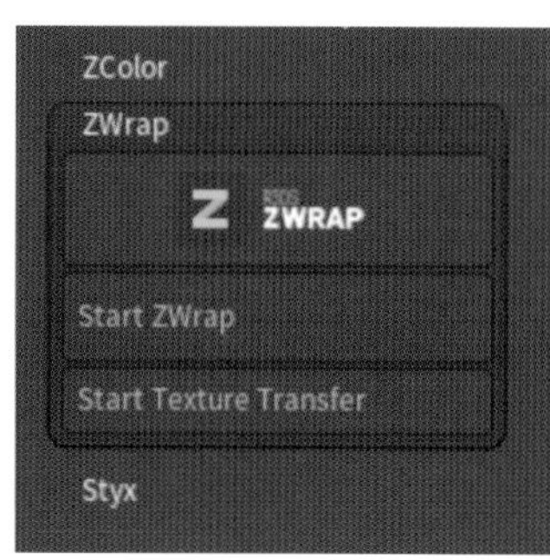

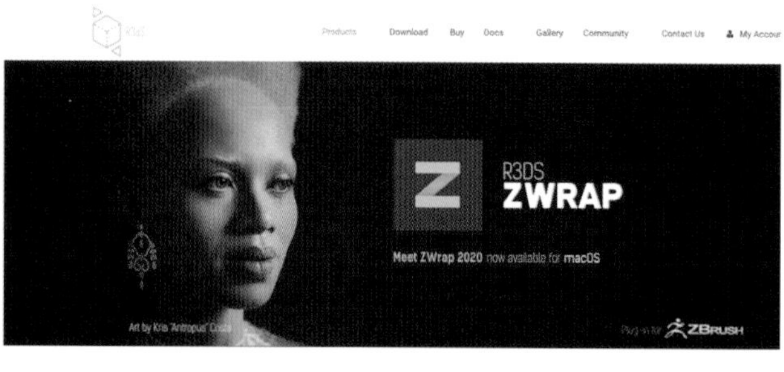

05. 左のテクスチャと右のオブジェクトのリンクさせたい位置をクリックして配置します（同じ番号を、①②③・・・と付けていきます）。

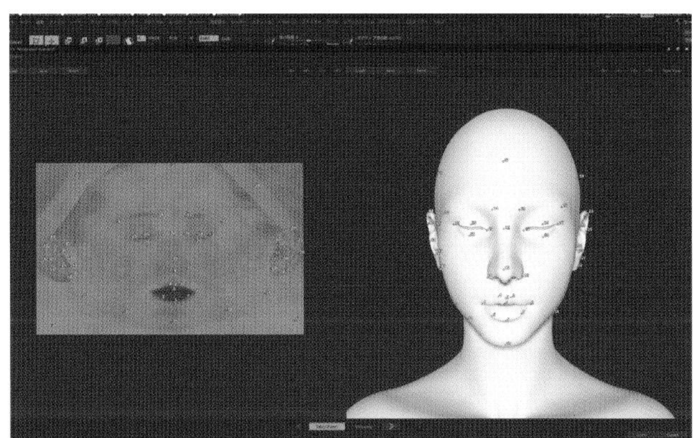

06. ツールの下にあるボタンを［Wrapping］に切り替えて、［Start Wraping］でWrapを開始します。同じ番号同士が合わさったら、右下の［Done］ボタンを押しましょう。

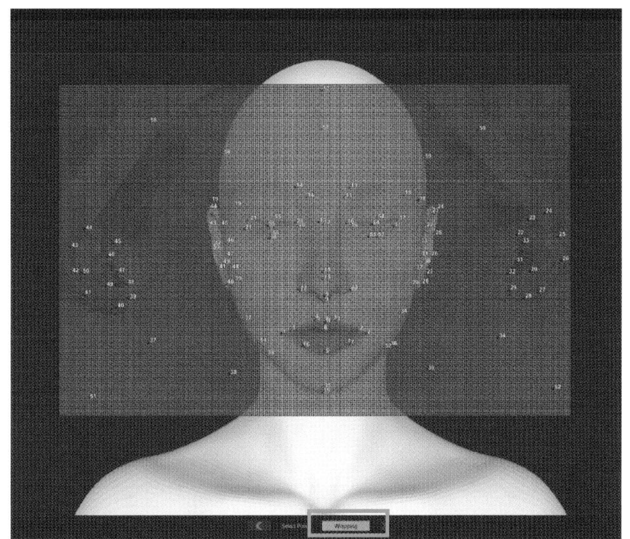

07. Wrapが終わると図のようにテクスチャのプレートがオブジェクトに貼りつきます。

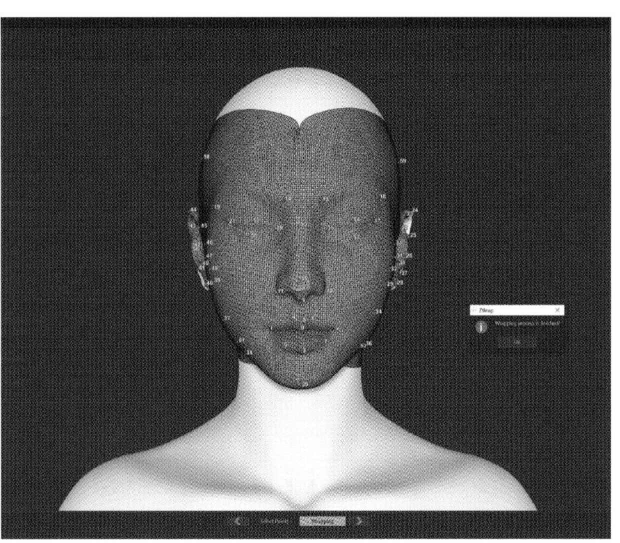

Chapter
01
02
03
04
05
06
07
08

08. ZBrushの**[サブツール]→[投影]→[全て投影]**でプレートを顔にピッタリとくっつけます。プレートのみを表示させると、顔に合わせて変形しているのがわかります

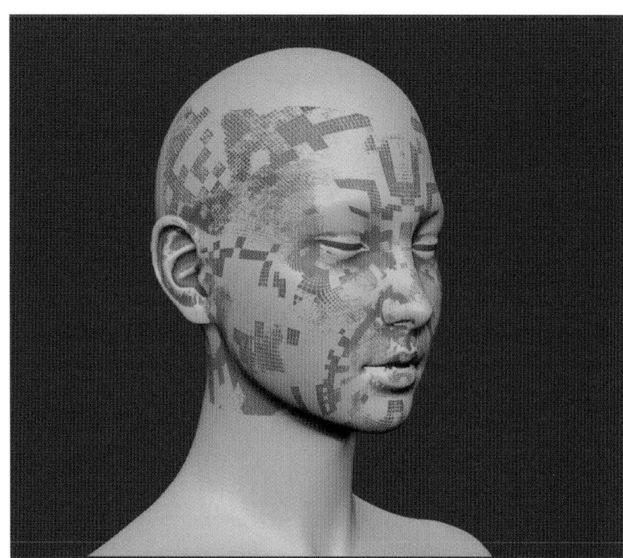

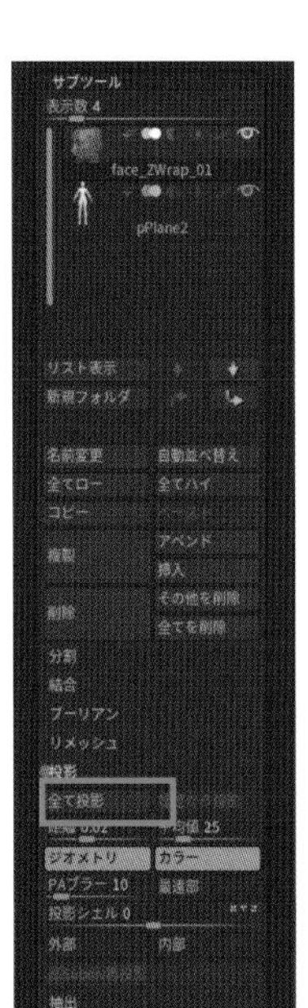

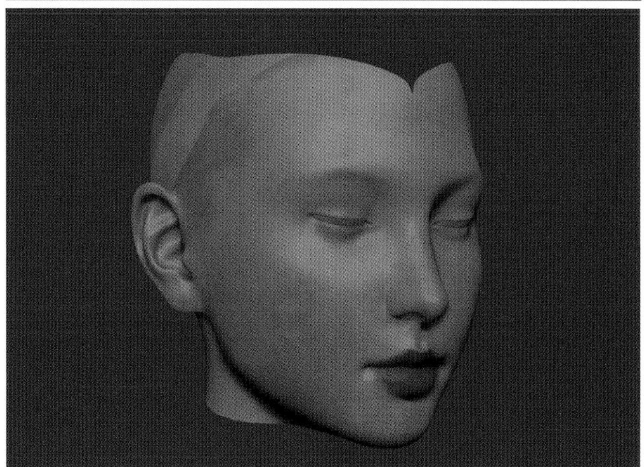

09. まだかなり暗いので、明るくしたり、色相や彩度、コントラストを調整・加工します。

転写加工後のテクスチャ

テクスチャの転写

ZWrapのStart Texture Transferを使用

xNormalを使用

❶サブツールの順番を変更し、上に転写先の素体、下にZWrapでフィットさせたプレーンが来るようにします。

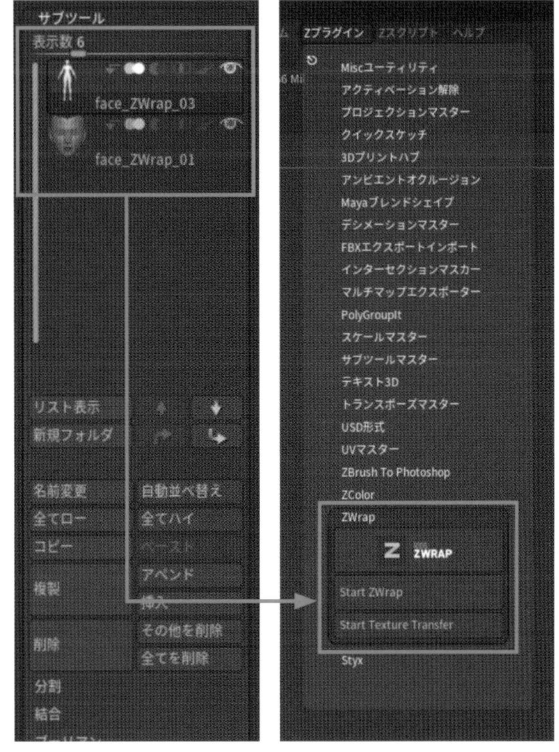

❷**[Zプラグイン]→[ZWrap]**を押し、[Start Textuer Transfer]を起動。

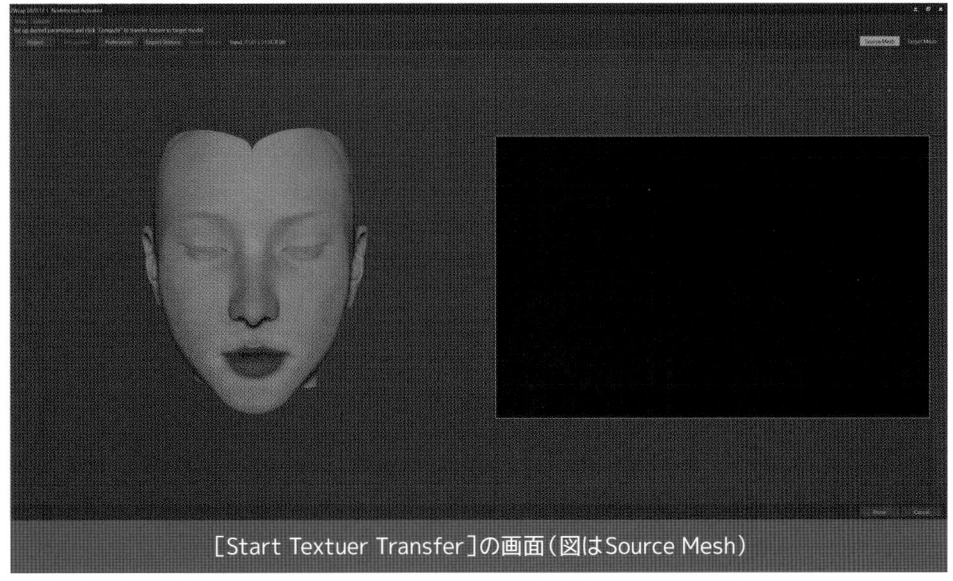
[Start Textuer Transfer]の画面(図はSource Mesh)

ZWrapのStart Texture Transferを使用

xNormalを使用

❸[Preference]タブを押し、8192 × 8192(8k)に設定。

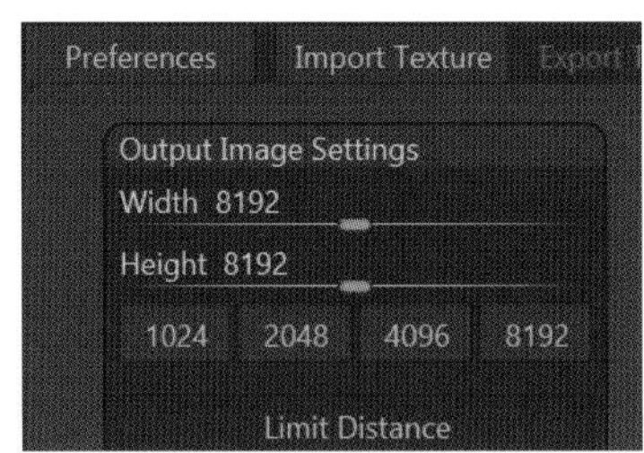

❹Target Meshの画面に切り替え、転写されるUVを表示させます。

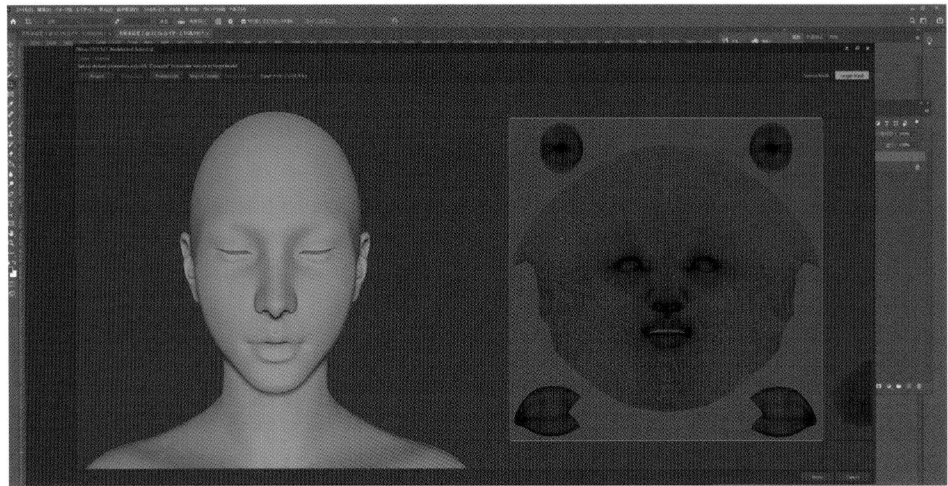

❺[Project]ボタンを押して転写します。

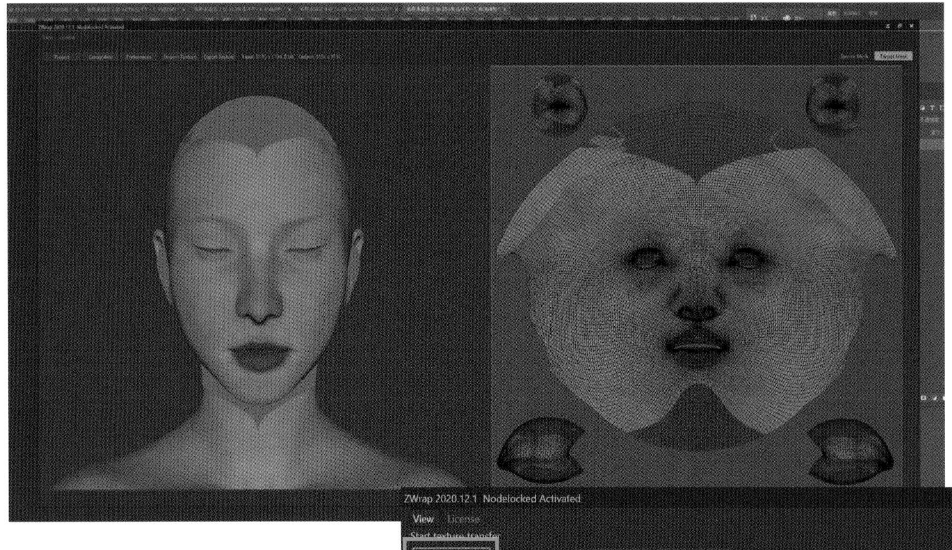

素体の作成

❻[Extrapolate]ボタンを押し、全体にテクスチャを伸ばして肌の色で埋めます。

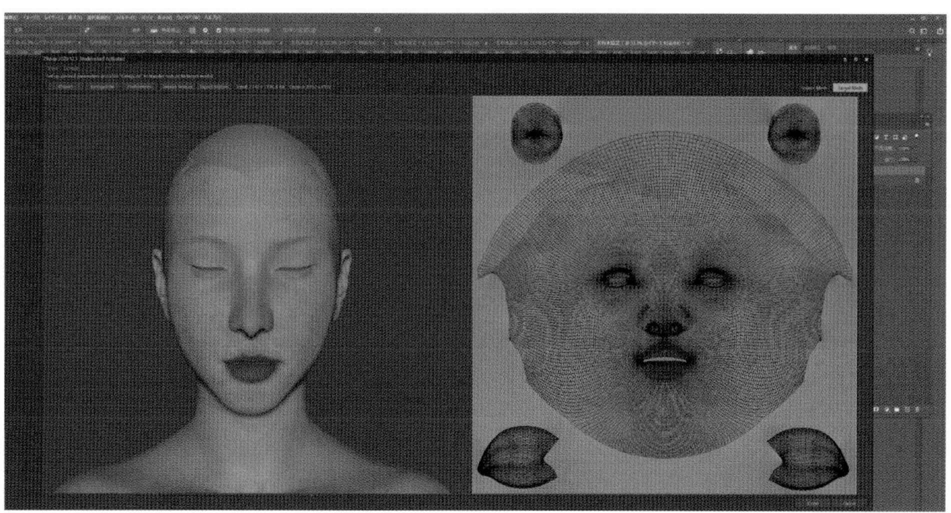

❼[Export]ボタンを押すと、顔のテクスチャが書き出されます。これで、顔のベーステクスチャが完成しました。

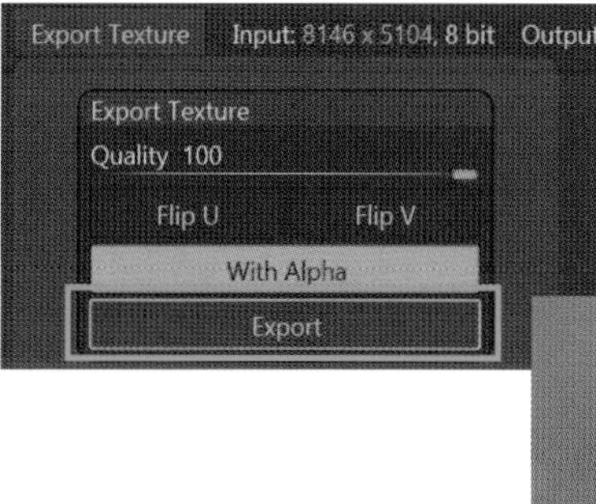

テクスチャの転写

ZWrapのStart Texture Transferを使用 | xNormalを使用

❶モデルを「face_dif_mesh」と命名してエクスポートします。

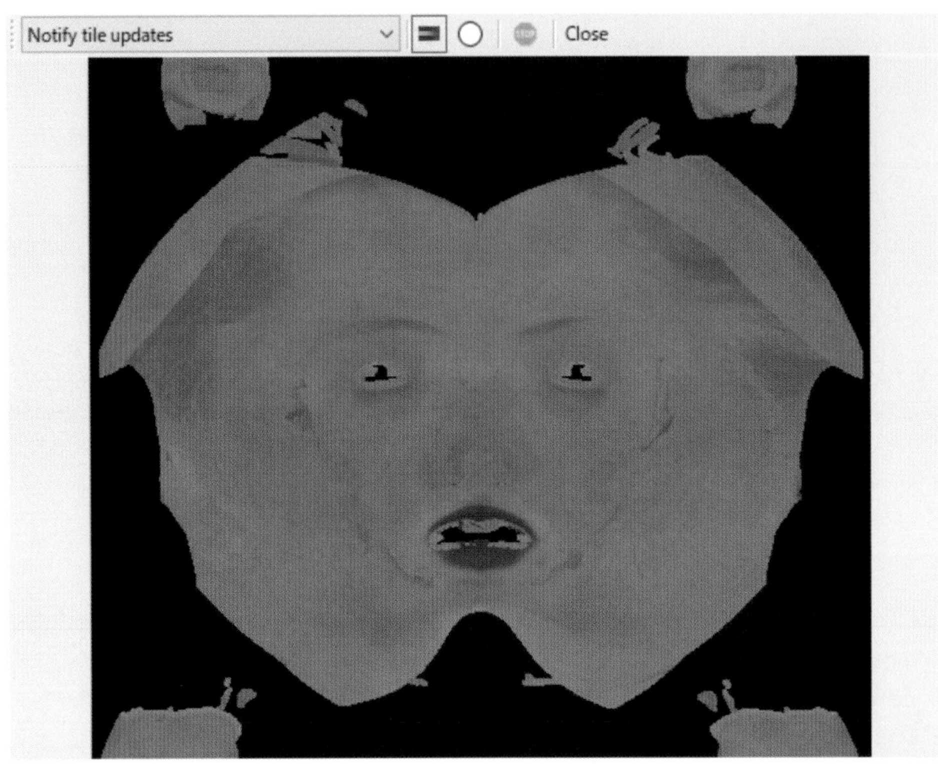

❷「face_dif_mesh」から「素体」のUVへテクスチャを転写。「素体」のUVの形状どおりに転写されます(※破綻部分はPhotoshopで修正)。

❸破綻部分は、Photoshopの[なげなわツール]で選択し、**[編集]→[コンテンツに応じた塗りつぶし]**でなじませましょう。これで、加工テクスチャとタイリングテクスチャ(8K)を合わせたものができ上がります。

※ xNormal は下記のURLから無料でダウンロードできます
https://xnormal.net/

xNormalの使い方

①［High definition meshes］ボタンを押す

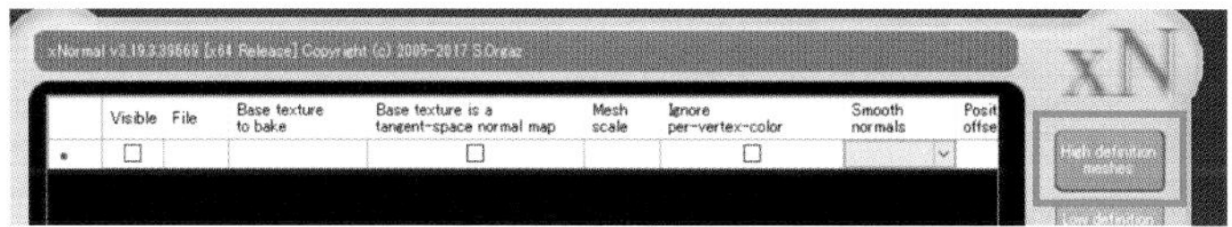

②［File］を右クリック
③［Add meshes］を押し、先程出力した［face_dif_mesh］を入れる
④［Base texture to bake］で右クリック
⑤ Texturing XYZのテクスチャをベースにした加工テクスチャを入れる
⑥［Low definition meshes］ボタンを押す

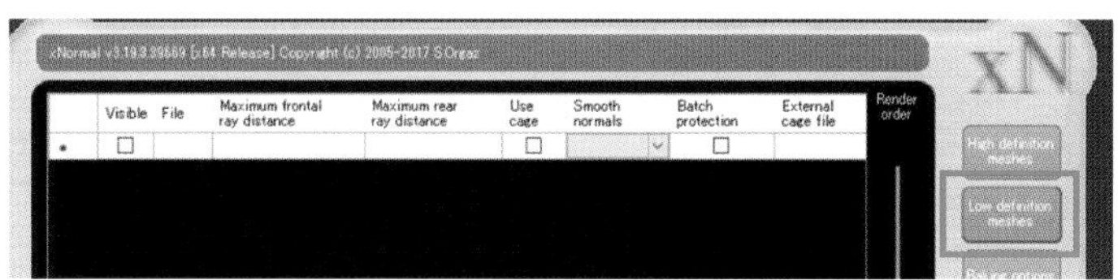

⑦［File］を右クリック
⑧［Add meshes］でbodyモデル（素体）を選ぶ
⑨［Baking Options］を押し、適切な数値を入力する
⑩ 書き出し場所のパスを入力する
⑪［Maps to render］の［Bake base texture］にチェックを入れる
⑫［Generate Maps］をクリックしてテクスチャを書き出す

13 体へのベーステクスチャの適用

UDIMのある体へベーステクスチャを適用します。その後、適用したテクスチャをZBrushでポリペイントに変換し、加筆してなじませます。

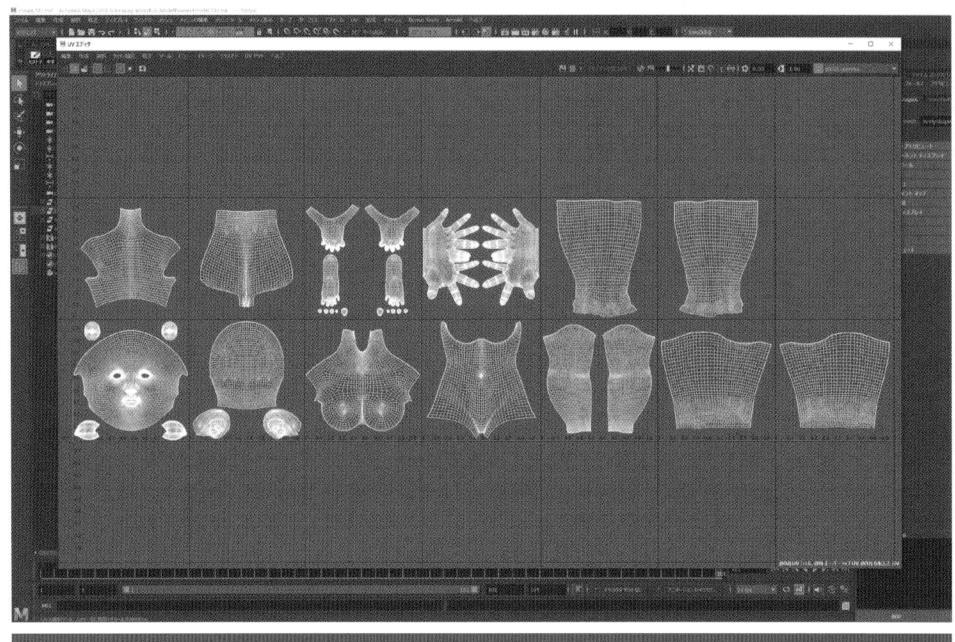

「素体」のUV(UDIM)

01. ZBrushにモデルを読み込み、[SubDiv]の値をできるだけ上げます。**[ポリグループ]→[UVグループ]**を押すとUDIMに合わせて、UVの区画で色分けされます。

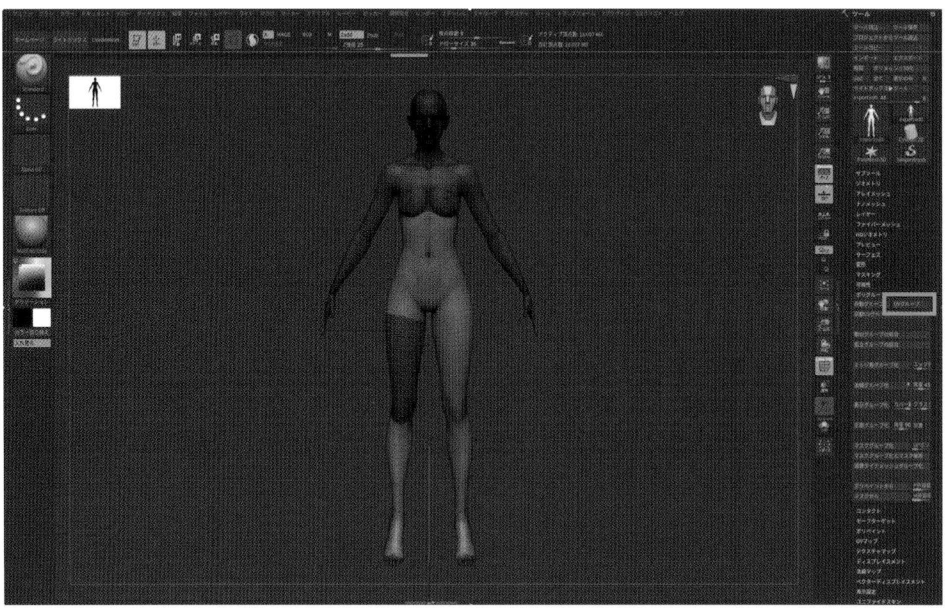

02. 顔のUVにテクスチャを適用します。

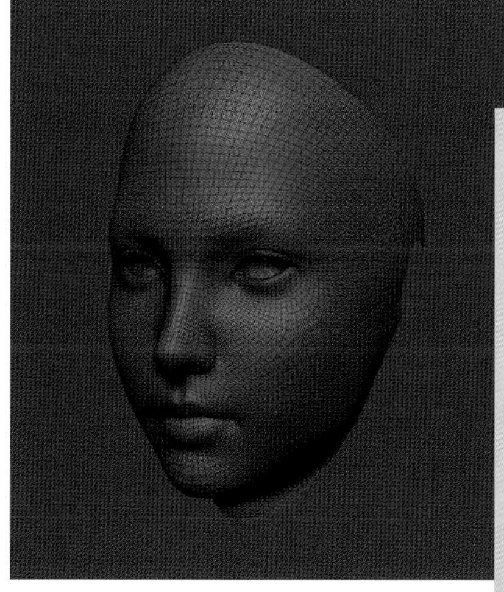

03. ウインドウ下部の［V反転］を押し、テクスチャを上下逆にします。すべてのテクスチャを上下反転させたら、UDIMの各UVへテクスチャを適用します。

04. **[Ctrl]+[Alt]+左クリック**で、テクスチャを適用するオブジェクトのみ表示します。

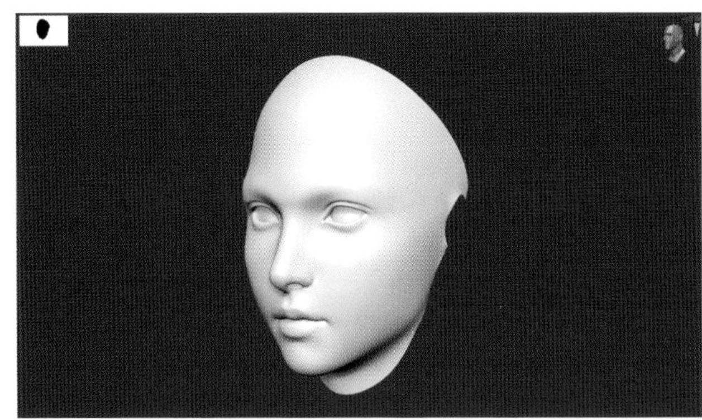

05. [テクスチャマップ] の四角い枠をクリック、上下反転させたテクスチャを選びます。

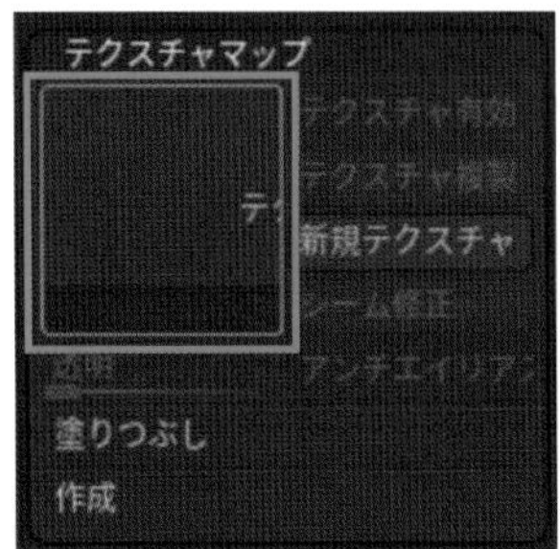

06. 適用後、**[ポリペイント]→[テクスチャからポリペイント化]**を押します。

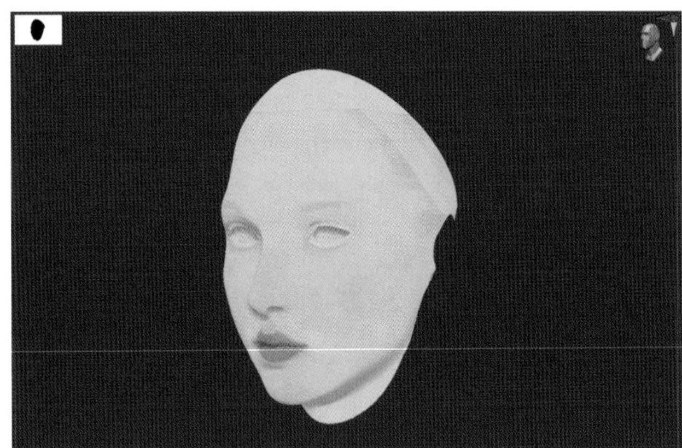

07. 表示部分のみにカラーテクスチャがつきます。

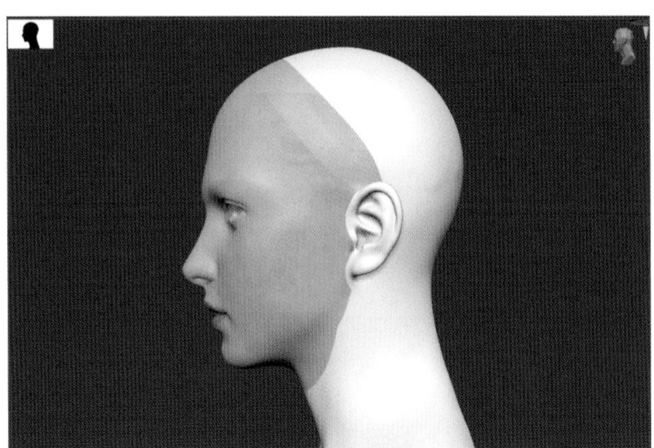

08. 他のオブジェクトにもテクスチャの適用を繰り返します。

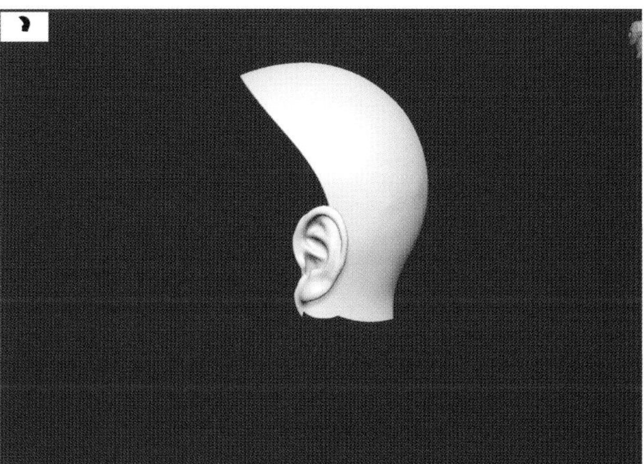

09. この手順を繰り返し、首から下の未適用部分にもテクスチャを適用します。

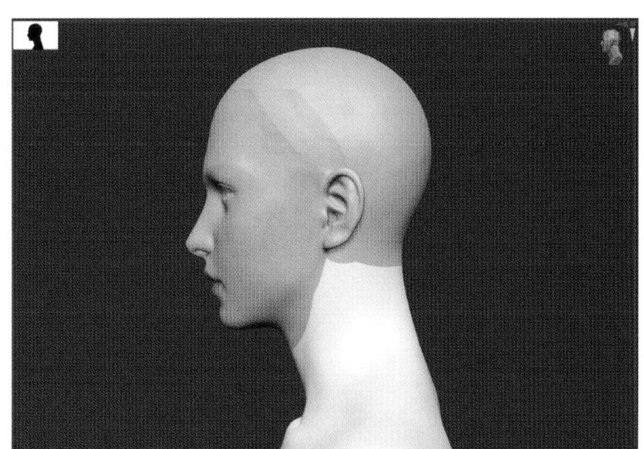

10. 全身にテクスチャを適用すると図のようになります。

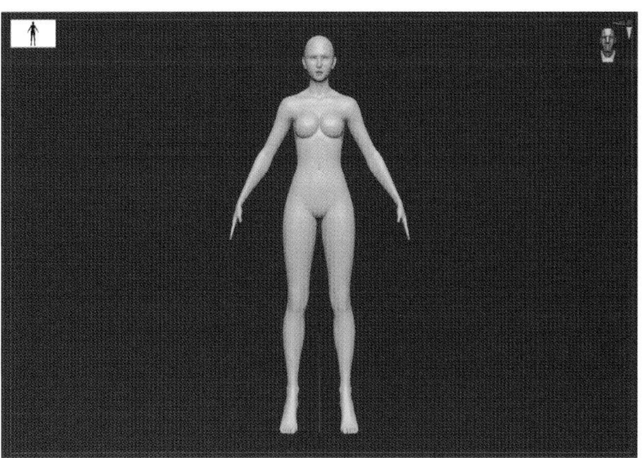

この後、ZBrushのポリペイントでテクスチャを加筆します（※顔の作業にはPhotoshopも使用）。セミリアルの女性の場合、シミやソバカスはあまりつけない方がよいので、ある程度のディテールは残しつつ、目立つ部分を加筆・修正します。

14 ポリペイントによる加筆

体へ適用したベーステクスチャにポリペイントを行い、テクスチャの継ぎ目をなじませ、足りない要素を追加します。

01. ポリペイントするモデルの[SubDiv]の値を、最高まで上げ、ポリペイントの設定を図のようにします。

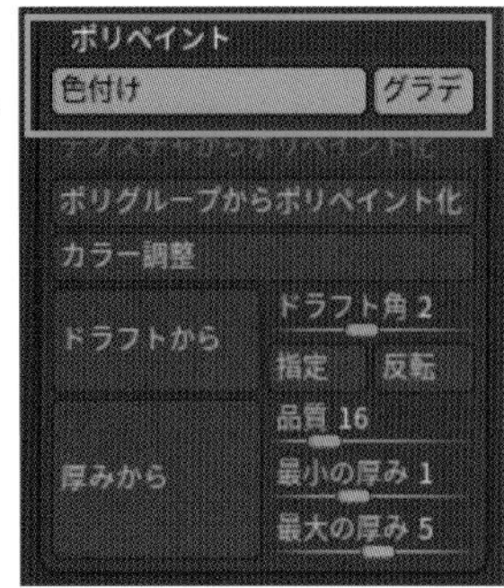

02. [RGB]をオン、[Zadd]をオフにします。(※[A]はアルファのオン/オフのボタン)

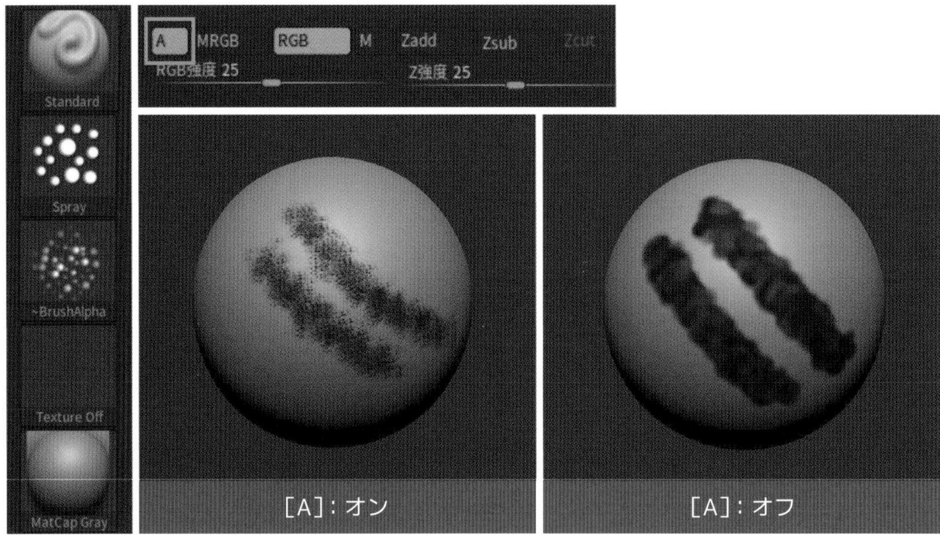

03. テクスチャに加筆していきます。すべての継ぎ目をポリペイントでなじませ、唇や血色等を加筆すれば、ZBrushでの作業は一旦終了です。

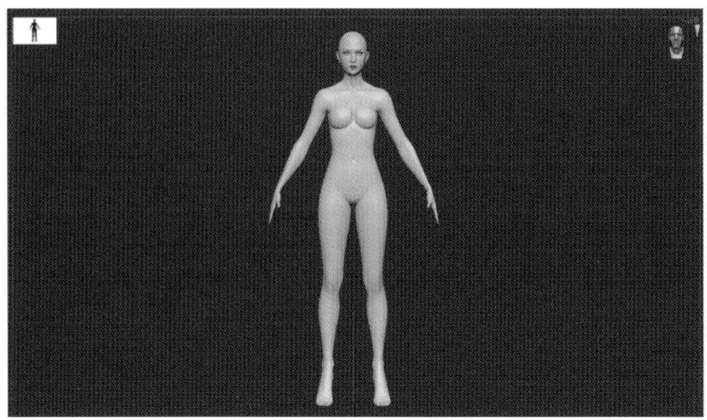

04. できたテクスチャを**[Zプラグイン]→[マルチマップエクスポーター]**で出力します。テクスチャの名前はあとで変更します。

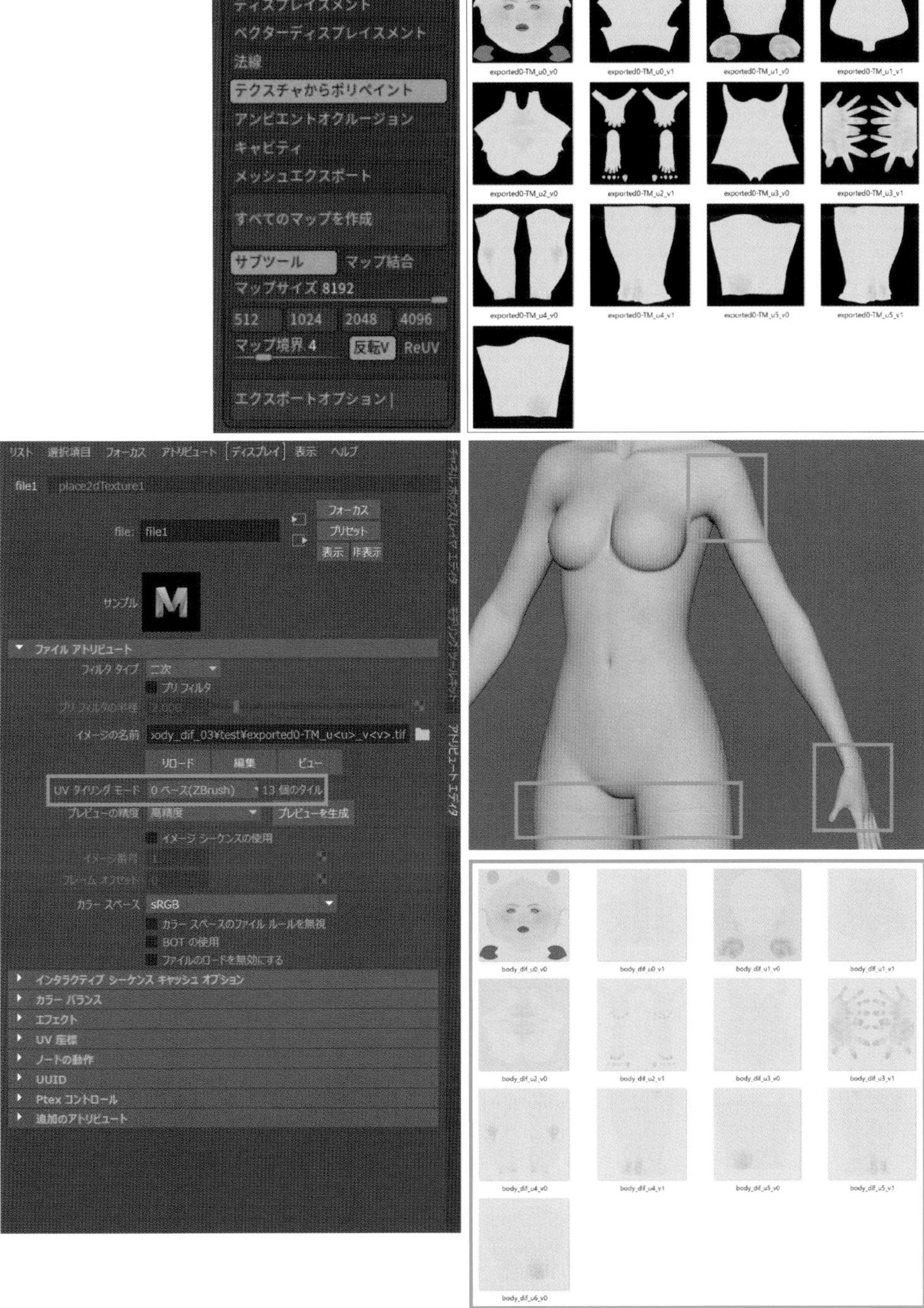

※テクスチャの余白が黒いと、Mayaで適用したとき([UVタイリングモード]で[0ベース(ZBrush)]を選択すると、UDIMで読み込まれます)、UVの切れ目に黒い線が出ることがあります。そのため、余白は肌色で塗りつぶします。

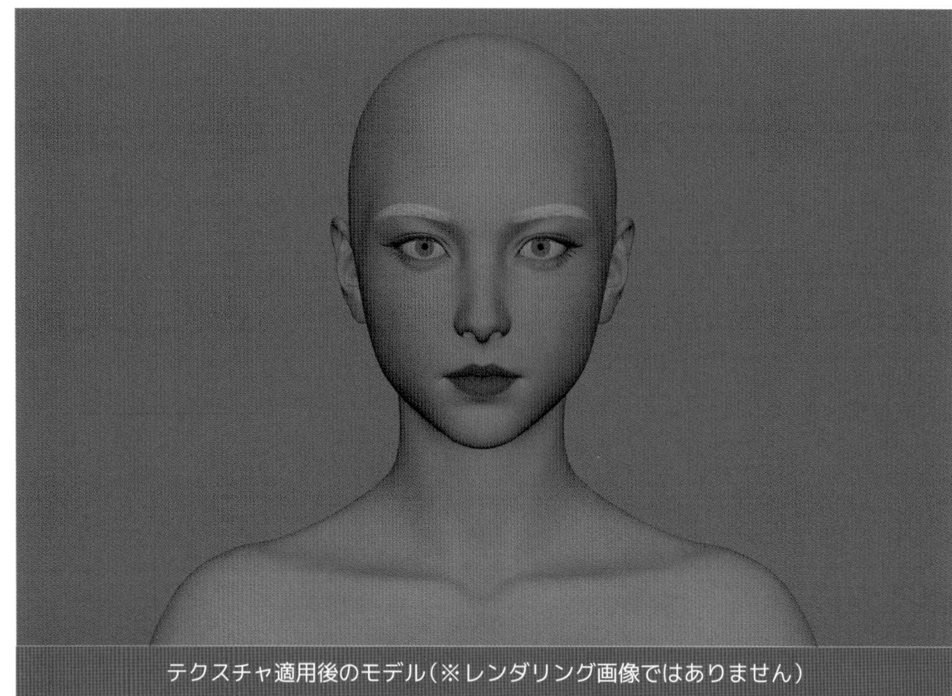

テクスチャ適用後のモデル（※レンダリング画像ではありません）

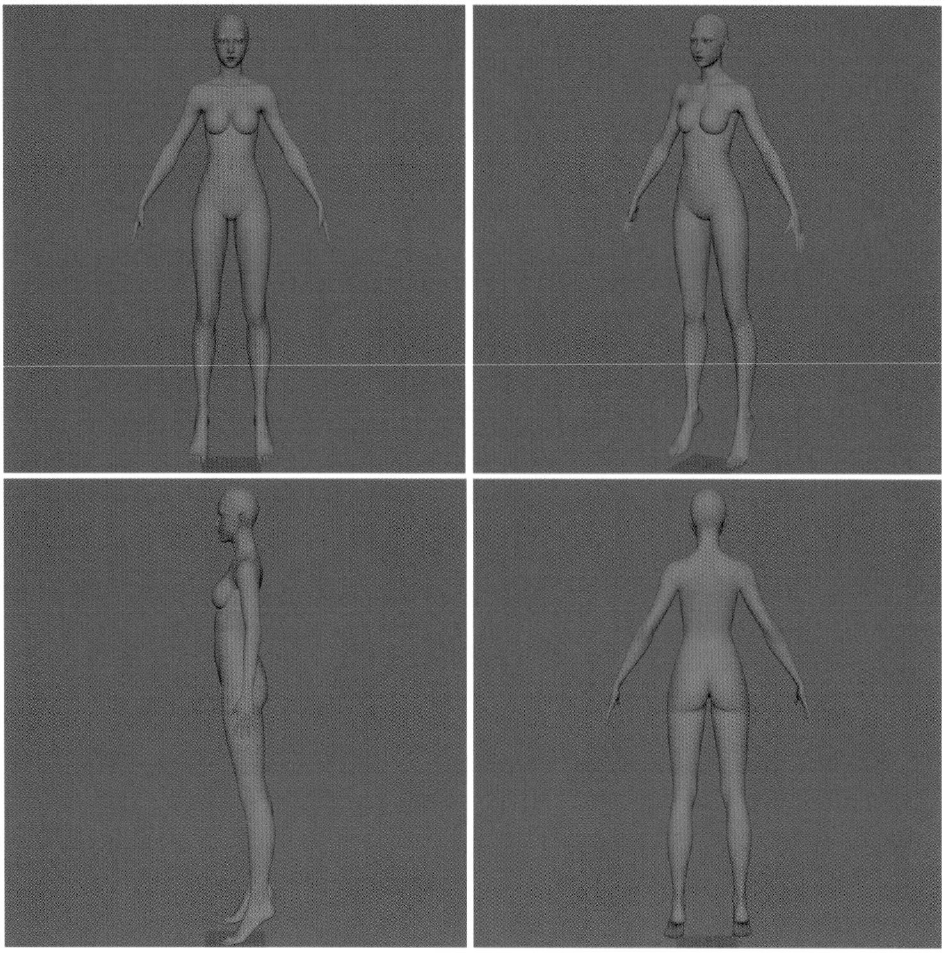

15 顔のディスプレイスメント

顔の画像を利用して、毛穴やしわのディテールをつけます。

01.「顔のベーステクスチャ」と同じように、**[Zプラグイン]→[ZWrap]**で番号と位置を紐づけます。

※顔にフィットさせたプレーンオブジェクトへ[Import Texture]でディスプレイスメントテクスチャを割り当て、転写することもできます。しかし、今回はテクスチャのバランスを調整したため（顔とズレてしまう）、ZWrapで紐づけ直しています。

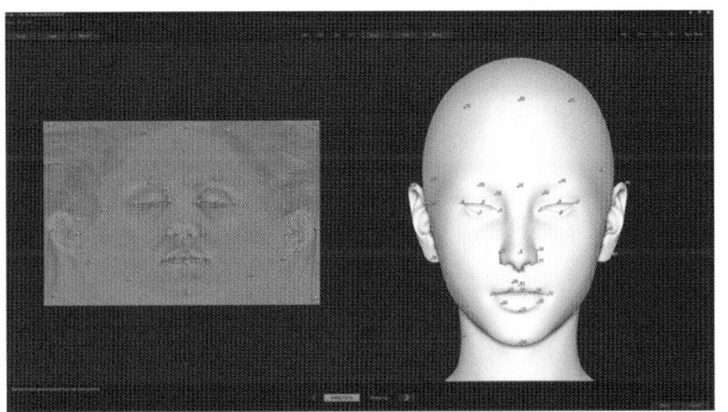

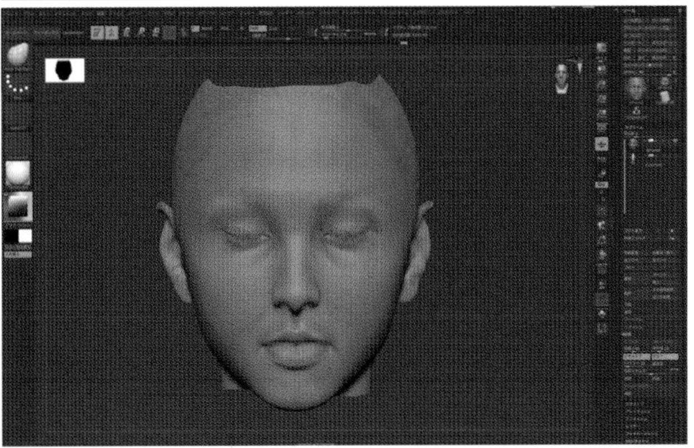

02.「素体」へ貼りつけたディスプレイスメント用テクスチャを、xNormalで顔のUVへ転写します。以下の手順に従い、16bitで出力しましょう。

※そのほかの設定に関しては、カラーテクスチャを作るときと同じ設定にしてください。

ディスプレイスメントマップは「**16bit**」出力します

03. xNormalウィンドウ左のアイコンを押し(前の図を参照)、[plugin Manager]ウインドウを表示、[Image exporters]ボタンを押します。

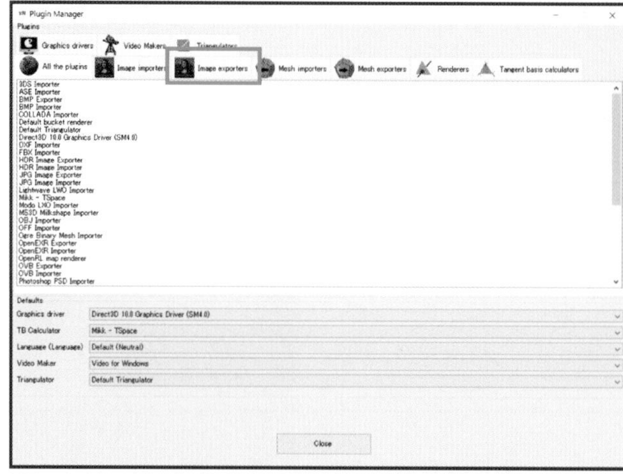

04. 16bitのtiffファイルで出力するため、[TIFF Exporter]を選択、[Configure]ボタンを押します。

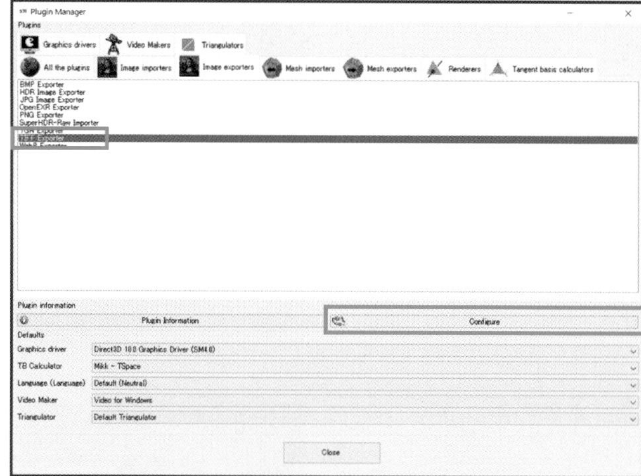

05. [TIFF Option]ウインドウで[Bits per channel]を**16**に設定。[Close]を押し、設定画面を閉じます。

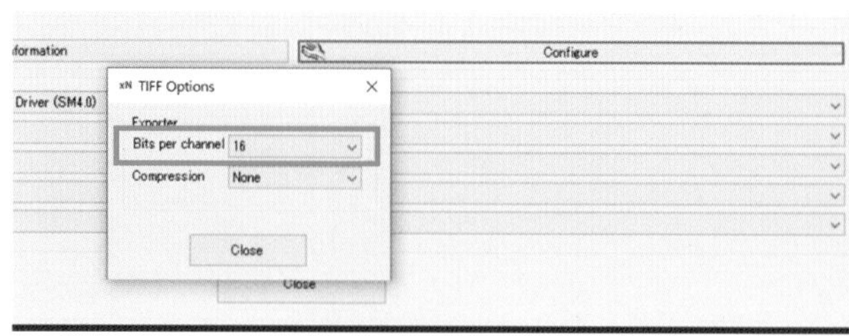

06. xNormalウィンドウ右下の[GenerateMaps]ボタンを押し、テクスチャをtiff形式で書き出します。Photoshopでその画像を開き、チャンネルタブで「チャンネルの分割」を選択。これにより、元のファイルが閉じ、「R」「G」「B」チャンネルがグレースケールの画像ウィンドウとして表示されます(※ウィンドウのタイトルバーには、元のファイル名とチャンネルが表示)。

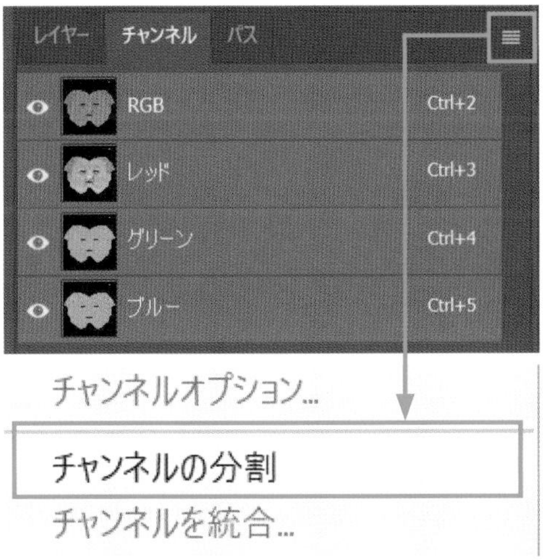

レイヤー チャンネル パス
RGB Ctrl+2
レッド Ctrl+3
グリーン Ctrl+4
ブルー Ctrl+5
チャンネルオプション...
チャンネルの分割
チャンネルを統合...

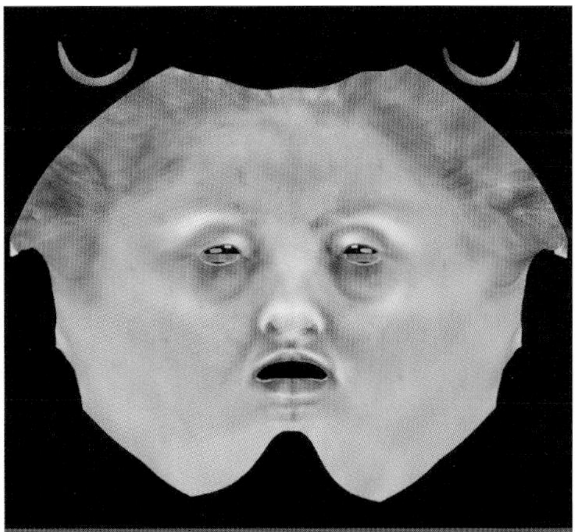

[R] ディテール(大):セカンダリ

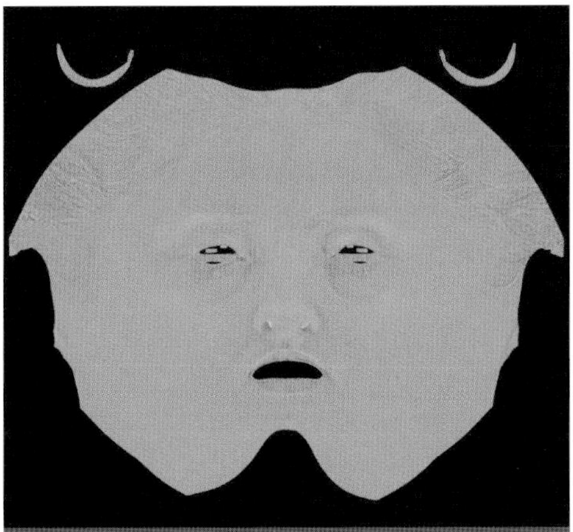

[G] ディテール(小):ターシャリ

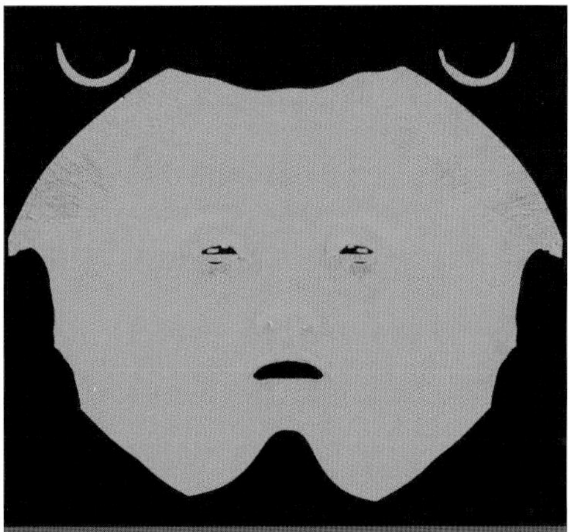

[B] ディテール(極小):マイクロ

07. [塗りつぶしツール]で、背景を黒色から６３%グレーに変更します(「R」「G」「B」に分かれた際、13%ほど明るくなるため)。それらを保存して、ディスプレイスメントマップに使用します。

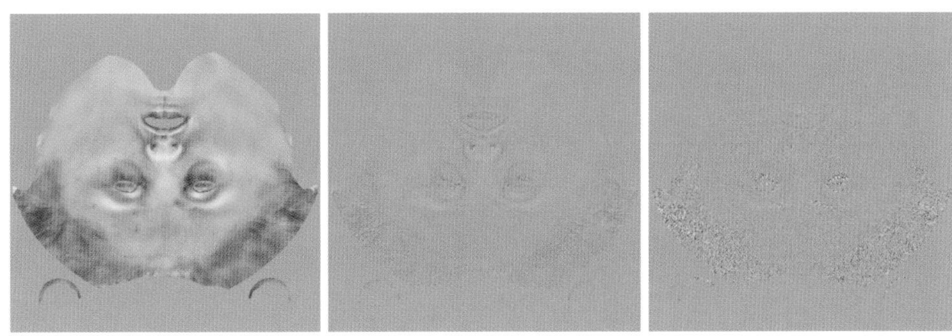

08. ZBrushでモデルに仮のテクスチャを適用(※デフォルトのカラーでOK)。**[ポリグループ]→[UVグループ]**でグループに分けます。

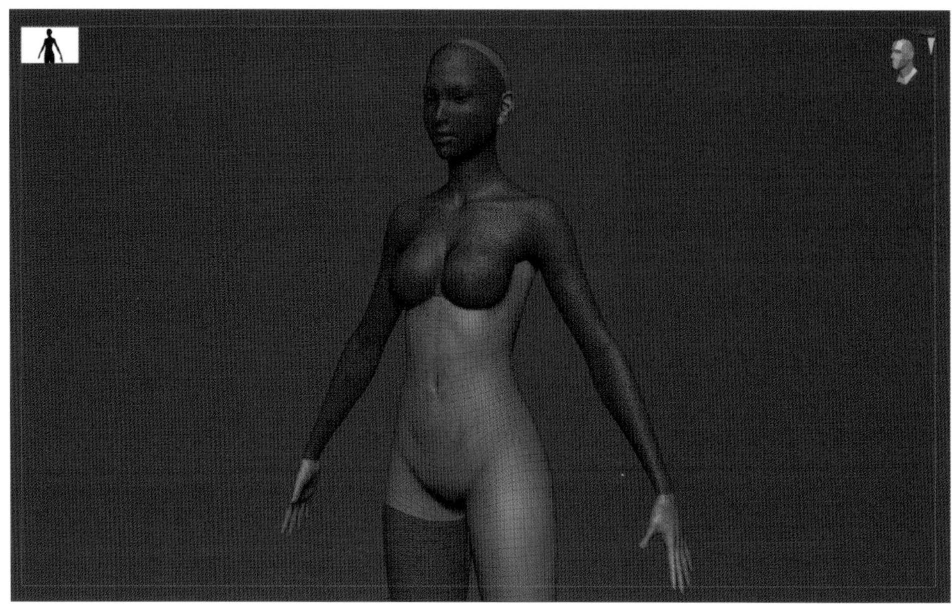

09. **[Ctrl]+[Shift]+左クリック**で、顔のみを表示します。

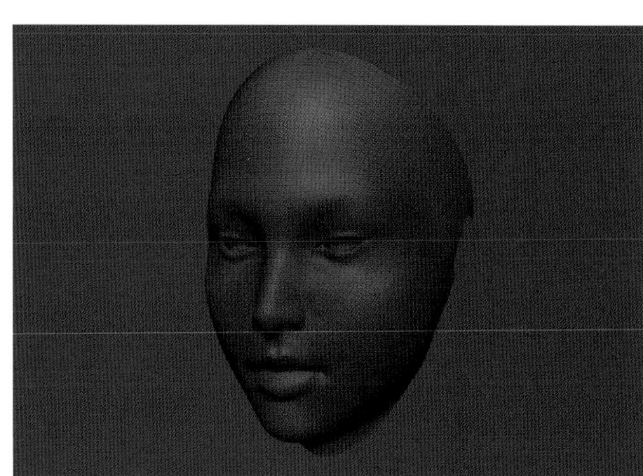

10. [レイヤー]パネルで新規レイヤーを追加します。

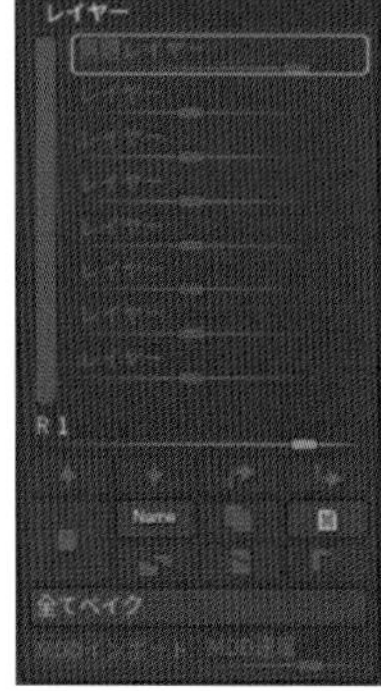

11. ディスプレイスメント用のマップ[R]をインポートし、適用しましょう。

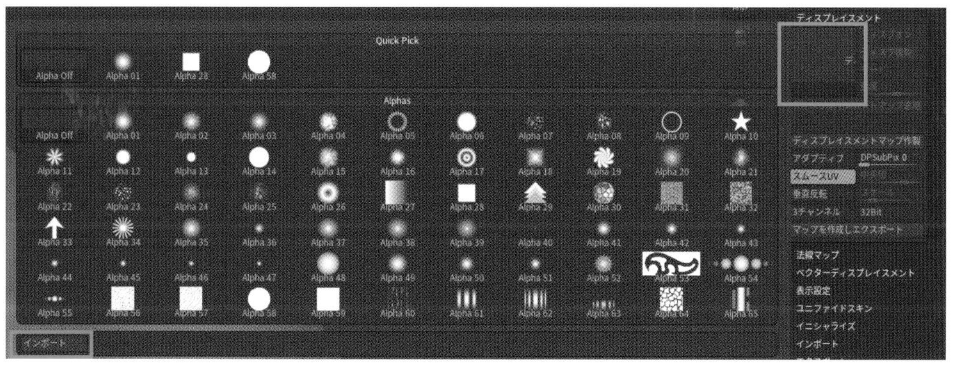

12. ［ディスプレイスメントマップを適用］ボタンを押すと、指定したUVにのみマップが適用されます。レイヤーに[R]の情報が追加され、値でマップの強さを調整できるようになります。

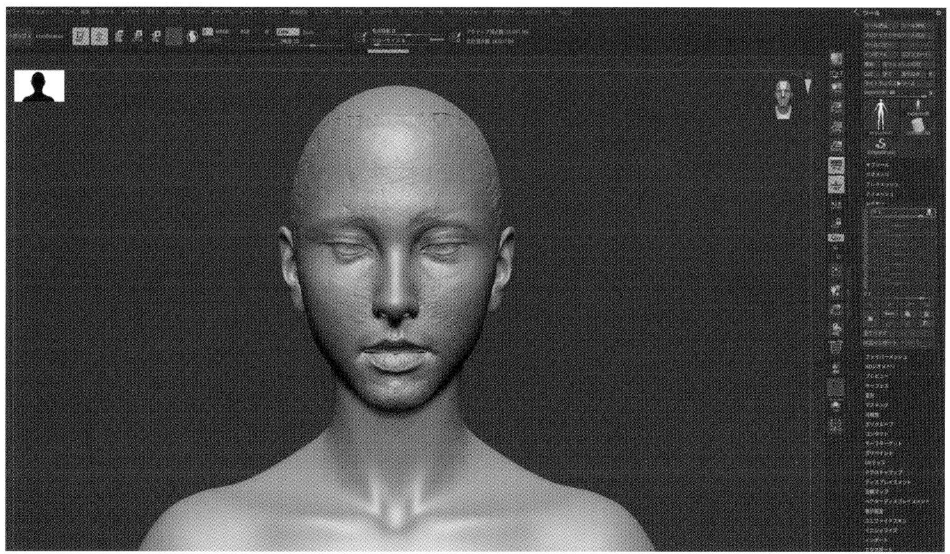

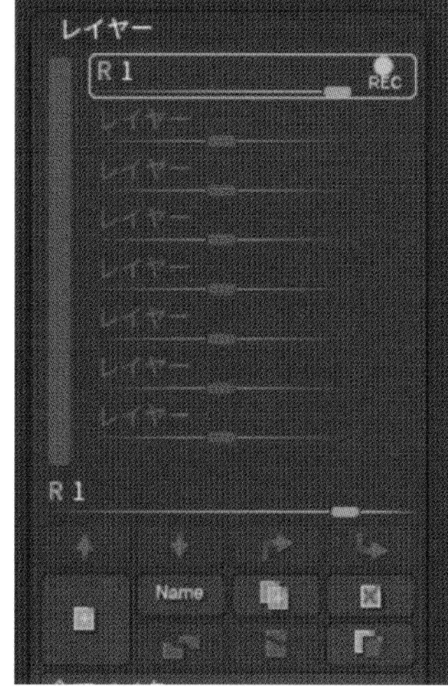

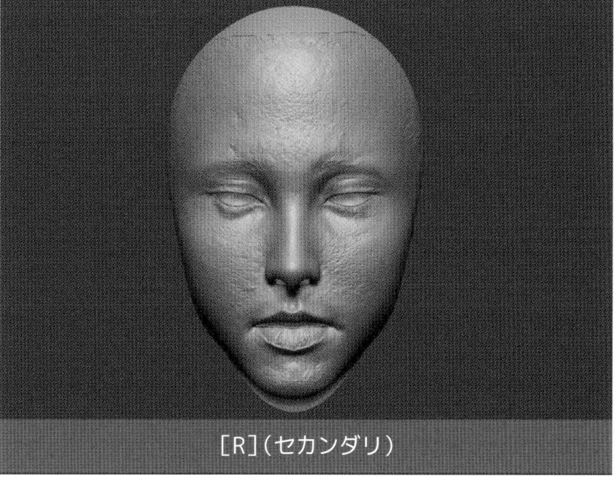

[R]（セカンダリ）

13. 残りのテクスチャ、[G](ターシャリ)、[B](マイクロ)も同じように適用します。

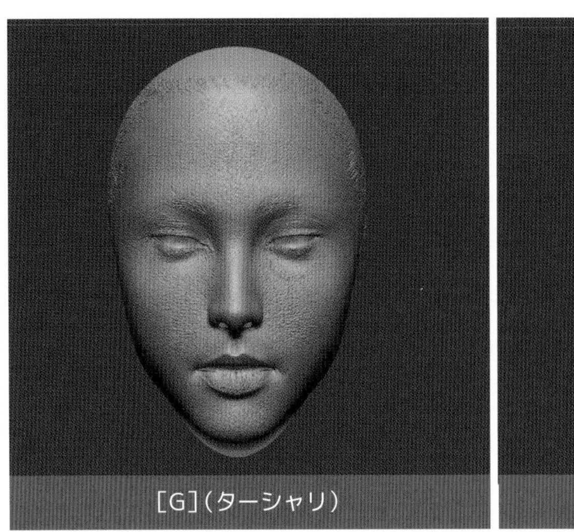
[G](ターシャリ)

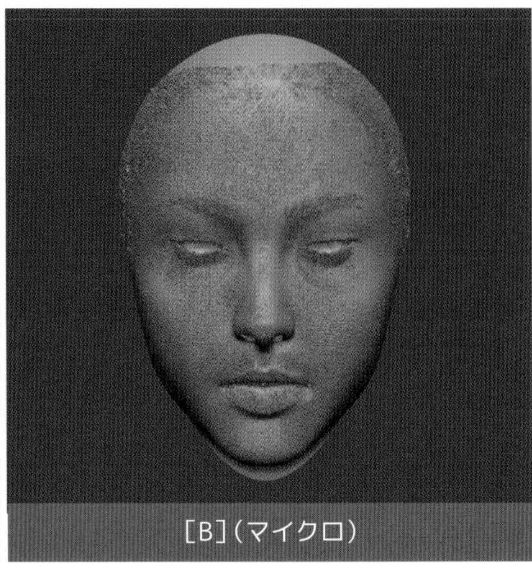
[B](マイクロ)

14. 各マップのディスプレイスメントが強いのでレイヤーで調整します。最終的に[R]:**0.05**、[G]:**0.12**、[B]:**0.2**に設定しました。

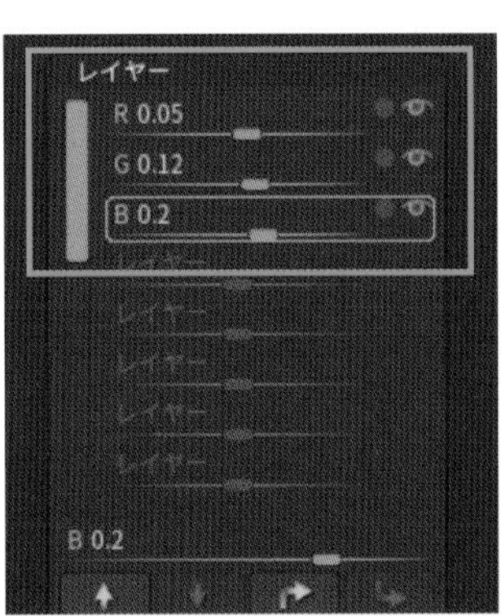

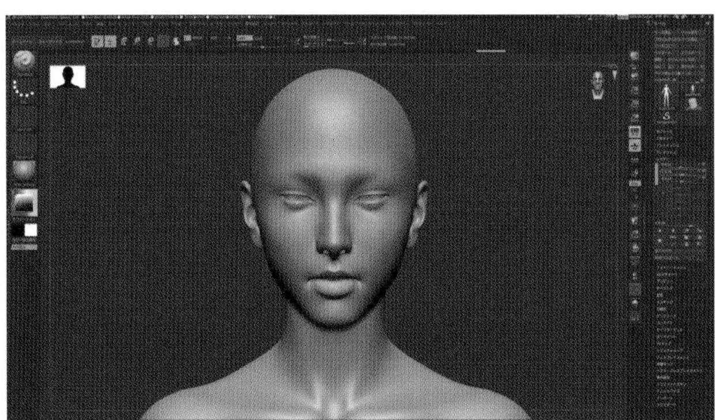

16 顔のディテール調整

顔のディテールを調整します。今回はセミリアルなので、フォトリアル系よりもシンプルにします。あまりリアルにし過ぎると、その要素が目立って不自然になるため、セミリアルにはシンプルなディテールが適しています。

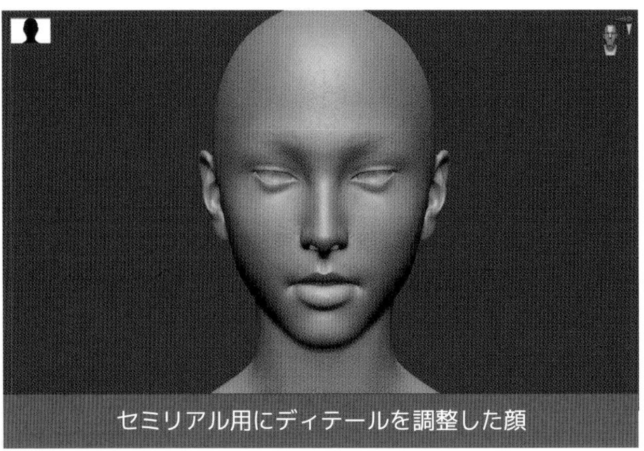
セミリアル用にディテールを調整した顔

17 体のディテール調整

体にディテールを追加・調整し、ディスプレイスメントマップに変換します。肌のディテールを付ける際、ブラシの組み合わせでさまざまな表現ができます。

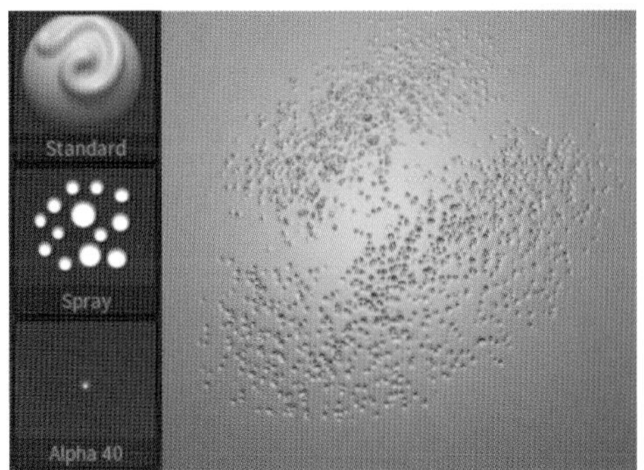

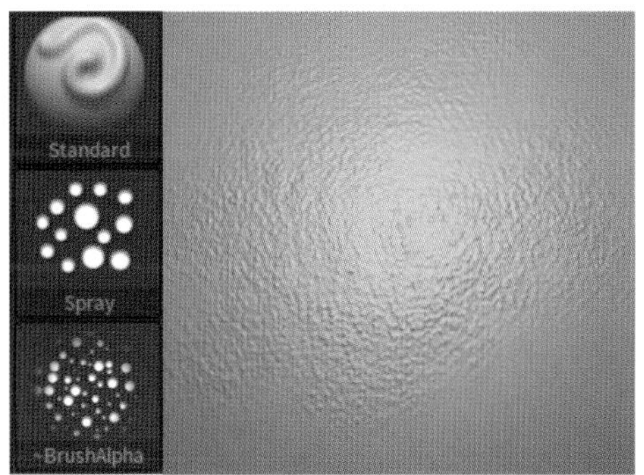

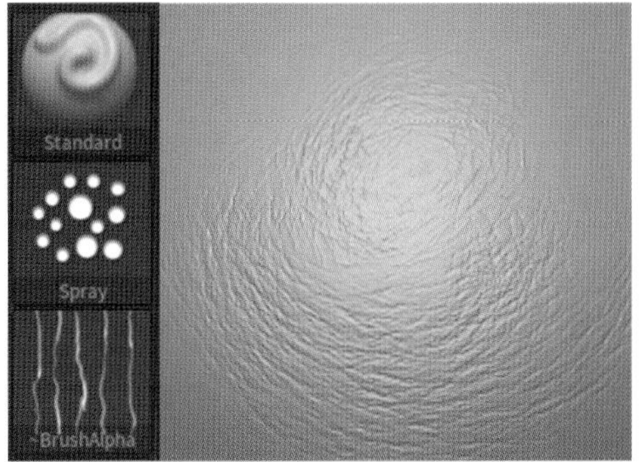

目を開いたときにどう見えるかを確認するため、[SubDiv]を**1**にし、インポートで通常の顔に戻します。問題なければディスプレイスメントマップの完成です(※顔は最終ブラッシュアップ時にさらに編集)。では、[マルチマップエクスポーター]でディスプレイスメントマップを作成しましょう。

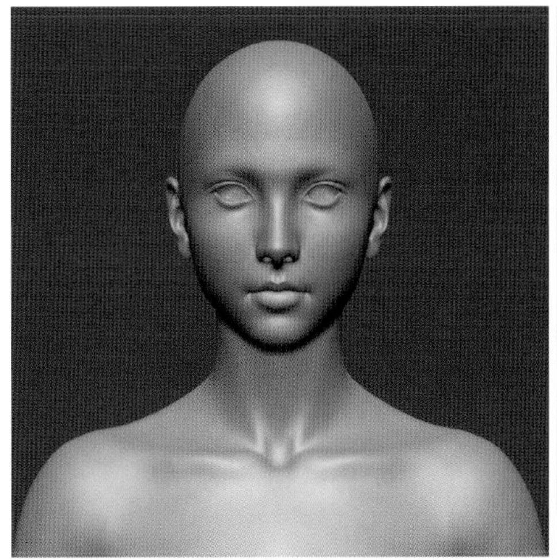

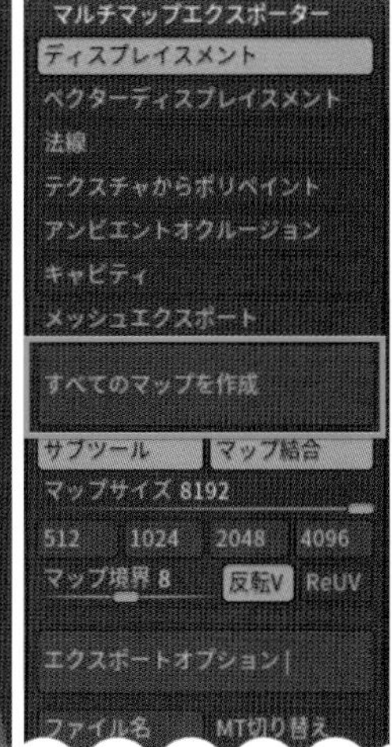

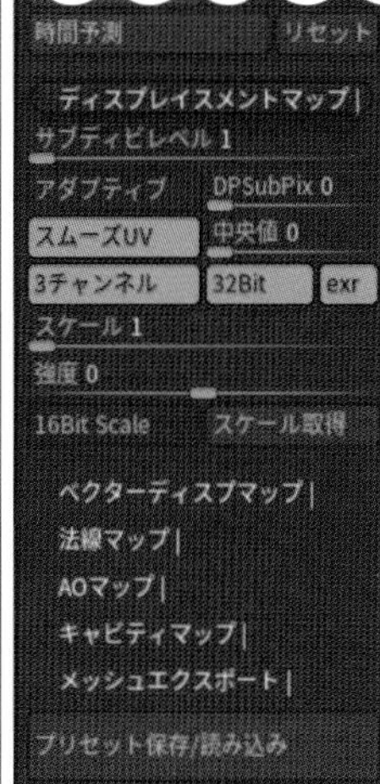

18 ディスプレイメントマップの適用

「体のディテール調整」で生成したディスプレイスメントマップを適用します。

01. Maya で「素体（body）」のArnold マテリアルのアトリビュートエディタを開き、書き出したディスプレイスメントマップを読み込みます。まず、［出力接続］ボタンを押し、［ディスプレイスメントマテリアル］で［ファイル］ノードを選択します。

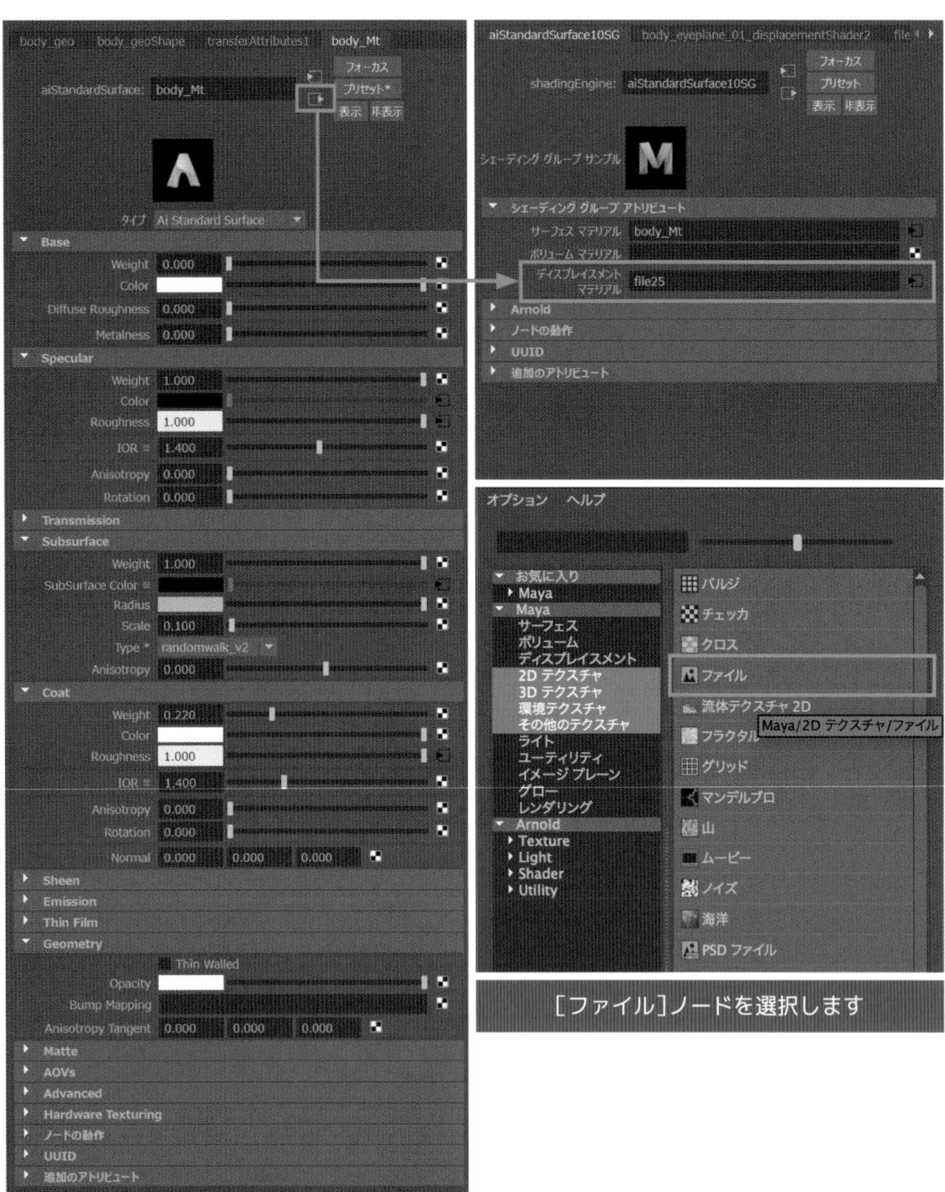

出力接続ボタンを押します

［ファイル］ノードを選択します

02. [イメージの名前]の隣のフォルダボタンを押し、ディスプレイスメントマップを選択します。[UVタイリングモード]で[0ベース(ZBrush)]を選択すると、UDIMで読み込まれます。このモデルではUDIMを13枚使っているため「13個のタイル」と表示されます。

03. 「素体(body)」を選び、Shapeノードを図のように設定します。そのままマップを適用するだけだとポリゴンが粗過ぎて、適切なレンダリング結果にならないため、[Subdivision]セクションの[Type]を**[catclark]**にし、[Iterations]の値を調整します(※ZBrushの[SubDiv]の値**−1**。例えば、ZBrushで[SubDiv]=6 だった場合、6−1で、[Iterations]=**5** になります)。

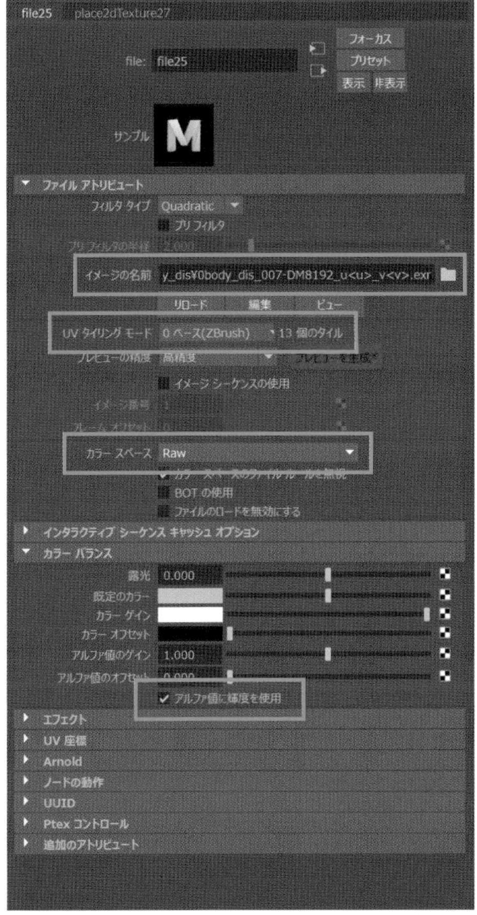

「13個のタイル」と表示されます

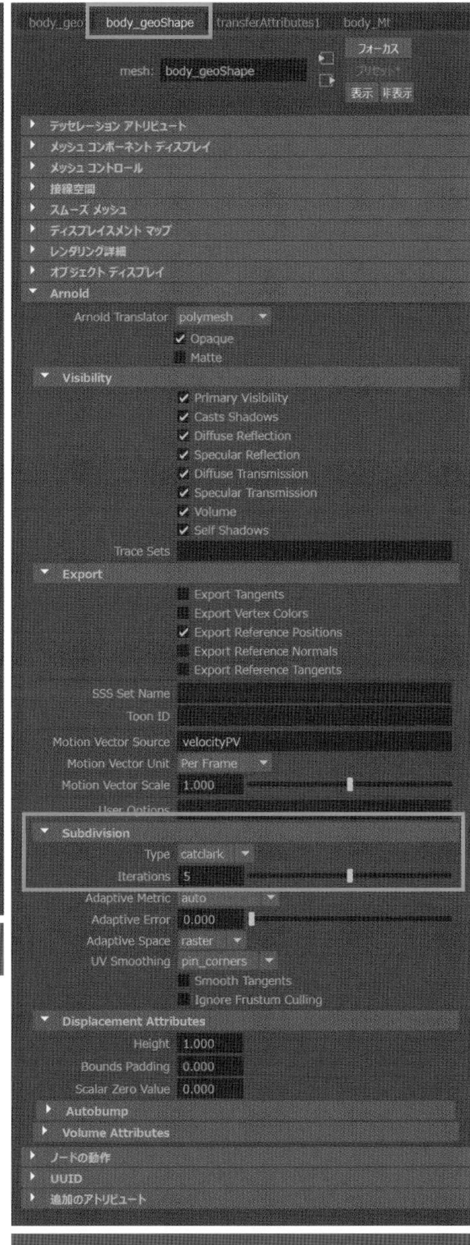

[Type]と[Iterations]を設定します

19 スペキュラ／ラフネスマップ

肌の光沢やムラをつけるために、スペキュラ／ラフネスマップを作成します。これらのマップを描く際は、ポリペイントで色を塗った設定と同じにします。

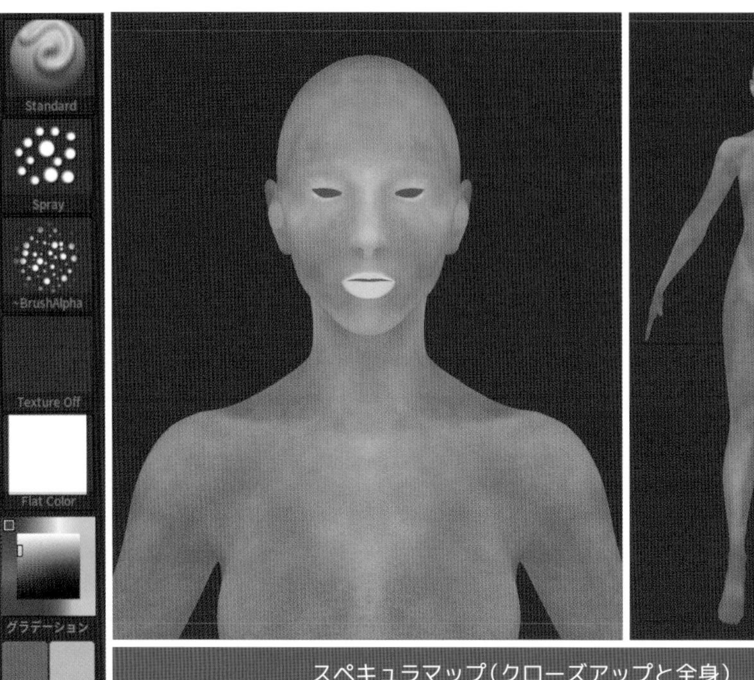

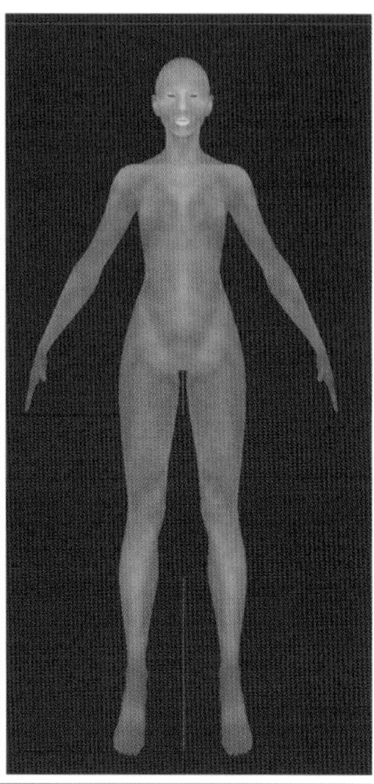

スペキュラマップ（クローズアップと全身）

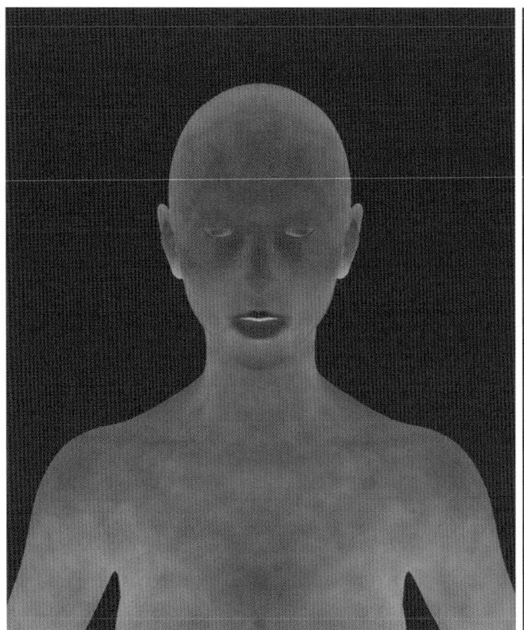

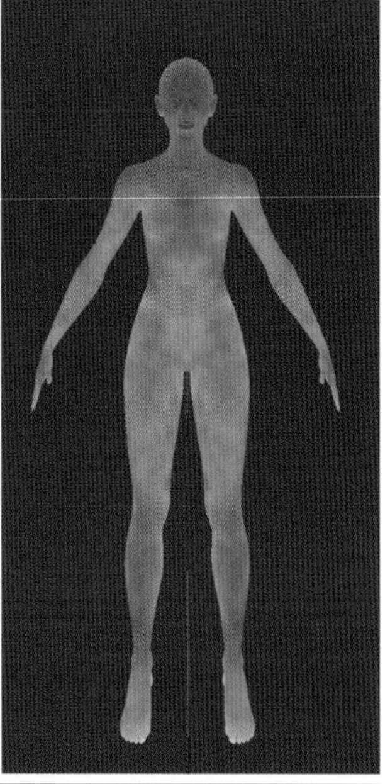

ラフネスマップ（クローズアップと全身）

スペキュラ／ラフネスマップ共に、ZBrushの[マルチマップエクスポーター]で出力します。出力できたら、MayaのArnoldマテリアルでモデルに適用します。

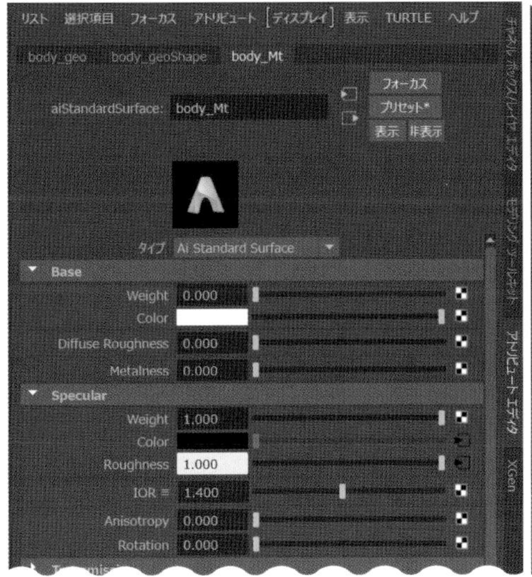

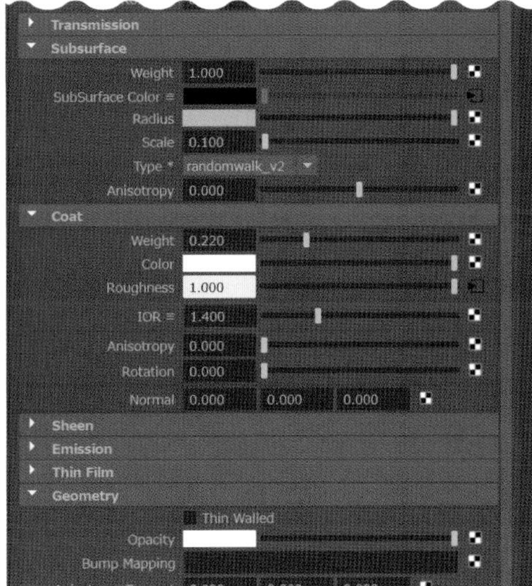

20 各テクスチャの設定

これまで作成したテクスチャを適用し、数値設定でより肌らしく見えるように調整します。

	カラースペース	アルファ値に輝度を使用
Diffuse	sRGB	OFF
SSS	sRGB	OFF
Specular	Raw	ON
Roughness	Raw	ON
Metalness	Raw	ON
Nomal	Raw	OFF
Displacement	Raw	ON

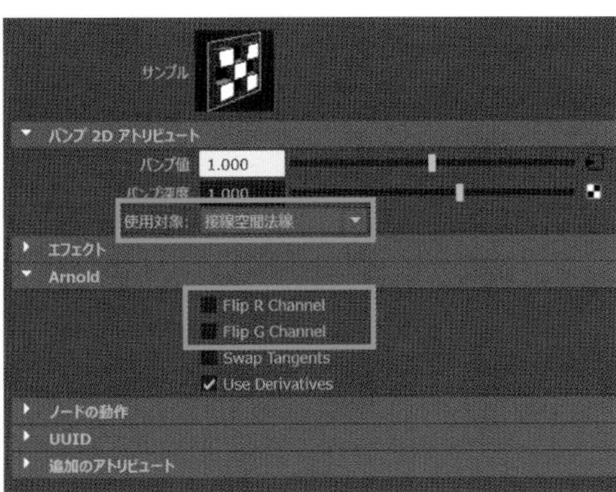

※Nomalテクスチャ適用の際は、[使用対象]を**[接線空間法線]**に、[Arnold]セクションの[Flip R Channel][Flip G Channel]を**オフ**にします。

21 瞳

虹彩を作成して、「目力」を強めます。今回は、Texturing XYZで購入した虹彩（iris）のテクスチャをベースにして、ディスプレイスメントで変形させます。

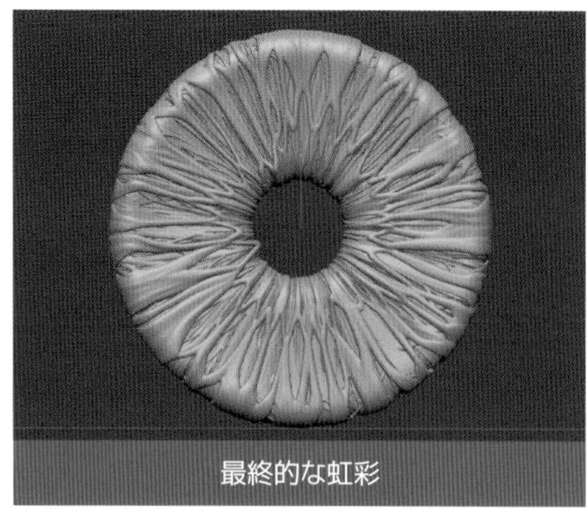
最終的な虹彩

01. Mayaで簡単な虹彩のモデルを作成、UV展開してobj形式で書き出します。

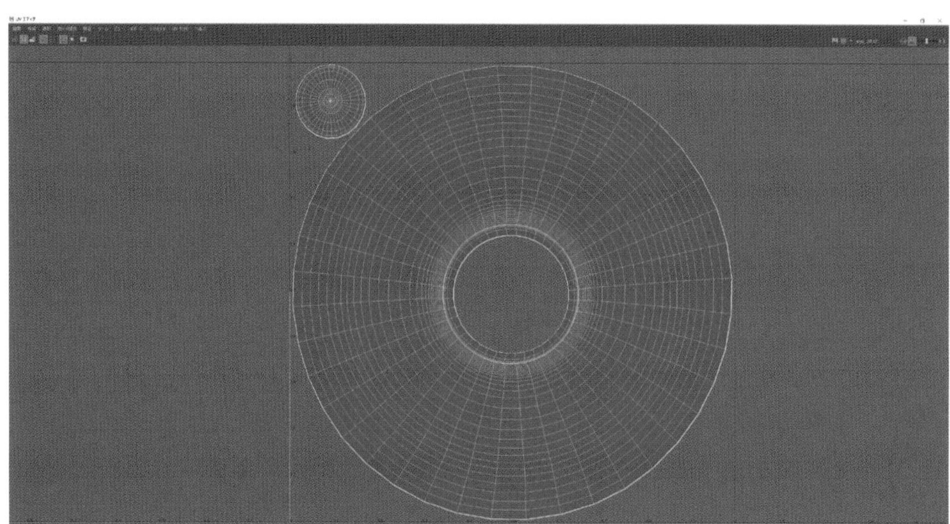

02. ZBrushに虹彩のモデルをインポートします。

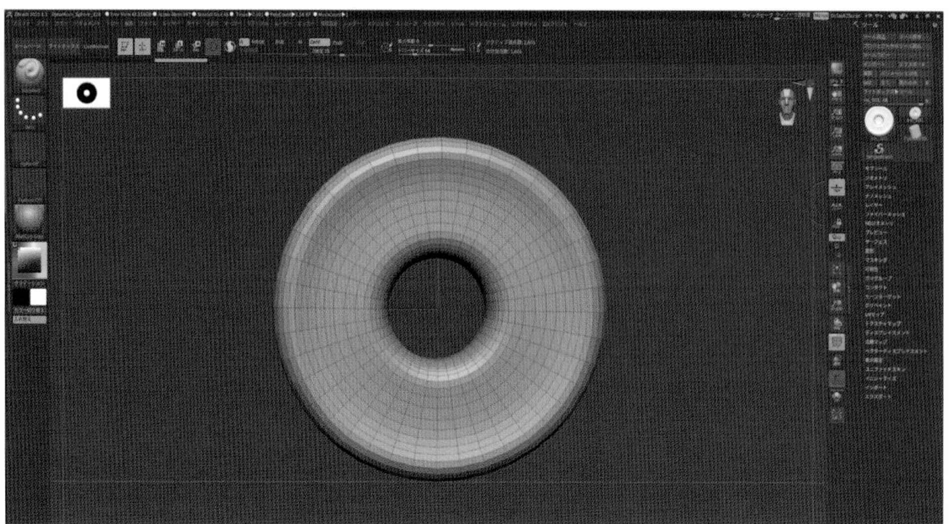

03. [SubDiv]の値を上げます(※今回は**6**)。

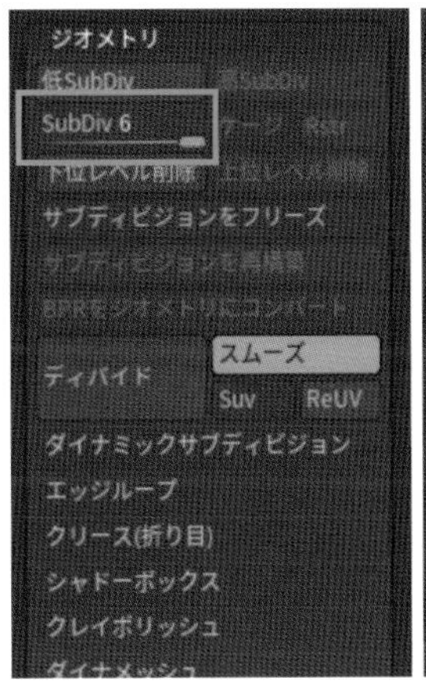

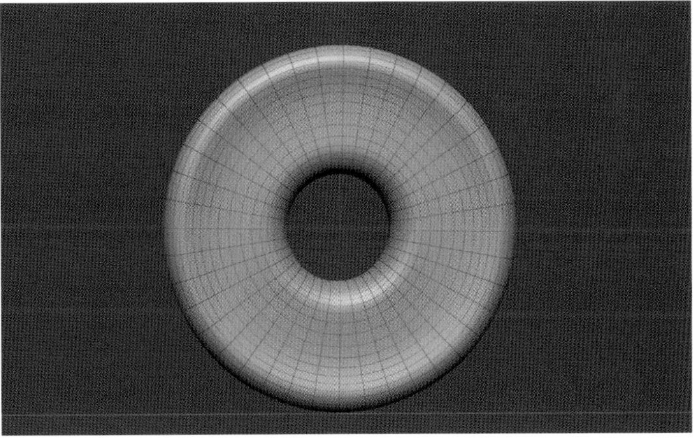

04. 虹彩(iris)のテクスチャを適用します(※UV展開では、この適用を意識して作業しています)。

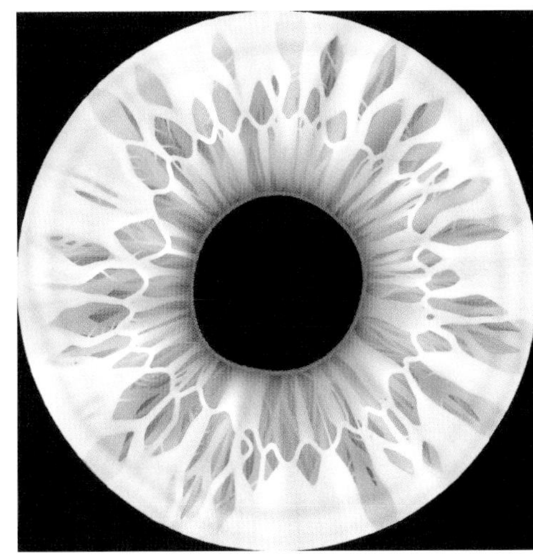

05. [サーフェイス]→[ノイズ]で、[NoiseMaker]を起動します。

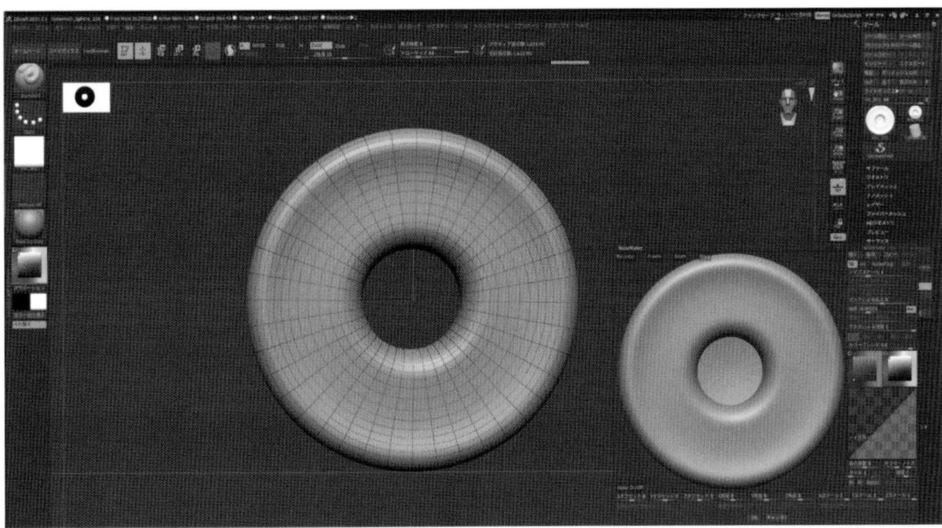

06. 右上の[UV]ボタンを押します。これにより、UVベースでテクスチャが適用されます。そして、[Alpha ON/Off]を押し、Texturing XYZで購入した光彩(iris)のディスプレイスメントテクスチャを選択したら、適用の準備が整います。

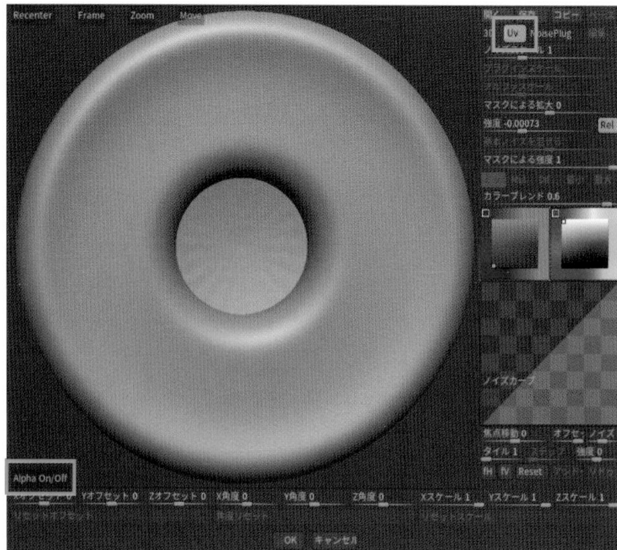

07. 図のように設定にして、虹彩にディテールを加え、[OK]ボタンを押します。

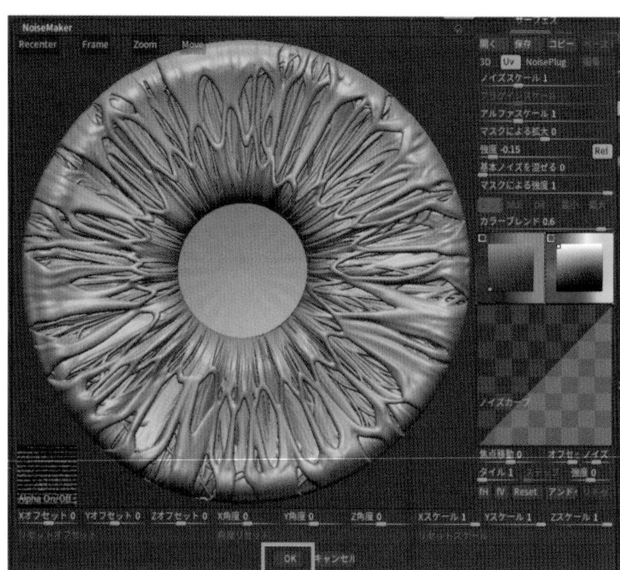

08.[ツール]→[サーフェス]→[メッシュに適用]で虹彩にディテールを追加します。

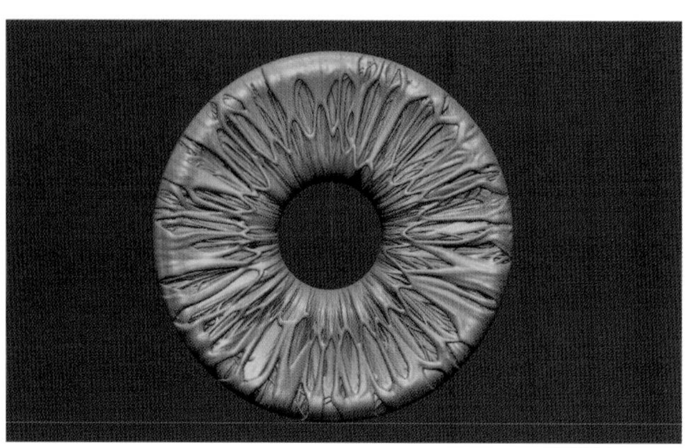

09. [マルチマップエクスポーター]で、凹凸情報をディスプレイスメントマップとして出力します。図のように設定して、[すべてのマップを作成]ボタンを押し、マップを出力します。サイズは「4096×4096」（4K）にしました（※虹彩の場合は2KでもOK）。

10. ディスプレイスメントマップが出力されます。黒っぽいですが、これをオブジェクトに適用すると、虹彩の形になります。

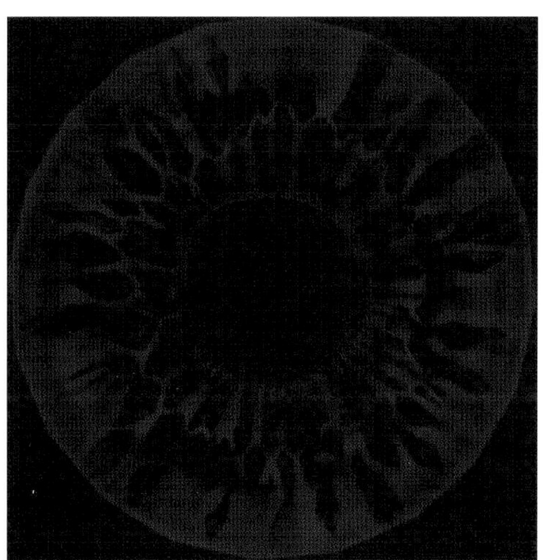

11. 虹彩にArnoldレンダラーの[aiStandardSurface]マテリアルを割り当て、アトリビュートエディタを開きます。

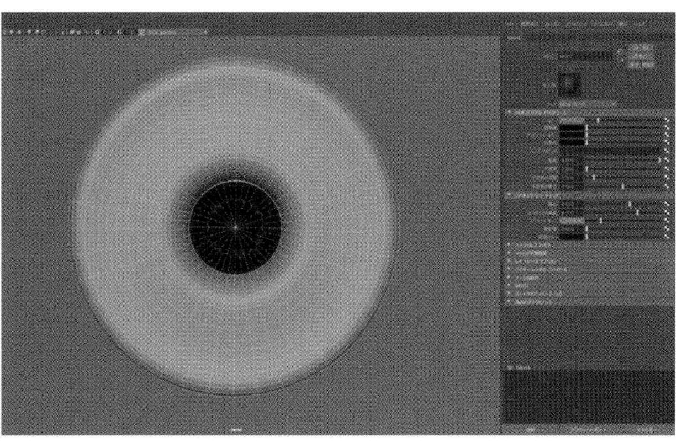

12. 虹彩の［ディスプレイスメント マテリアル］に、ZBrushで出力したディスプレイスメントマップを適用します。

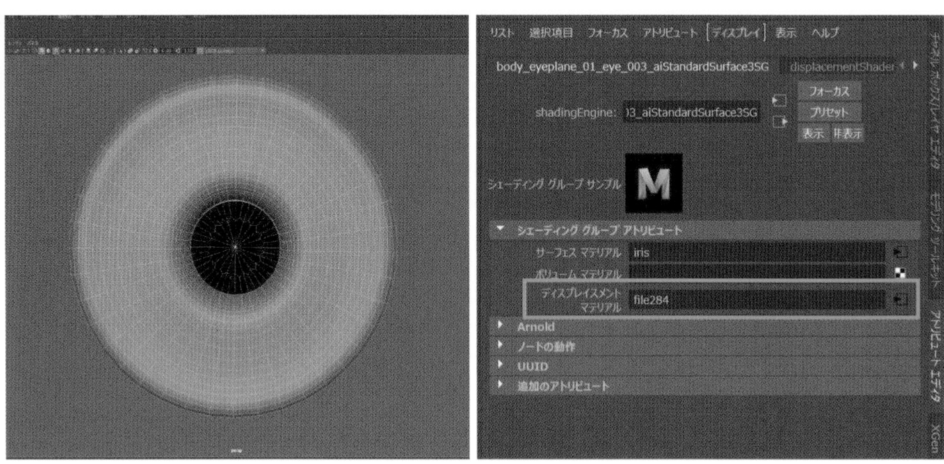

13. Shapeノードを図のように設定し、テクスチャの色を調整して適用します。

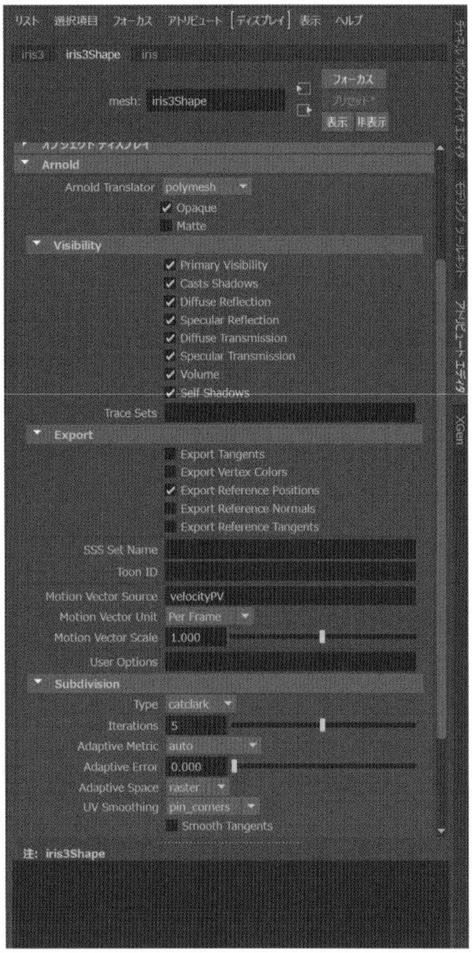

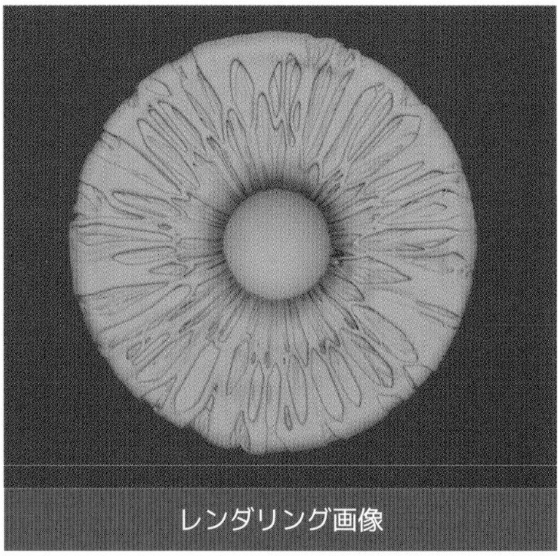

レンダリング画像

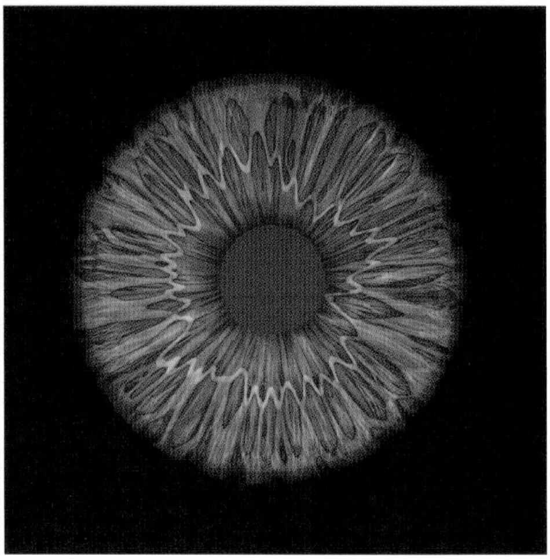

14. 最後に白目のテクスチャを作成します。今回はセミリアル調なので、Photoshopのグラデーション機能で作成しますが、目の写真を貼りつけて調整してもよいでしょう。

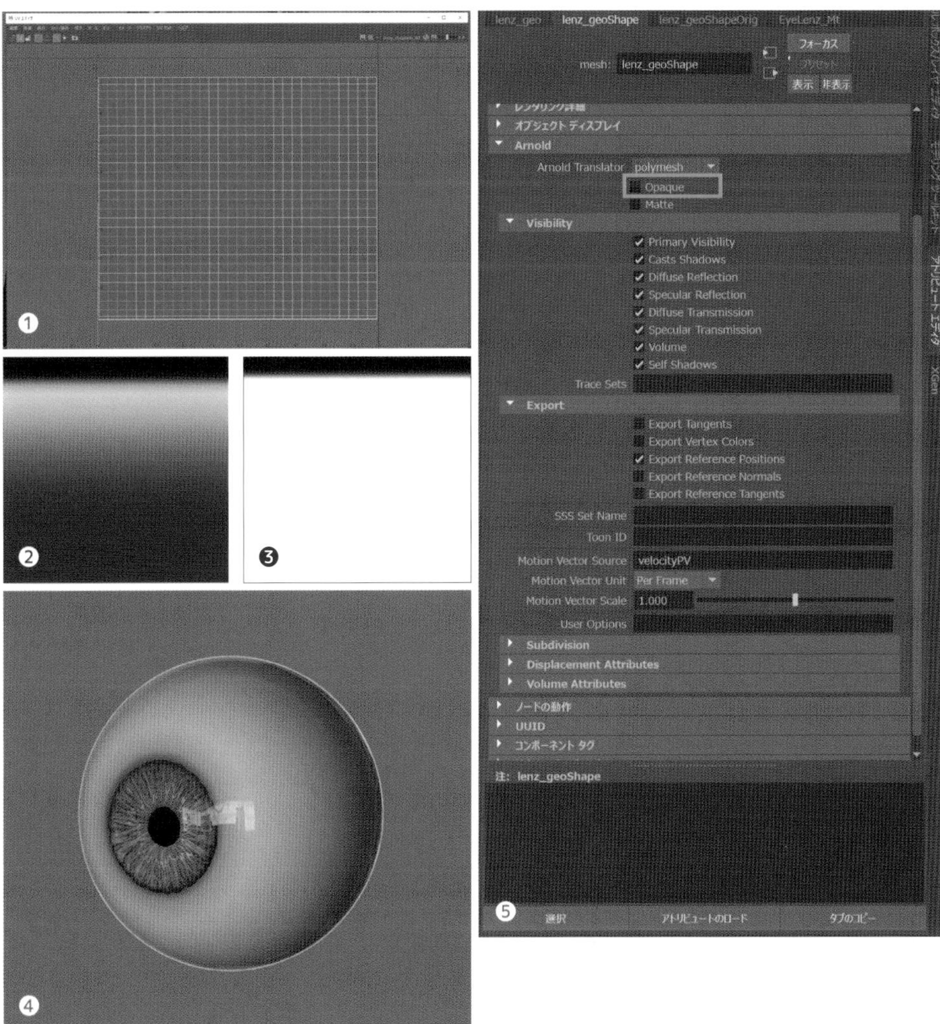

❶ 白目のUV
❷ 白目のカラーマップ
❸ Opacityマップ用テクスチャ。黒は完全な透明になります
❹ 虹彩と白目、そして大きな球体でレンズを表現します
❺ レンズマテリアルのShapeノードで、[Opaque]のチェックをオフにします

POINT

- 白目から虹彩が覗くように穴をあけ、その縁に透明マップやテクスチャを使うと、白目と虹彩の境界がぼけてなじむ
- 白目と虹彩の境界がくっきりし過ぎると、目の生々しさが出なくなるので、多少でも境界をぼかしたり、青みを入れたりする
- リアルなキャラクターの場合は、白目に血管などを描いたり、写真を貼ったりすると、より実在感が増す

手描きによる虹彩の作り方

参考にする資料や画像を用意して、それを元に虹彩を描き起こしてみましょう。

❶Photoshop にUVを読み込み、50%グレー(白と黒の中間色)に背景を塗ります。

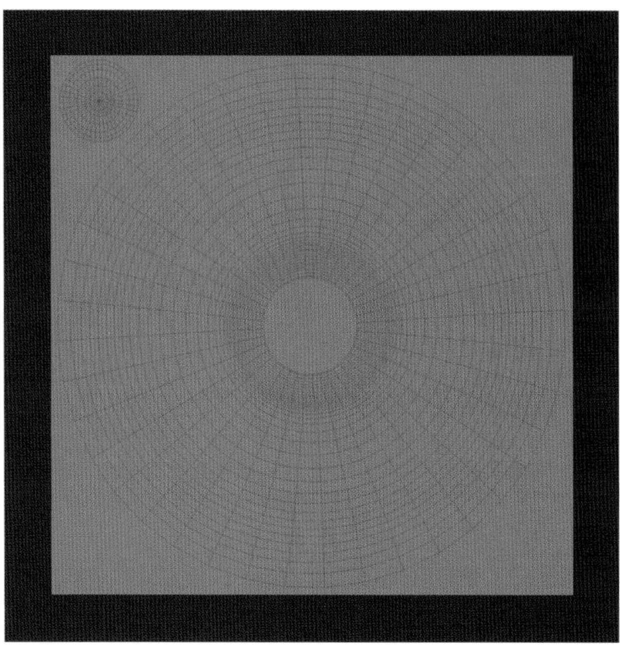

❷シンメトリの「放射状」を使い、大まかにパターンを描いていきます。

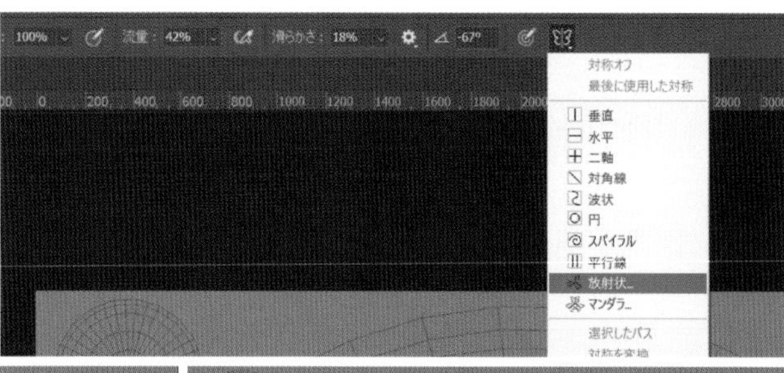

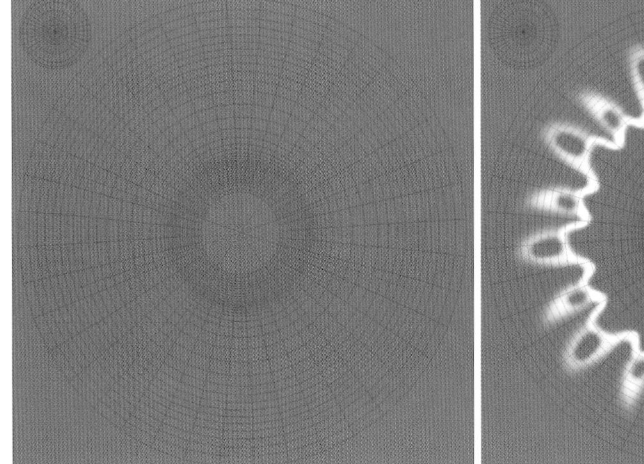

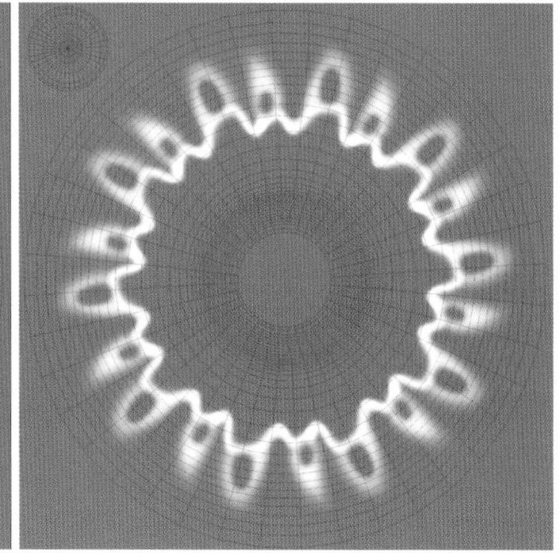

❸「放射状」機能を切り、加筆をしてパターン感を無くします。

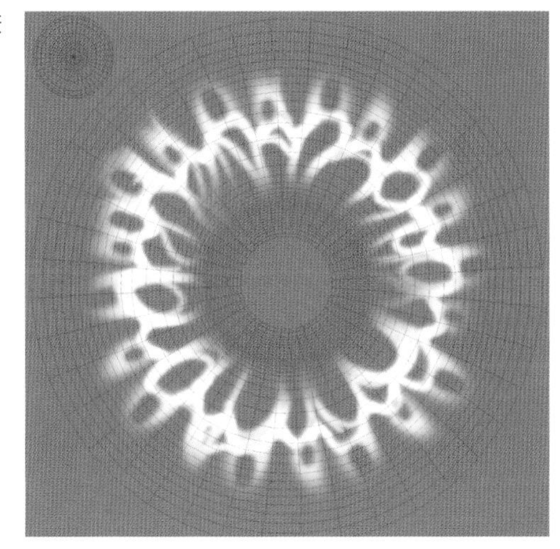

❹さらに、ディテールをつけて、虹彩にランダムな線を描き足していきます。

❺黒色で虹彩の凹み部分を描きます。

❻ZBrushに虹彩のモデルをインポートし、[SubDiv]のレベルを上げます。

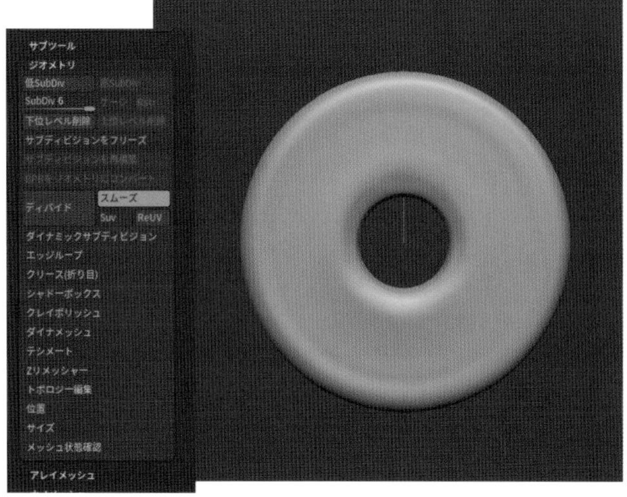

❼ZBrushで**[サーフェス]→[ノイズ]**に進み、[NoiseMaker]を立ち上げます。

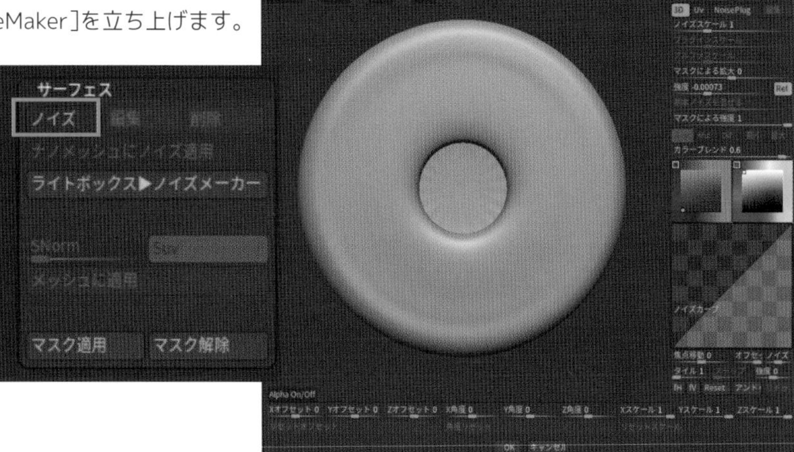

❽[Alpha On/Off]で、先程作ったテクスチャを読み込み、図のように設定(設定値はテクスチャに応じて異なる)。できたら、[OK]ボタンを押してウィンドウを閉じます。

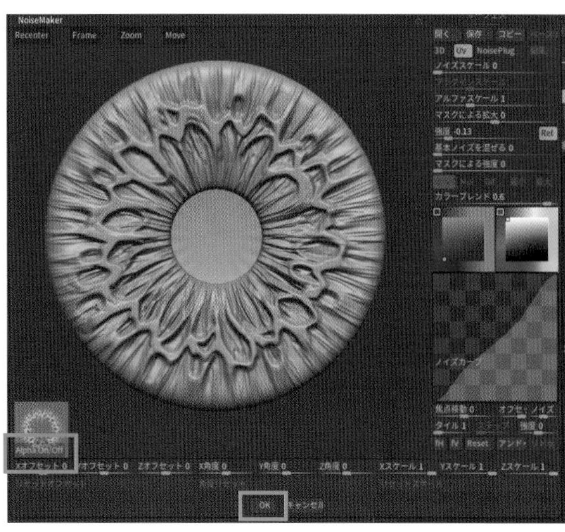

❾ **[サーフェス]→[メッシュに適用]**を押し、凹凸情報を決定します。

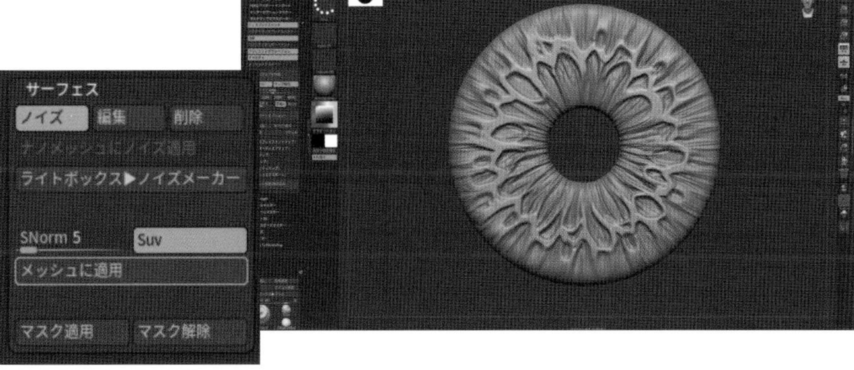

❿ [マルチマップエクスポーター]で必要なテクスチャを出力します。

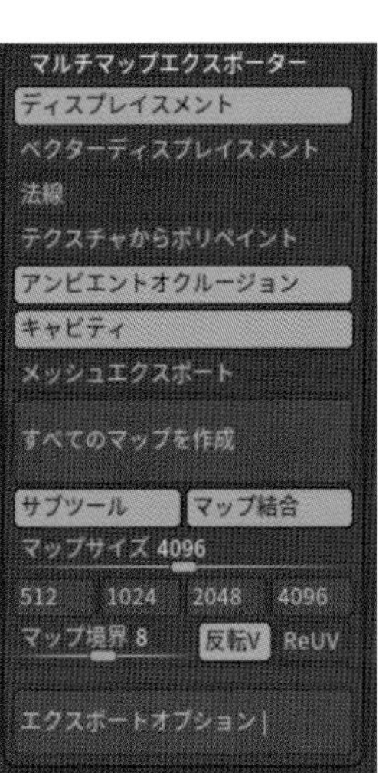

⓫出力したテクスチャと[NoiseMaker]で作成した画像をPhotoshopで加工します。

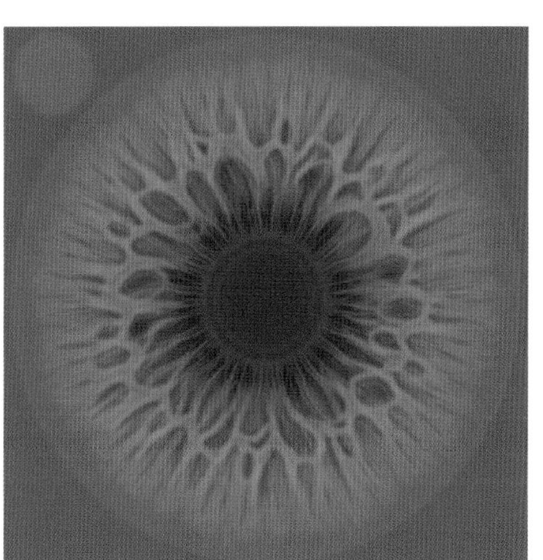

⓬モデルにテクスチャを割り当てて、完成です。

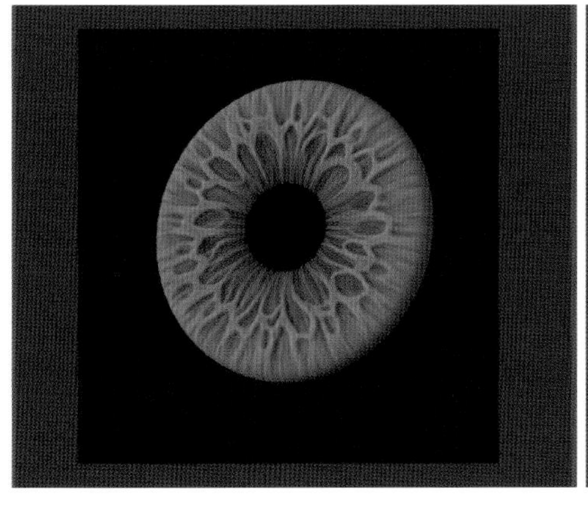

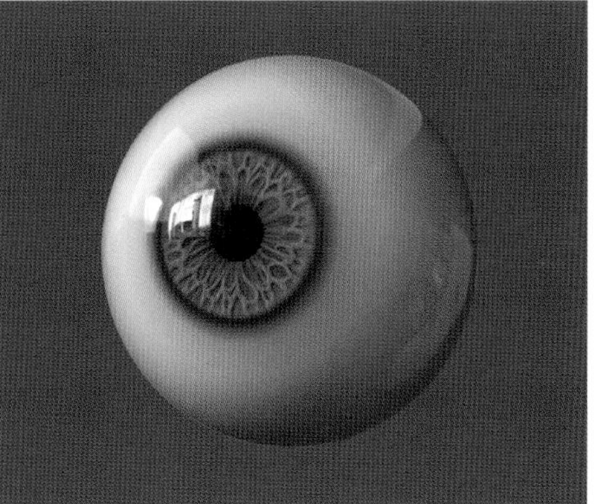

モデルの完成

今回はセミリアル調なので、顔・胴・足のバランスを図のようにしました。顔がまだ中途半端な感じですが、この素体モデルを実際のキャラクターに合わせて修正しながら、制作を進めます。

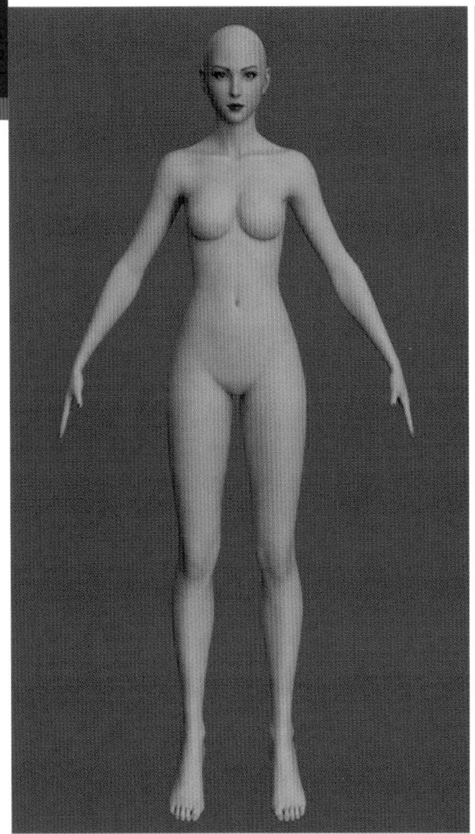

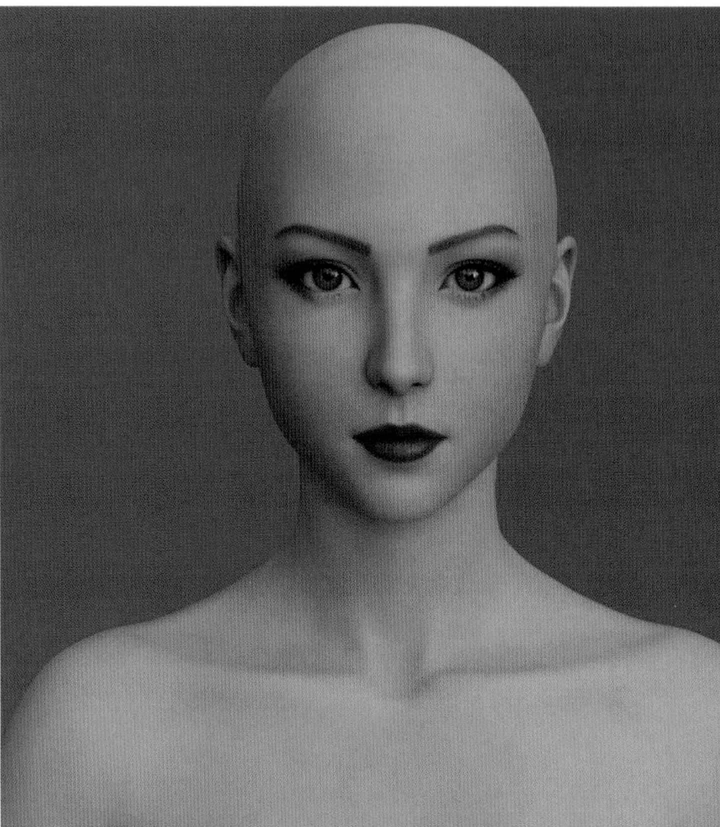

コラム その1

～ポリゴンモデリングのすすめ～

ZBrushなどのスカルプトツールが登場してから、直感的にモデリングできるようになりました。スカルプトしたモデルをリトポロジすれば、比較的楽に高品質モデルを作成することもできます。こうしてCG業界に新しい波が起こり、CGモデルの表現は劇的に進化しました。ただし、そのせいか少しずつ衰退してきている工程があります。それが「ポリゴンモデリング」です。とはいえ、これは実際の制作現場では必要不可欠です。仕事の場合、ほぼ100%に近い確率でFB（フィードバック）が返ってきます。そして、FB修正の中にはどうしてもポリゴンモデリングでなければ対応できないケースがあります。そのため、身近にあるものを作ったりして練習し、ポリゴンモデリングできるようにしておきましょう。

Chapter 02

XGenと髪の毛

最初にXGenを用いた髪の毛の制作ワークフローを簡単に説明します。その後、実際のキャラクターの髪の毛を作成しながら、そのポイントを紹介します。

01 XGenオブジェクトとガイドの作成

まず髪の毛をつくるために、MayaのXGenの使い方を簡単に説明します。ここでは、ラフモデルに髪の毛を生やしていきます。※XGen使用の際は、必ず、最初に**[ファイル]→[プロジェクト設定]**を実行してください。この手順を飛ばすと、XGenのデータが別の場所にできてしまいます。

01. Mayaで、髪の毛を生やす部分のポリゴンを選択します。

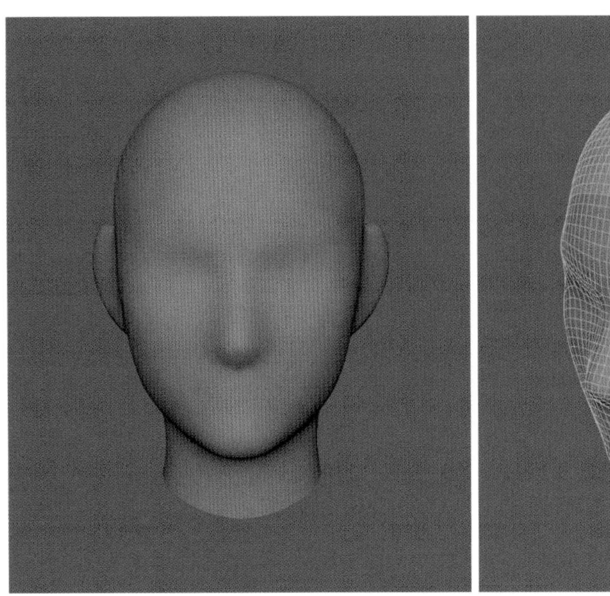

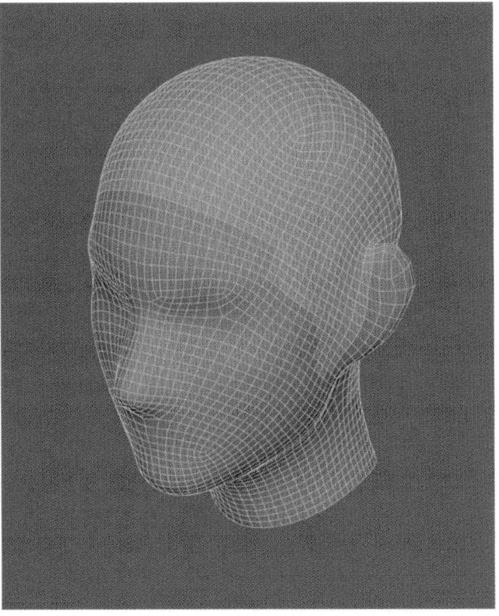

02. 選択したポリゴンに**[メッシュの編集]→[複製]**を適用し、髪の毛を生やす頭皮のオブジェクトを作成します。

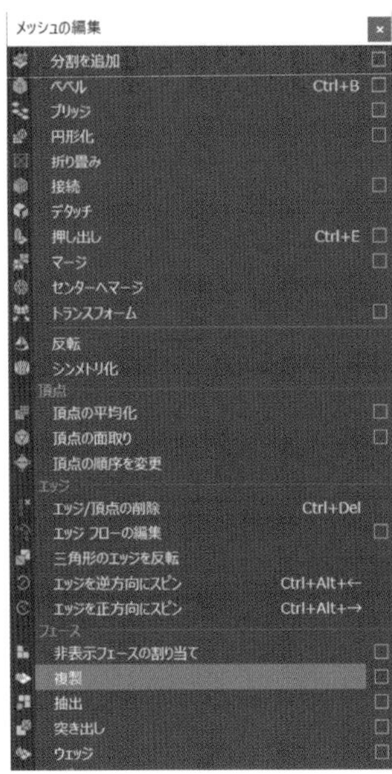

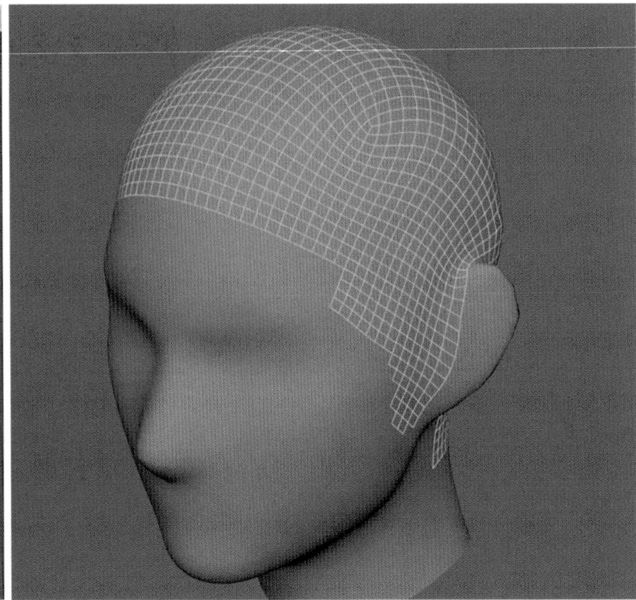

03. 複製した頭皮のオブジェクトに[Lambert]シェーダを割り当てます。

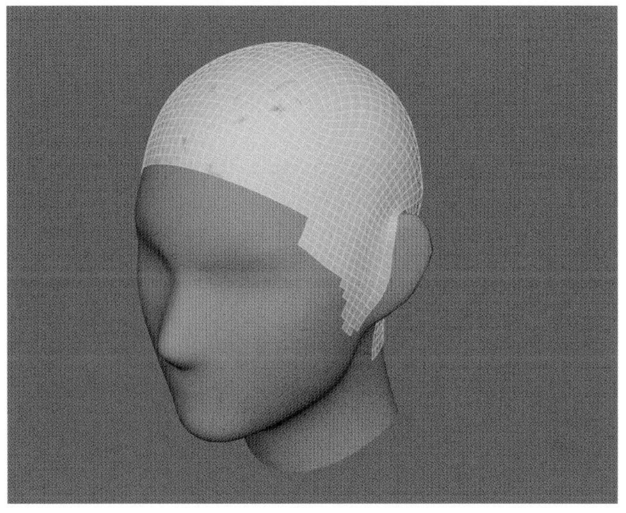

04. 頭皮のオブジェクトは、この段階でUV展開します。

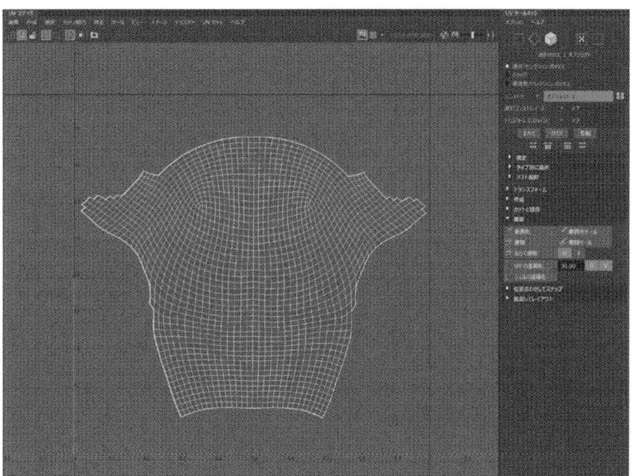

05. [XGen]タブを選択、[新しいディスクリプション作成]を押します。

06. [ディスクリプション名]と[コレクション名]を決め、図のチェック項目を選択して[作成]を押します。これで下準備が整いました。

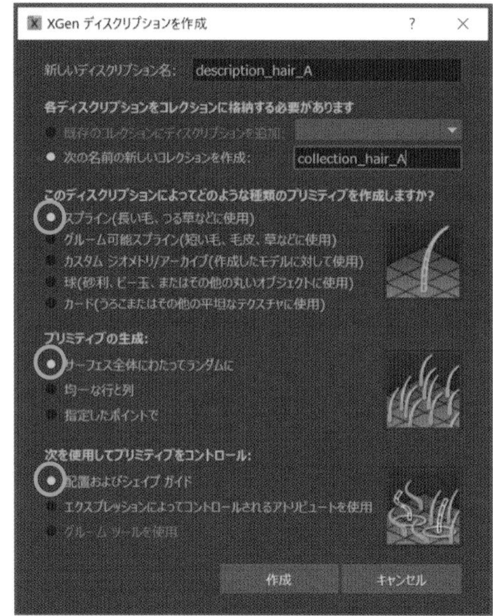

07. [XGen]タブの表示が変わります。[ガイドを追加または移動]ボタンを押すと、先ほど複製したオブジェクトにガイドを生やせるようになります。

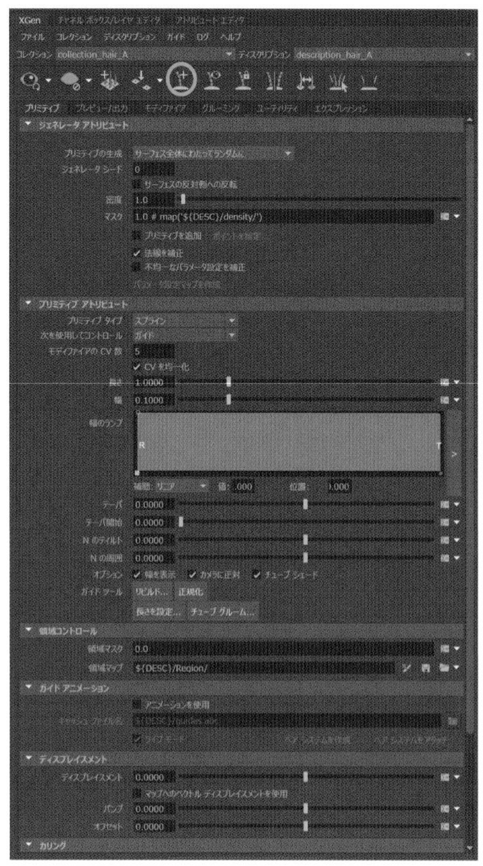

08. 髪の毛を生やしたい場所を繰り返しクリック、ガイドをどんどん増やしていきます。

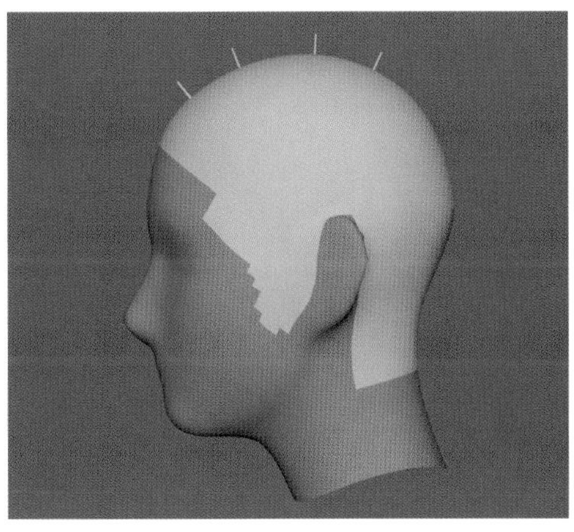

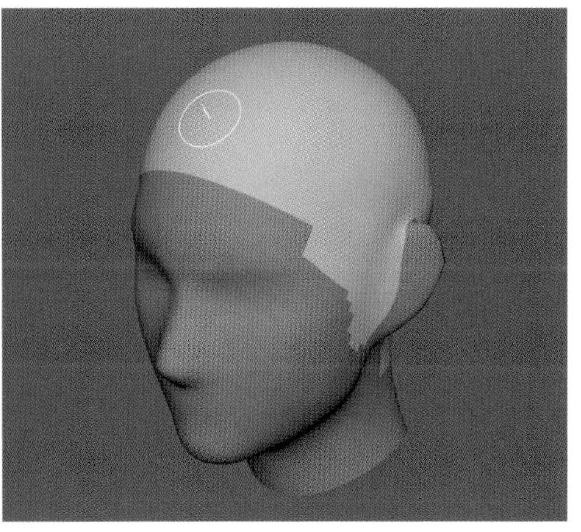

09. [スカルプト ガイド]ボタンで直接ガイドを触りながら、長さや方向を編集します。今回は、このようなモヒカンカットにしました。

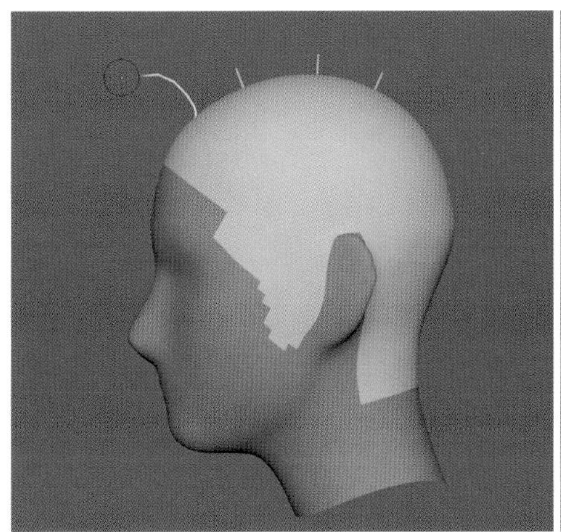

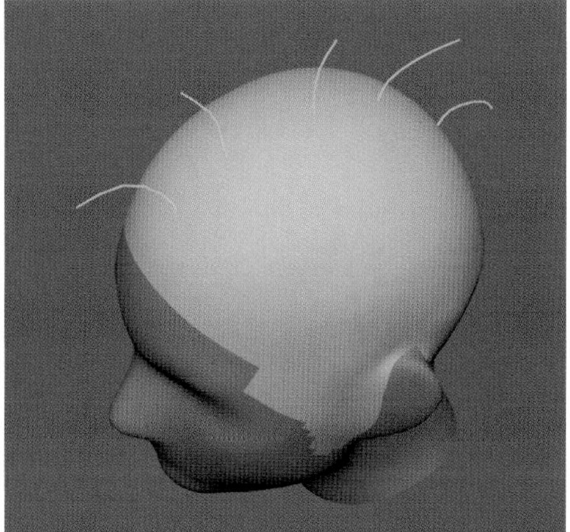

10. 試しに、[XGenプレビューを更新]ボタンをクリックして、髪の毛を生やしてみます。

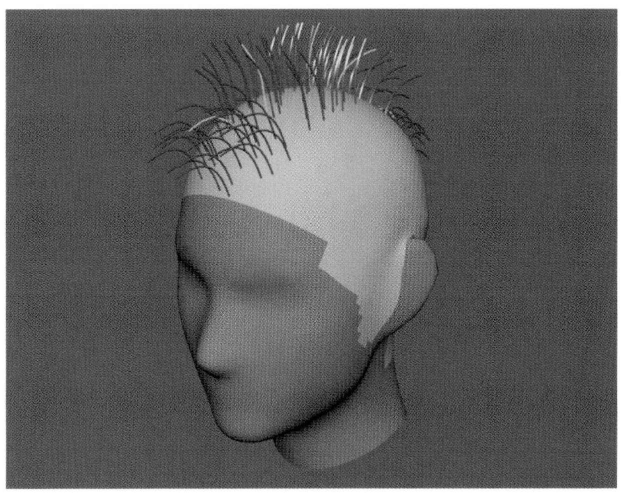

02 XGenの設定

01. [マスク]の右端のボタンを押し、[マップを作成]を選択します。

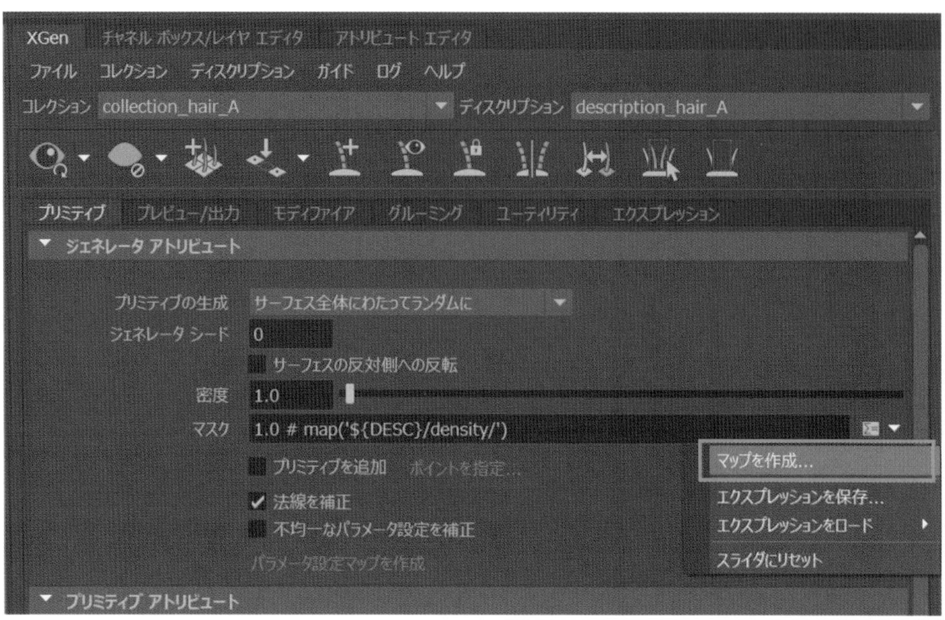

02. マスクを描いて、その部分のみに髪の毛が生えるようにしましょう。今回は、髪の[密度]を**150**にします。

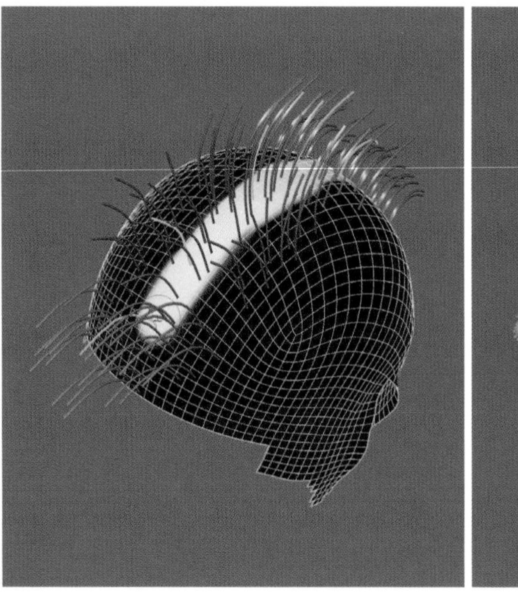

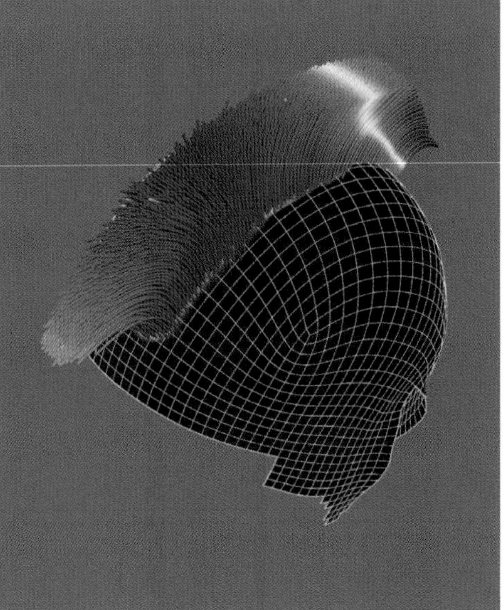

03. 図のように設定を調整して、髪の毛を生やしましょう。

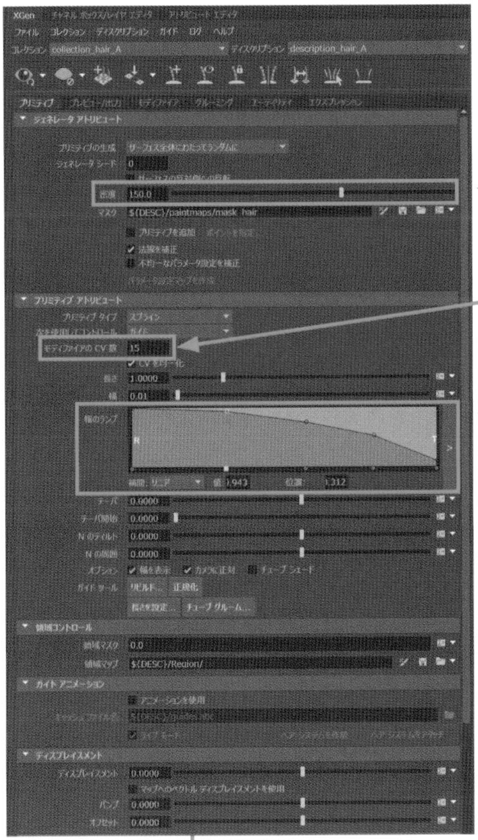

髪の毛の量：
[密度]を上げるほど髪の量が増える

髪の毛を構成するための頂点（CV）数：
数値を上げるほど髪の毛が滑らかになる

髪の毛の太さを可視化したグラフ：
下がるほど細くなる

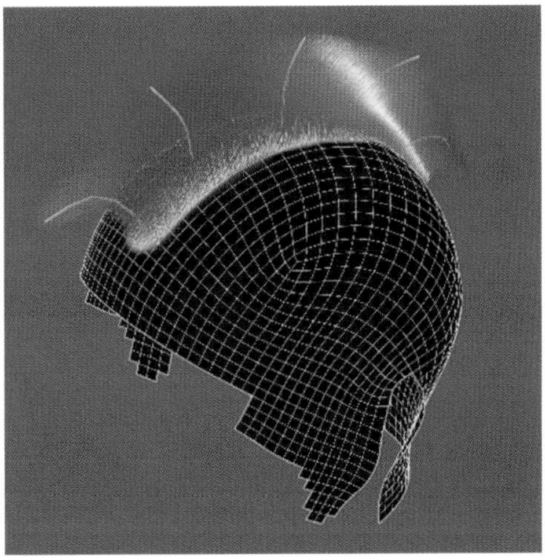

04. [モディファイア]タブを選択、**[モディファイア ウィンドウを追加]→[束]**を選択します。

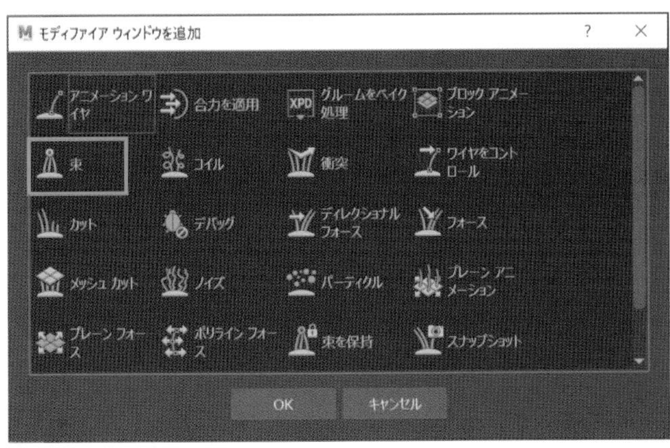

05. Clumping1を選択、[マップをセットアップ]を押して、[束マップの生成]ウインドウを表示します。

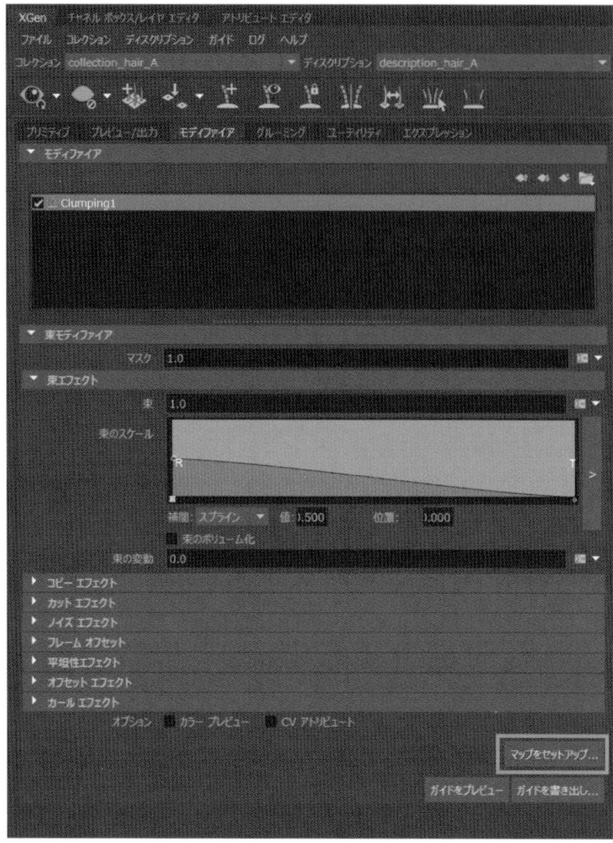

06. [ガイド]ボタンを押し、次に[保存]を押すと、ガイドに毛先が集まります。さまざまなモディファイアを追加・編集して、髪の毛のクオリティを上げましょう。

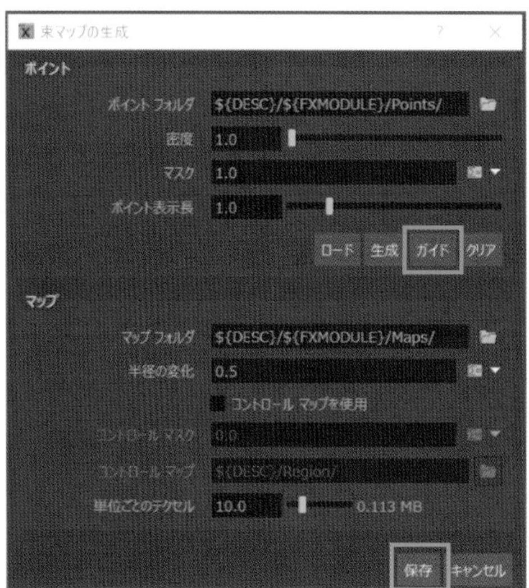

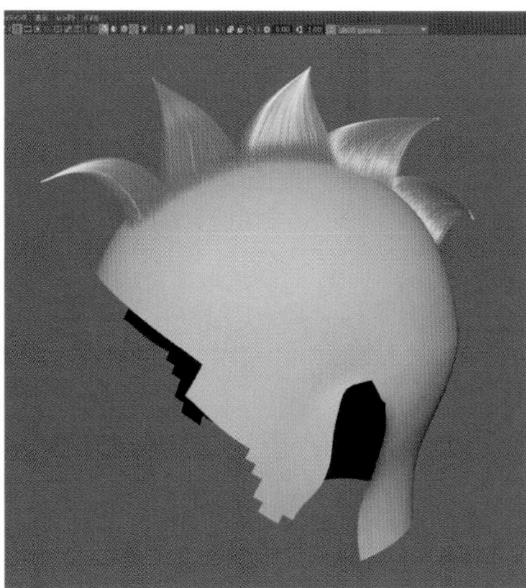

07. [ノイズ]モディファイアを追加して、髪の毛にランダム感を与えます。まだ、ガイドの数が少ないので、かなり不自然です。

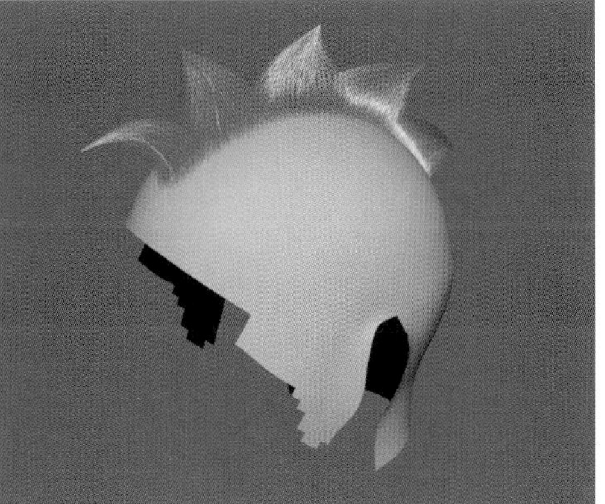

08. Clumpingの[密度]の値を変更し、[生成]ボタンを押します。

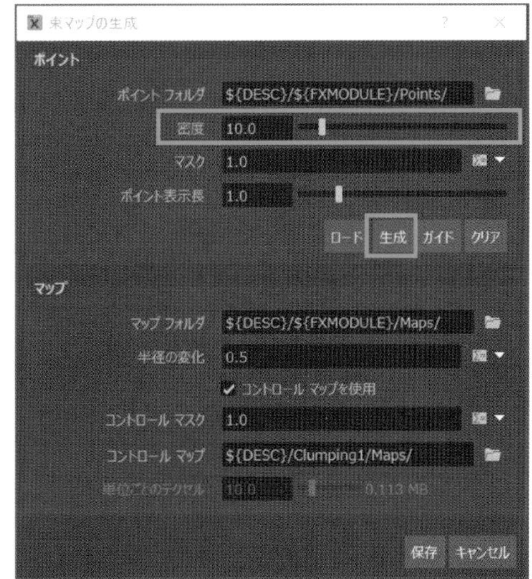

09. 黄色のラインが多数表示されます。[密度]の値によってラインの数が変わるので、ここで[保存]を押します。

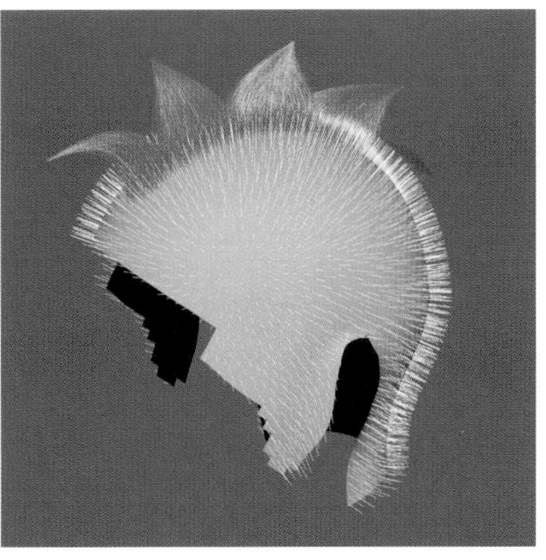

10. 髪の毛の束が増え、補間されますが、この方法には欠点があります。ガイドの1つを編集すると、補間部分がグラデーション状に1度に変形してしまいます。

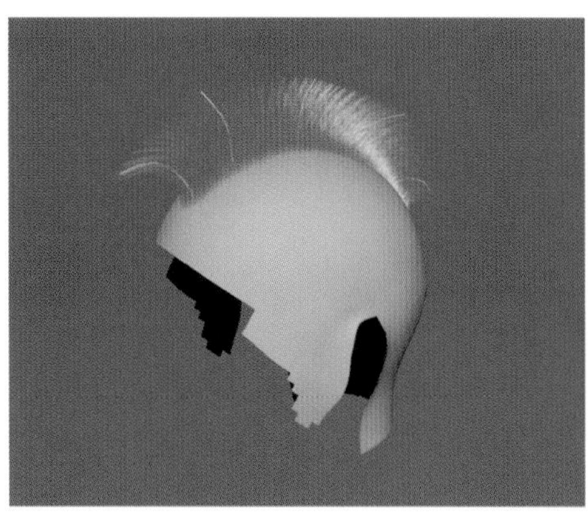

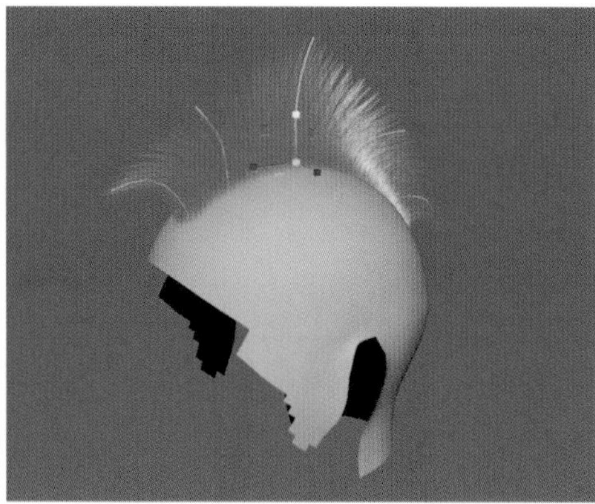

11. これを回避するため、ガイドの数を増やしましょう。そうすれば補間しなくとも、違和感のない仕上がりになります。

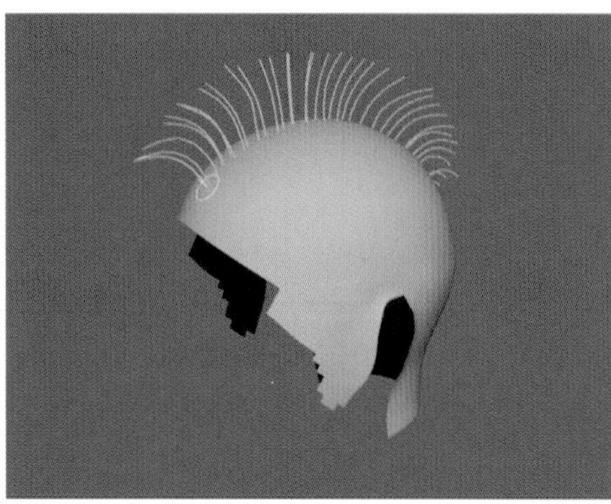

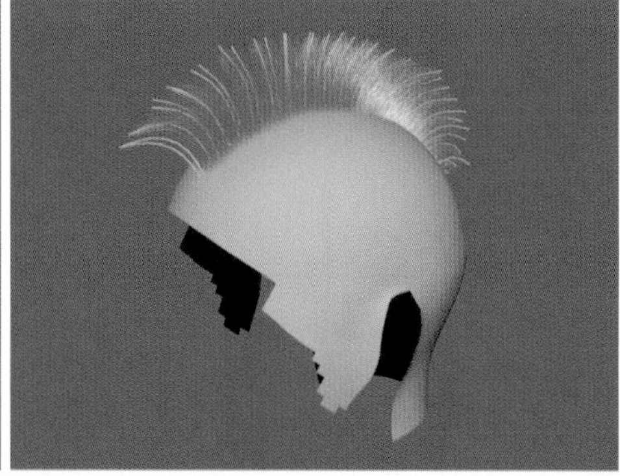

12. 図の状態であれば、1本だけ編集しても周りに影響が出ないので、調整しやすくなり、表現の幅も広がります（※ガイドを増やすほど、細かく調整できるようになる）。

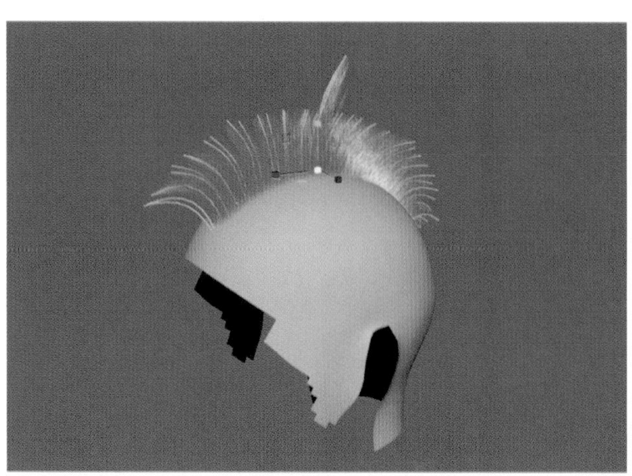

03 浮き毛

再度、[ノイズ]モディファイアを追加して、「浮き毛」(跳ね出ている毛)を表現します。**「浮き毛」はリアリティをもたらすので、リアル系やセミリアル系キャラクターにとって不可欠な要素**です。

01. [ノイズ]モディファイアを追加します。

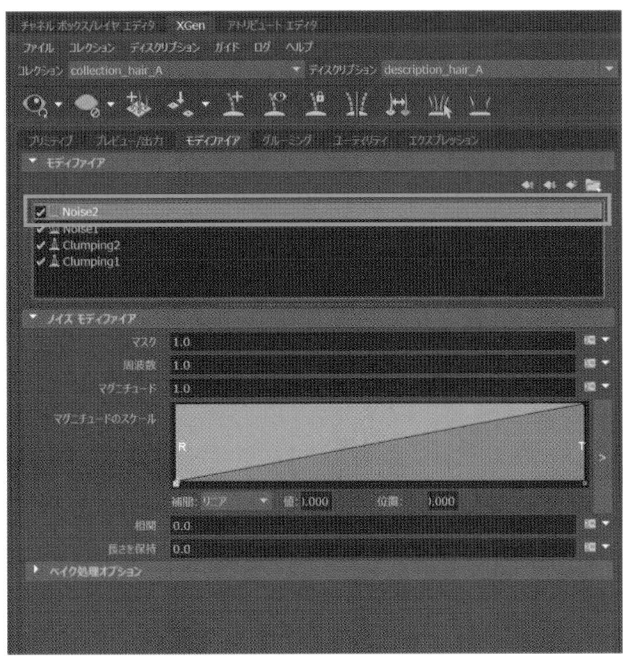

02. [ディスクリプション]→[漂遊パーセンテージを設定]を選択し、数値を入力します。これは、髪の毛全体に対する「浮き毛」のパーセンテージになります。

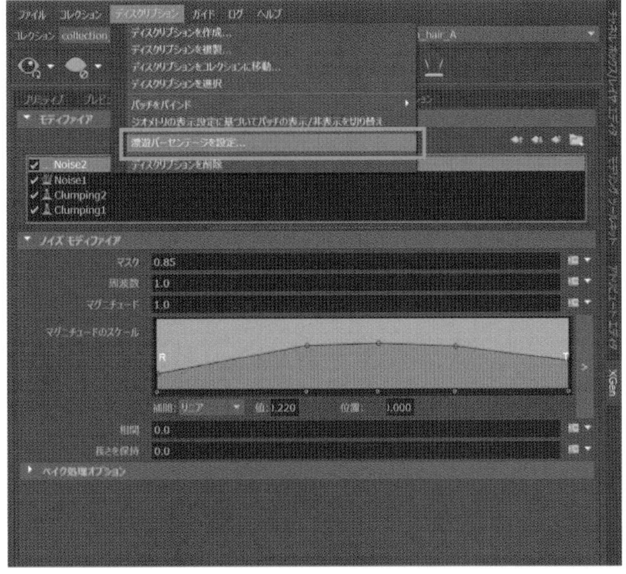

03.［ノイズ］モディファイアの［周波数］と［マグニチュード］に下記のエクスプレッションを入力します。

stray()?X:Y

X：浮き毛へのノイズ値

Y：非浮き毛へのノイズ値

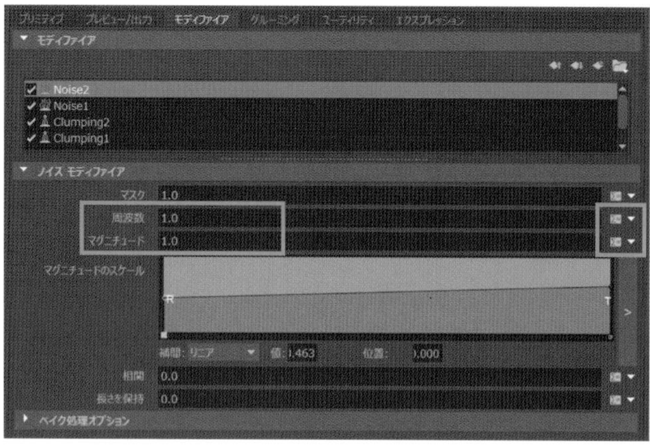

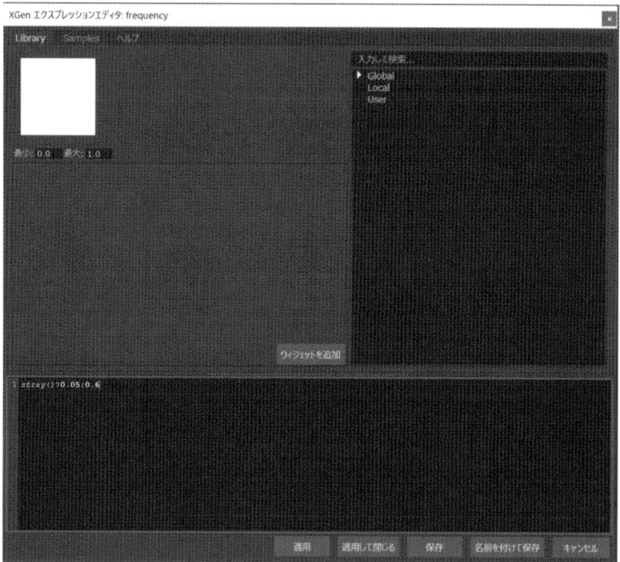

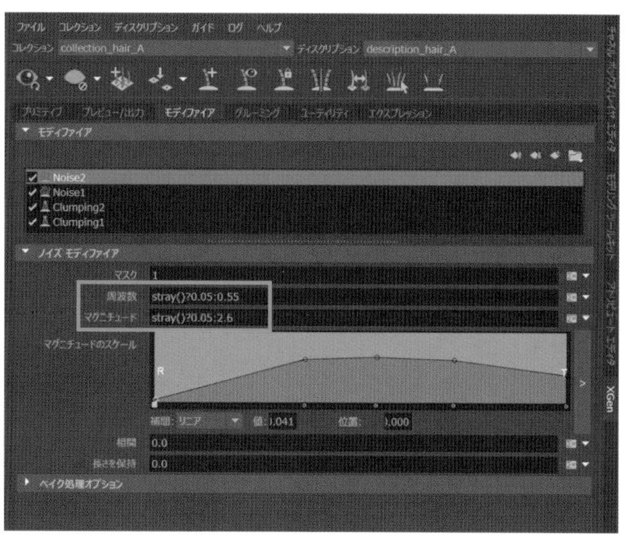

04. [Cut]モディファイアを追加して、揃っている毛先にランダム感を加えます。[総数]には計算式が入っているので、プレビューを確認しながら、適切な値を探ります(※今回は**rand(0.0,0.3)**)

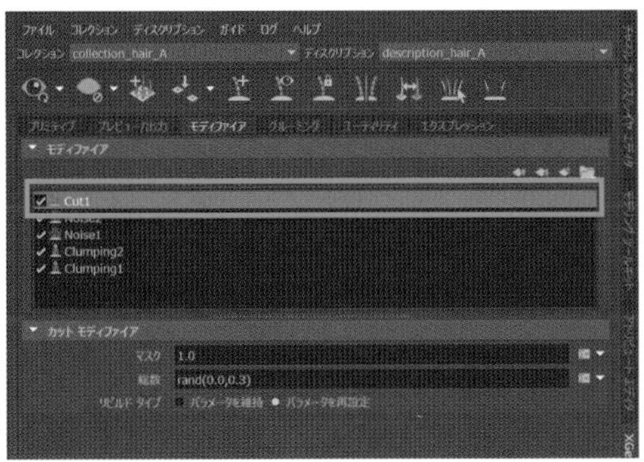

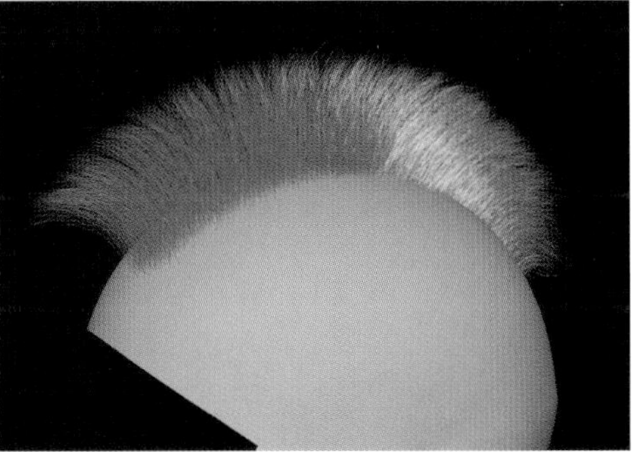

05. 完成したサンプルの髪の毛のプレビュー画像です。XGenにはさまざまな機能があるので、いろいろと試し、自分に合った使い方を探ってみるとよいでしょう。

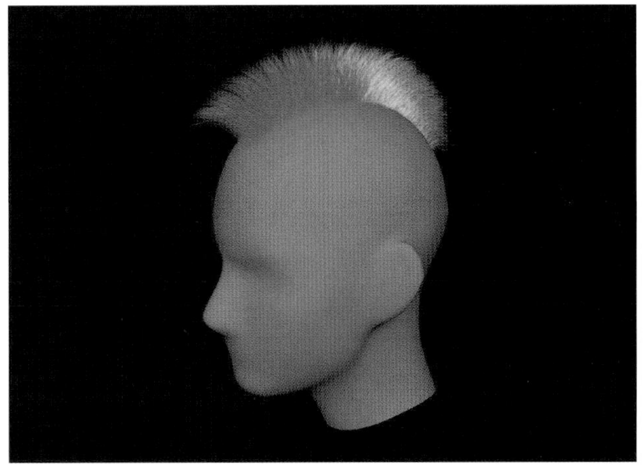

コラム その2

～正面だけでなく～

仕事でキャラクターを作る場合、だいたい、デザイン画を渡されます。それに合わせて作ることになりますが、最初のうちは「正面」を重視しすぎてしまいがちです。もちろん、「正面」は大切なアングルで、重視しなければいけません。しかし、実際に映像やゲームを見てみると、そこまで長い間、「正面」が映るタイミングはありません。ほとんどが「正面」以外からのアングルです。

正面顔は大切ですが、「斜め顔」や「横顔」、そして「後ろからのシルエット」も同じくらい重要です。どのアングルからでも違和感なく、カッコよく(かわいく)なるように気をつけましょう。

Mayaの3D ペイント ツール

これはモデルに直接ペイントできる機能です（P.96を参照）。XGenの「マップ」を書く際に使えるので、主な機能を簡単に説明します。

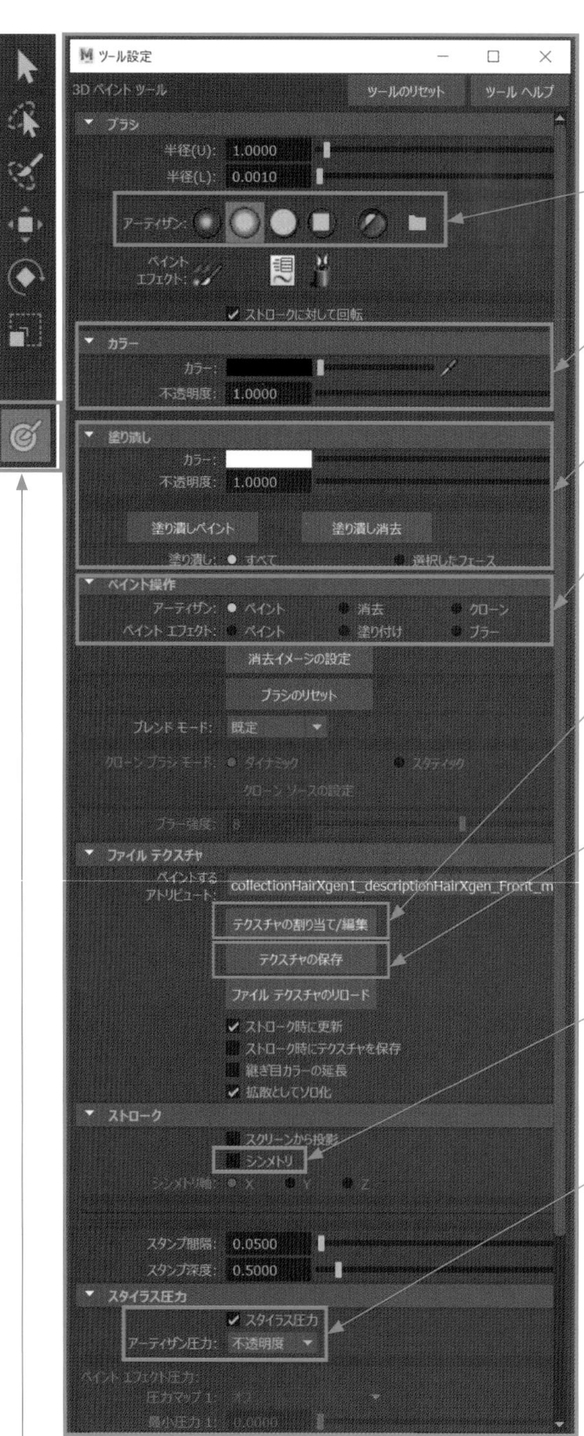

ペンの形状

ペンの色

塗り潰しの色

塗った時の効果

選んだオブジェクトに描けるようにするボタン

描いたテクスチャをオブジェクトの「カラー」に保存するボタン

描いていく際にシンメトリで描くかどうかを選ぶボタン

描いていく際に筆圧（ペンタブレットの場合）を考慮させるかどうかのボタン

ダブルクリックするとウインドウが表示され、さまざまなペイント方法を選択できる

04 キャラクターの髪の毛の制作

モヒカンヘアのサンプルで、XGenによる髪の毛作成のワークフローを簡単に説明しました。ここからは、実際のキャラクターに髪の毛を生やしていきます。

01. XGenで髪の毛を生やす部分（頭皮）のポリゴンを複製します。

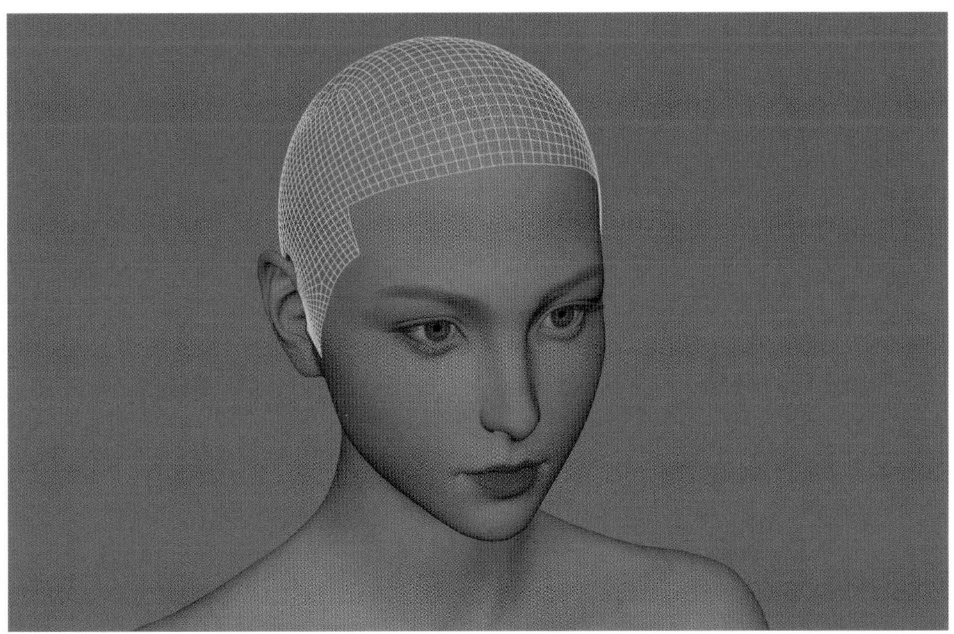

02. ZBrushで、髪の毛の大まかな形状をスカルプトしておきます（[Standard][ClayBuildup][DamStandard]ブラシを使用）。この「アタリ」でざっくりとしたイメージをつけると、髪型がふさわしいかどうか判断しやすくなります。適当な形になったら、Mayaに読み込みます。

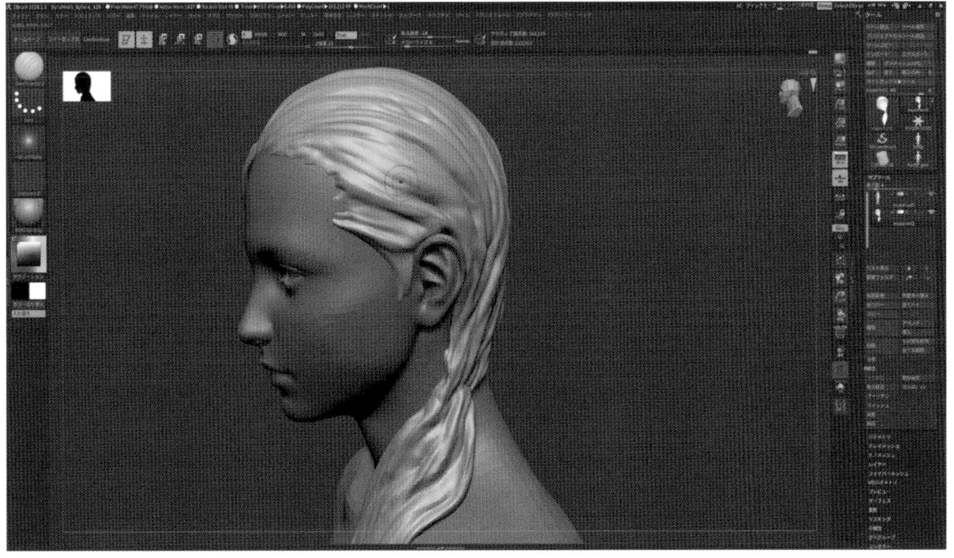

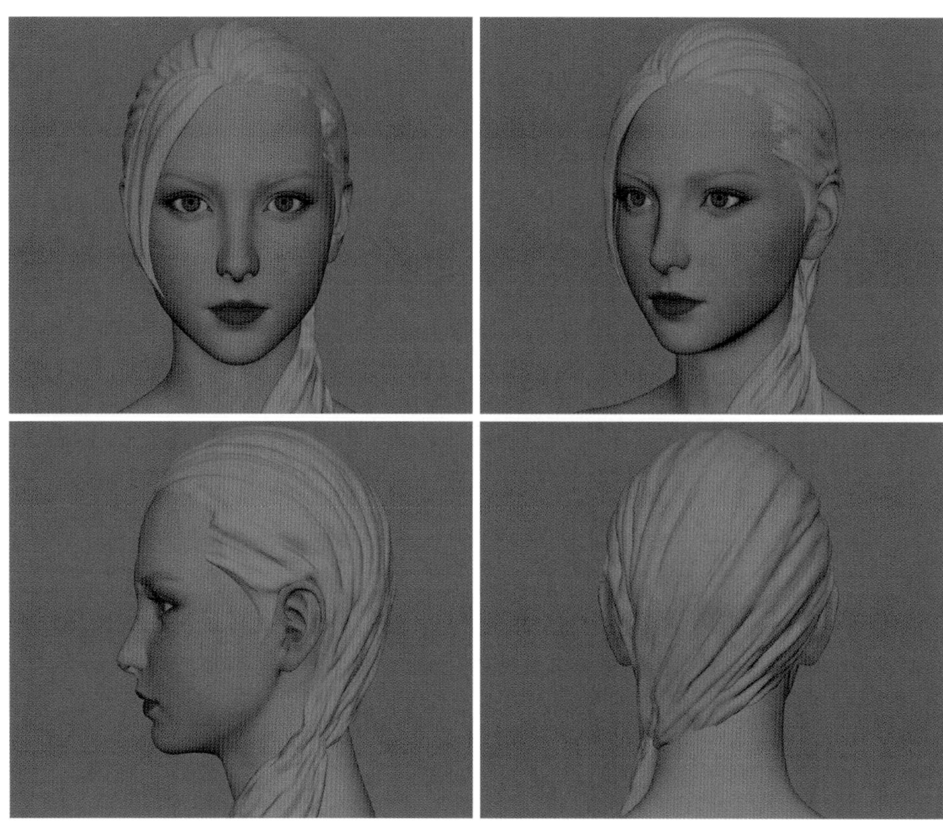

03. Mayaの[3D ペイント ツール]を選択、「アタリ」を見ながら頭皮を色分けしていきます。

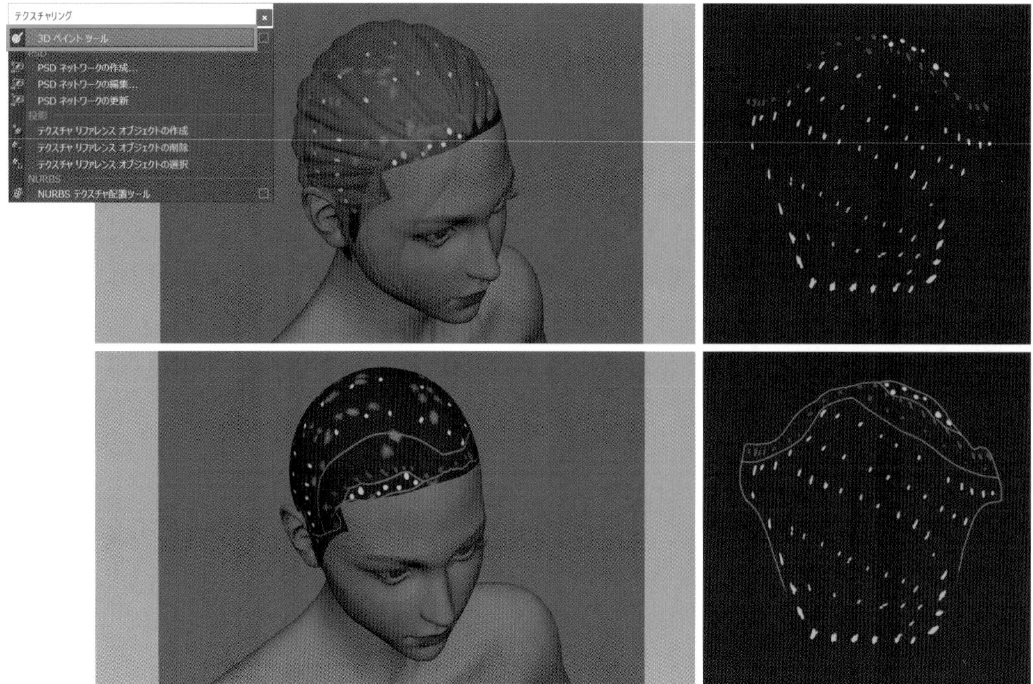

04. 髪の毛の「アタリ」を［ライブ］モードにします。

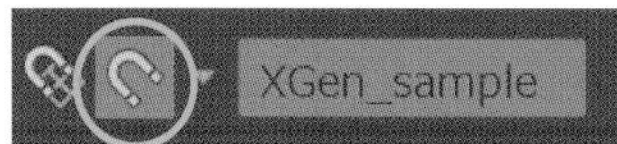

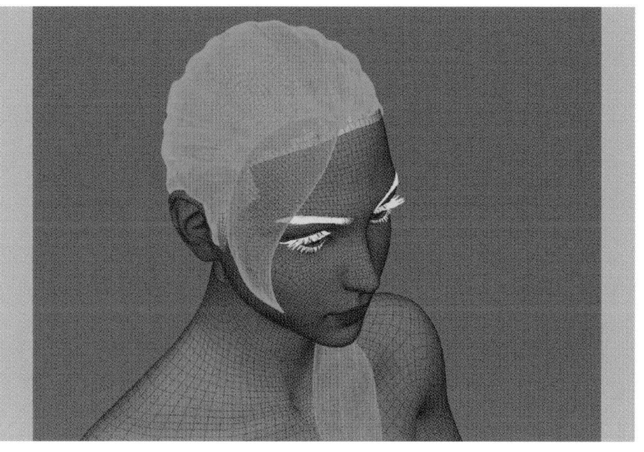

05.［ライブ］モードにした「アタリ」の凹凸に合わせて、**［作成］→［カーブツール］→［CVカーブツール］**で、髪の毛全体にカーブを引いていきます。

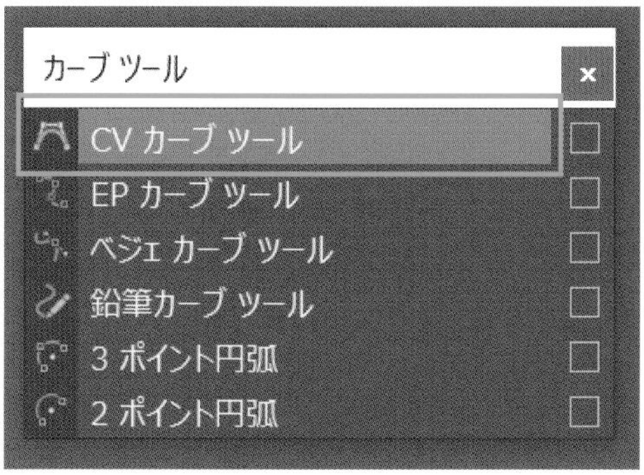

カーブ ツール
CV カーブ ツール
EP カーブ ツール
ベジェ カーブ ツール
鉛筆カーブ ツール
3 ポイント円弧
2 ポイント円弧

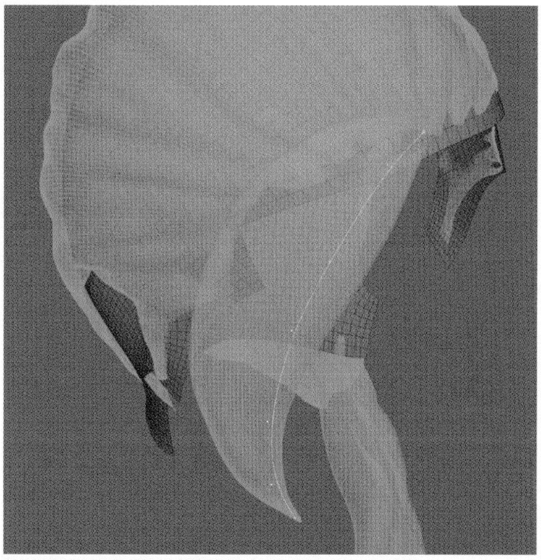

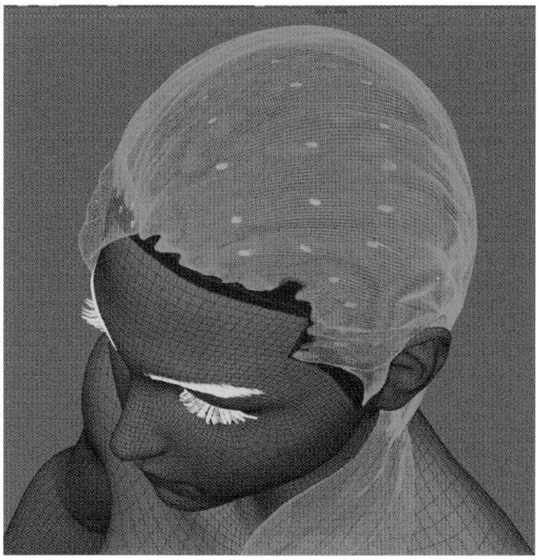

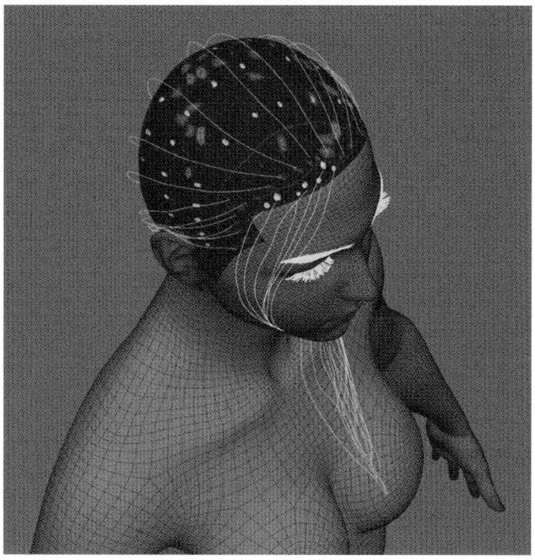

06. 頭皮のオブジェクトにXGenを適用しましょう。[CVカーブツール]のカーブをXGenのガイドにするため、まずカーブを選択、**[ユーティリティ]→[カーブからガイド]**で変換します。

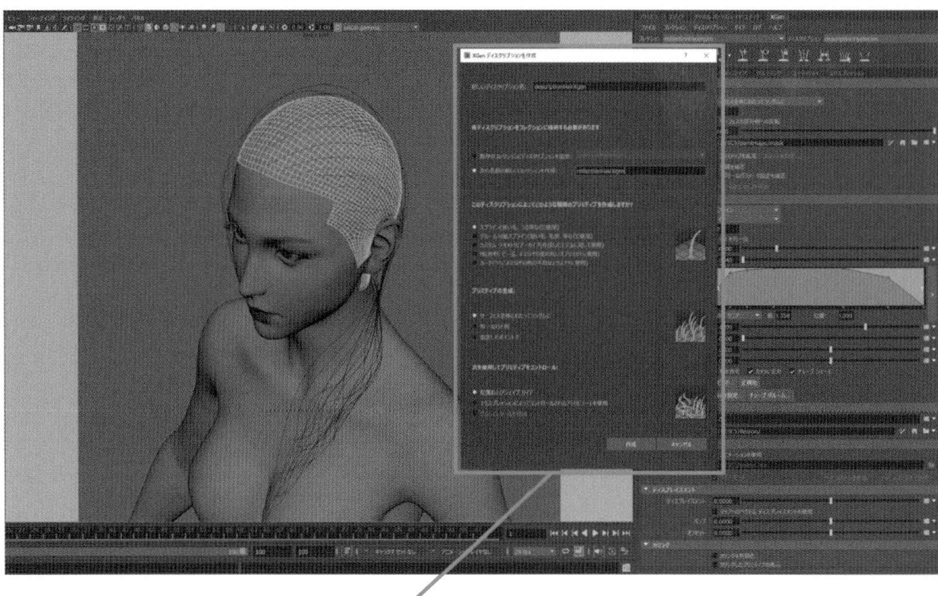

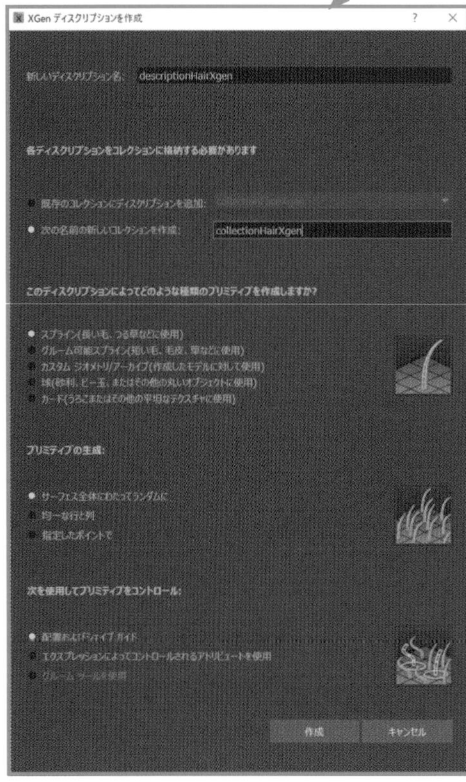

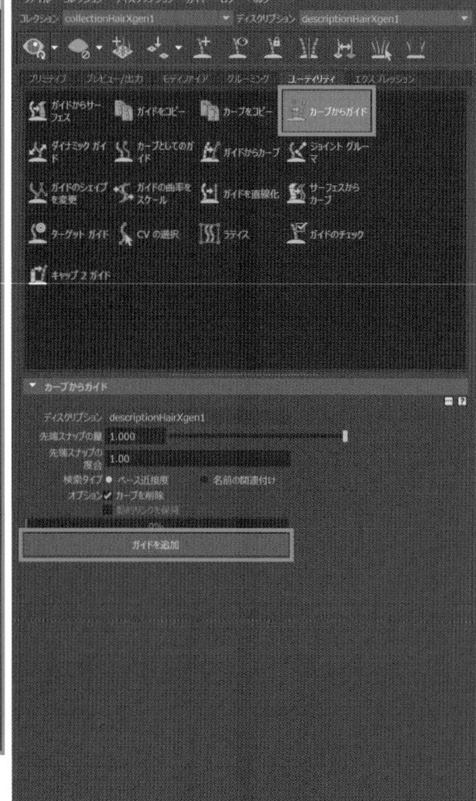

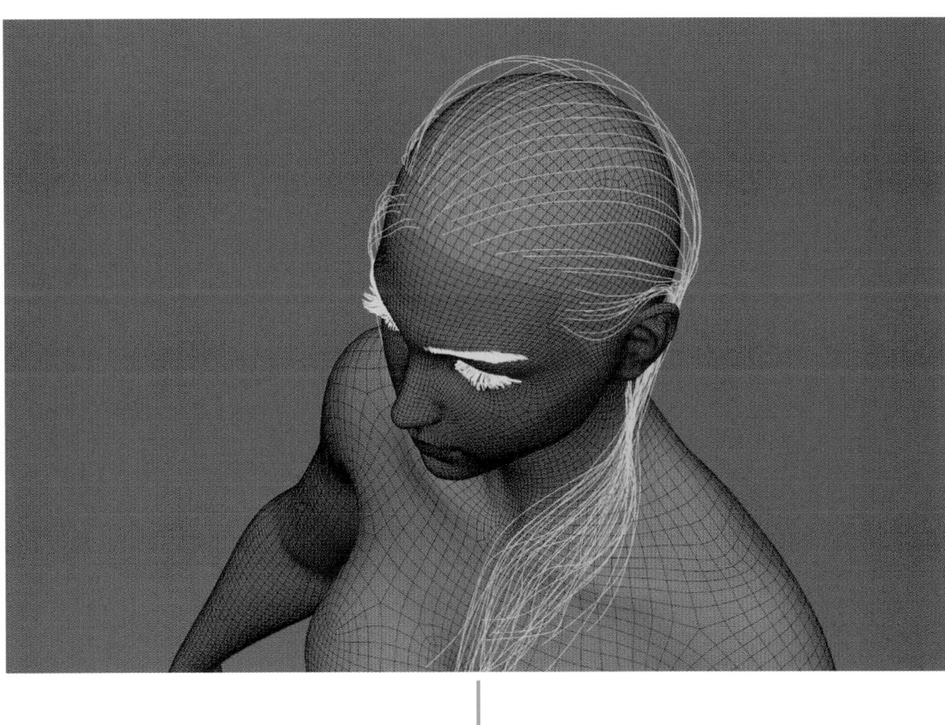

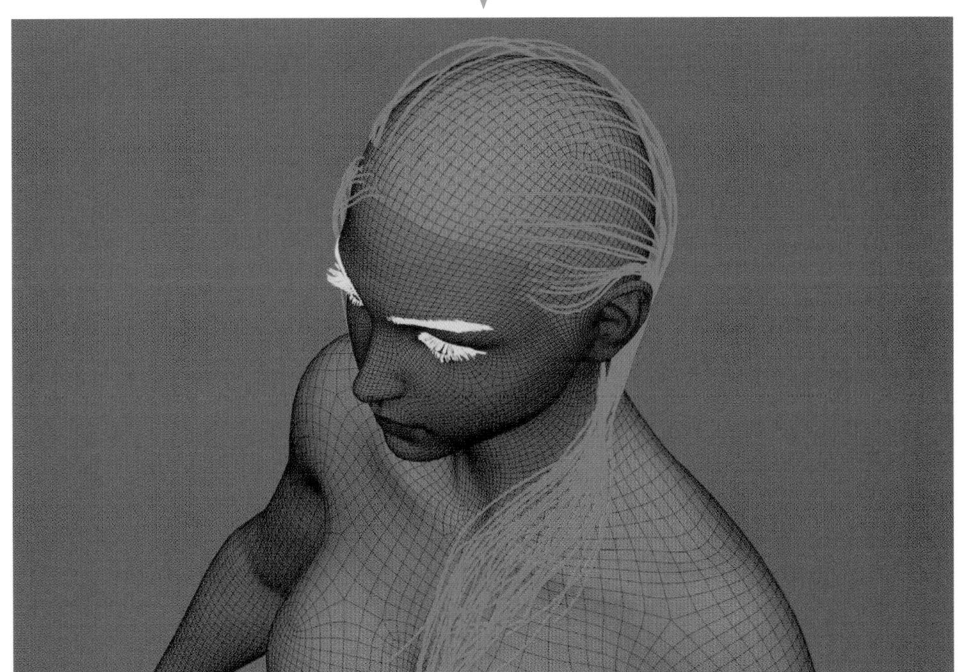

前髪と後ろ髪で
ディスクリプションを分けます

07. 頭皮のオブジェクトでガイドのある部分を白く塗り、そこから髪の毛を生やします。

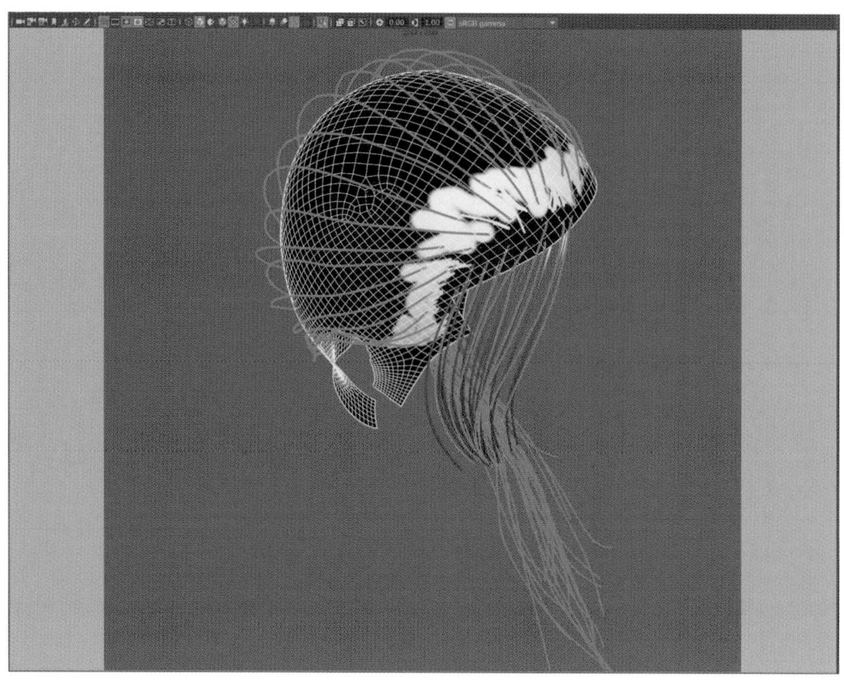

08. 生えた髪の毛の内側にもう一段ガイドを引き、内部の髪の毛の層を追加して、頭皮が見えないように調整します。

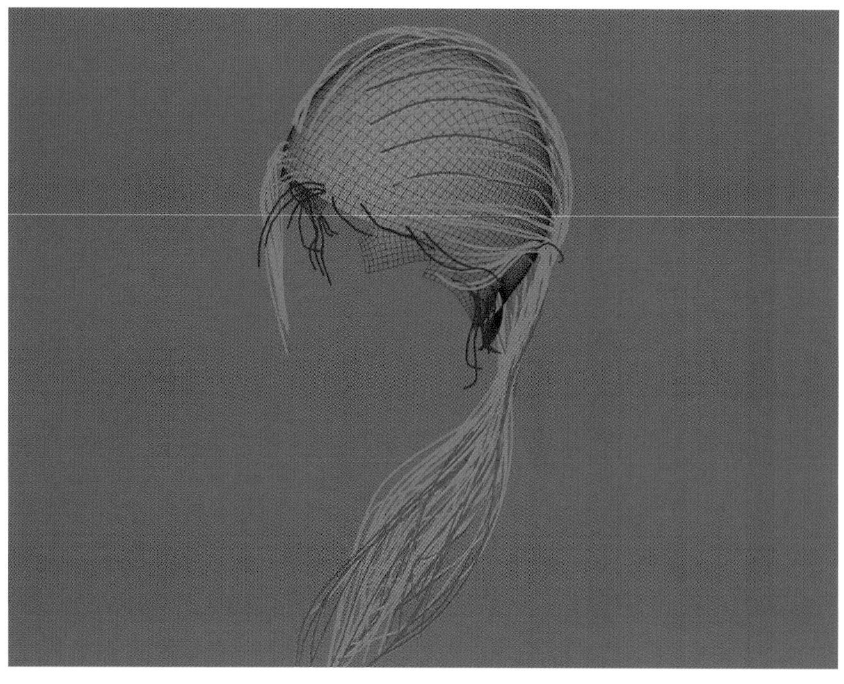

内側にも髪の毛の層を追加しました。完成にはまだ遠い状態ですが、1度レンダリングして確認しましょう(P.102)。現時点では詰めずに、次の作業へと進みます。

Chapter 03

衣装とアクセサリ

モデリングを手早く進める秘訣は、頭の中で一度、始めから終わりまで制作工程をシミュレートすることです。ここでは、衣装やアクセサリ作成のためのさまざまなアプローチを紹介します。

01 ティアラ

まず、キャラクターモデルを[ライブ]モードにして、Maya のリトポロジツールで、額から後頭部にかけてざっくりと形をとります。そして、何度か形をとったら、それらを絡ませます。絡ませるときは、[ライブ]モードをオフにして、ポリゴン単位で動かして形を整えましょう。形が決まったら厚みをつけ、ディテールを加えながら作り込みます。

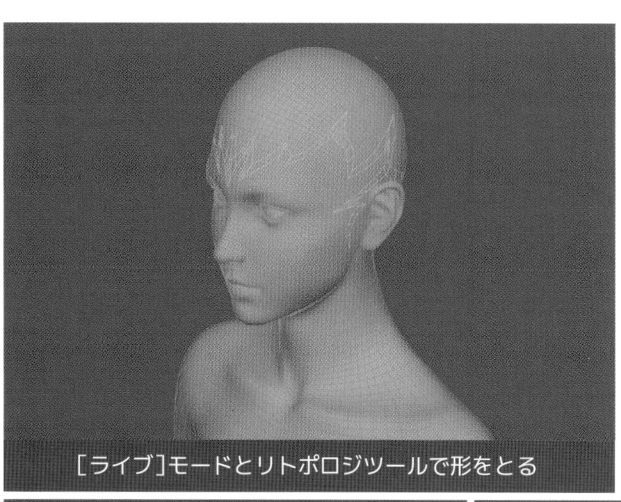

[ライブ]モードとリトポロジツールで形をとる

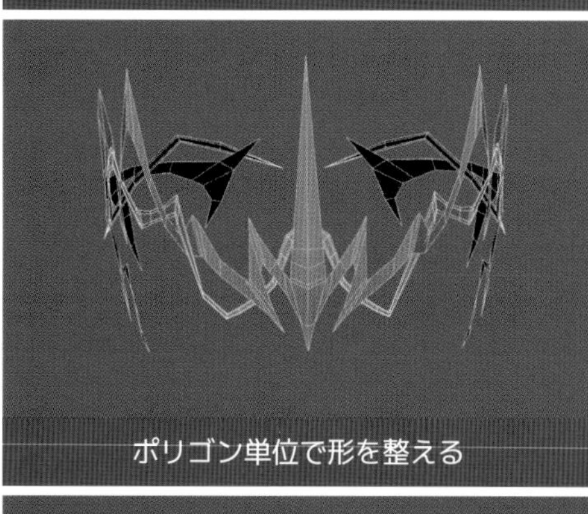

ポリゴン単位で形を整える

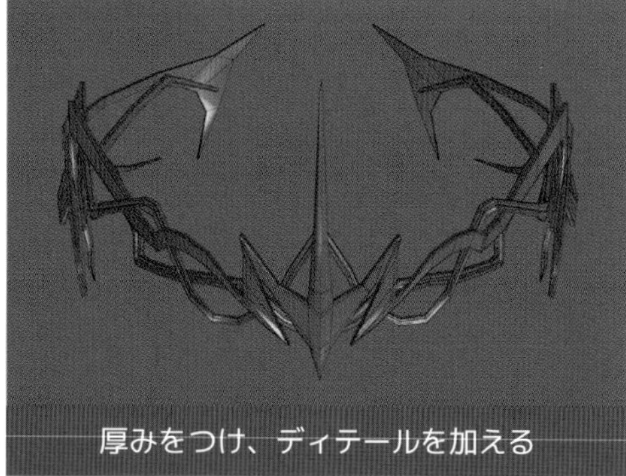

厚みをつけ、ディテールを加える

02 ネックパーツ

01. モデルを[ライブ]モードにして地肌にラインを描いたら、それを複製して上にずらします。次に2つのライン(カーブ)間を**[サーフェス]→[ロフト]**で補間し、NURBSサーフェスを生成。**[修正]→[変換]→[NURBSをポリゴンに]**で、ネックパーツのベースモデルを作ります。

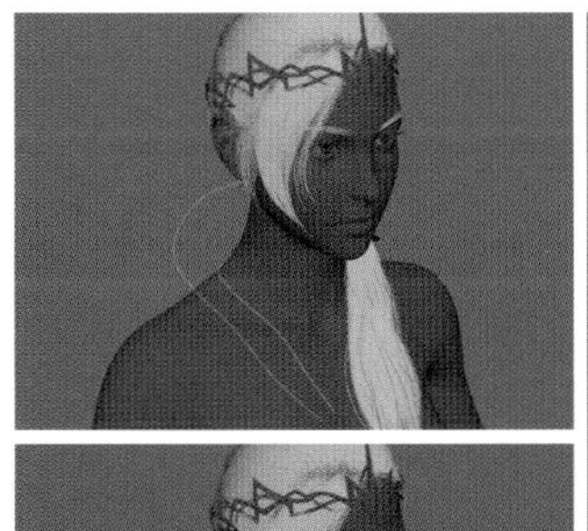
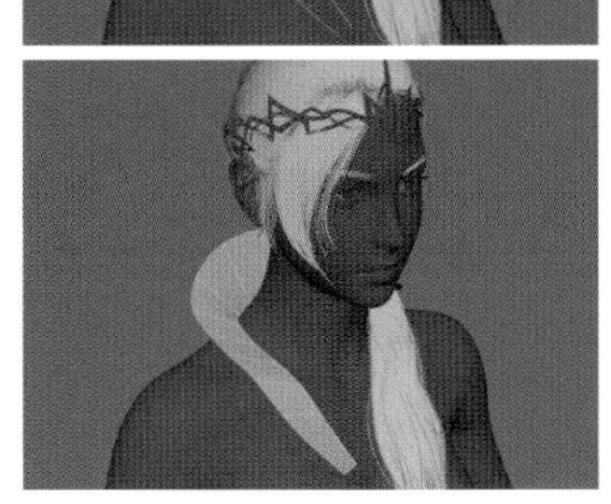

02. 外側の丸み部分を作るため、ポリゴンを均等に分割します。続けて、[押し出し]ツールで押し出し、適当な厚みをつけます。

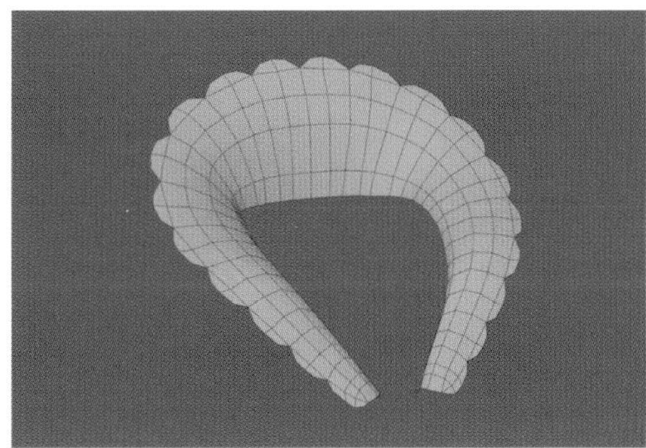
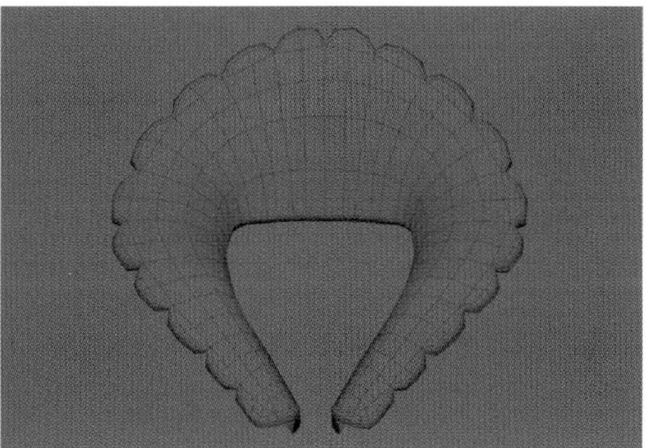

03. ネックパーツは二重構造のデザインになっているので、柔らかい金色の布部分のポリゴンを複製し、こちらにも厚みをつけます(※Chapter 04でこのパーツにテクスチャを作成します)。

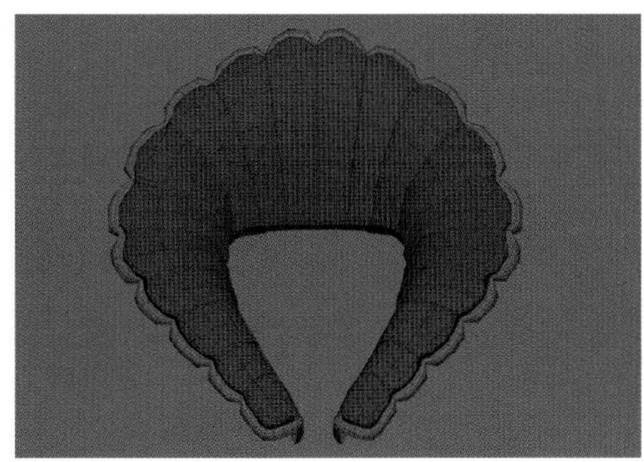
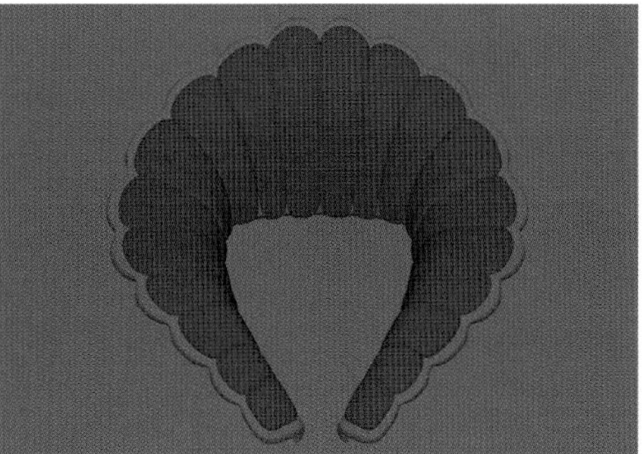

03 インナー

01. 体にフィットしたインナーは、ZBrushのマスク機能を使って作成しましょう。まず、マスクで体に形を描きます。図の黒くなっている部分がマスクです。

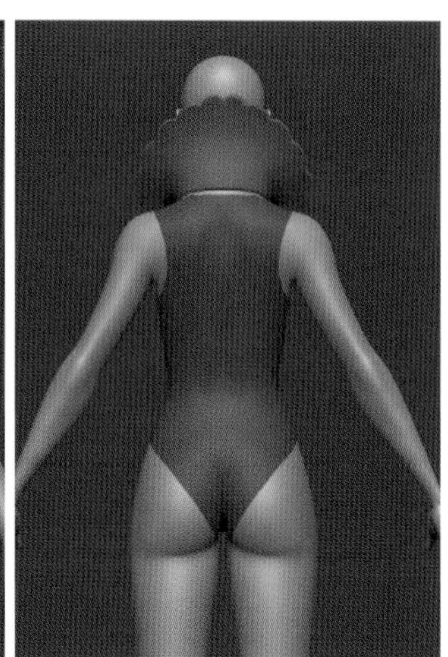

02. **[サブツール]→[マスク箇所を分割]**を押すと、サブツールに分割されたインナーのレイヤーができます。続けて、**[サブツール]→[リメッシュ]→[全てリメッシュ]**でインナーのポリゴンの流れを整えたら、Mayaに読み込んで形を再調整します。

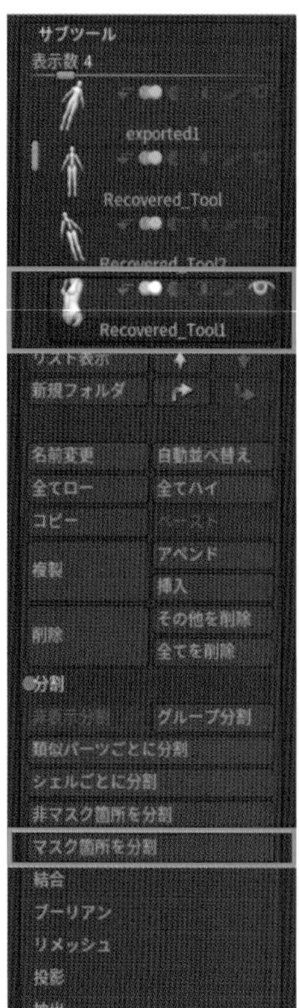

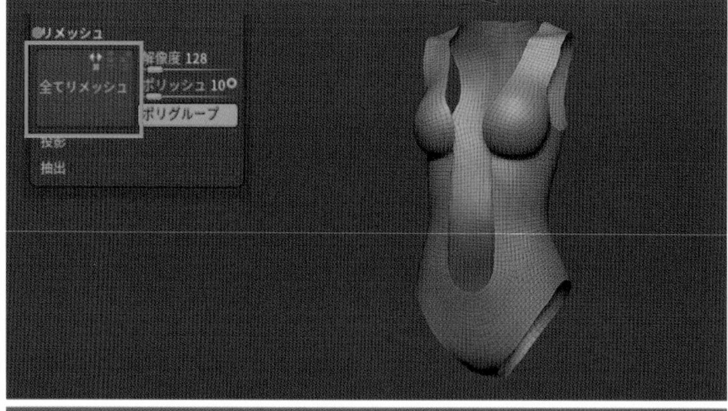

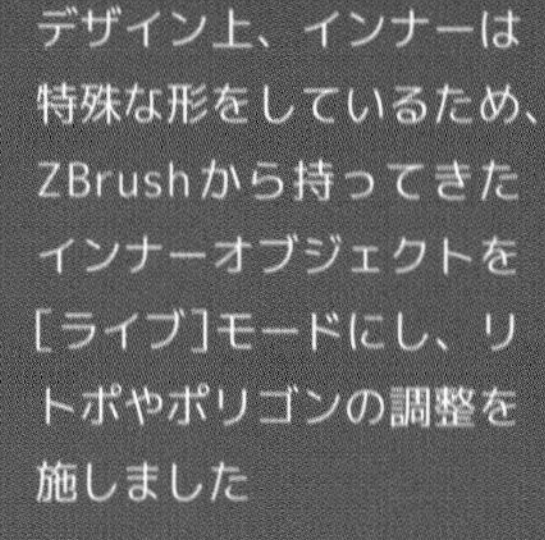

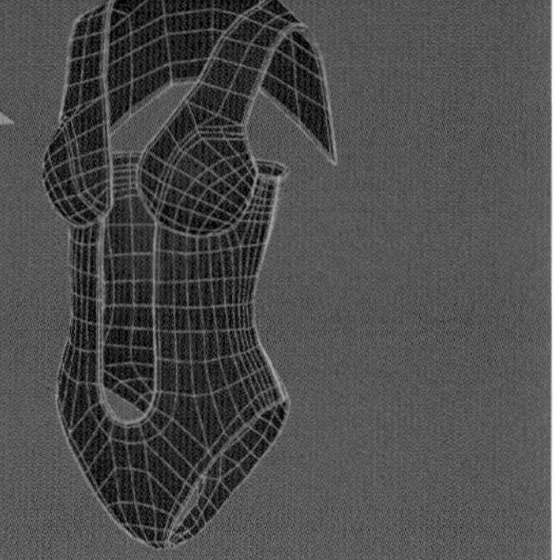

04 スーツ

スーツはモデリングの基本に沿って、ローポリから作ります。先に作成したインナーをベースに、Mayaの[モデリングツールキット]とリトポロジを活用します。何を作るにせよ、モデリングでは「**大まかに作ってから細部へ**」が基本です。

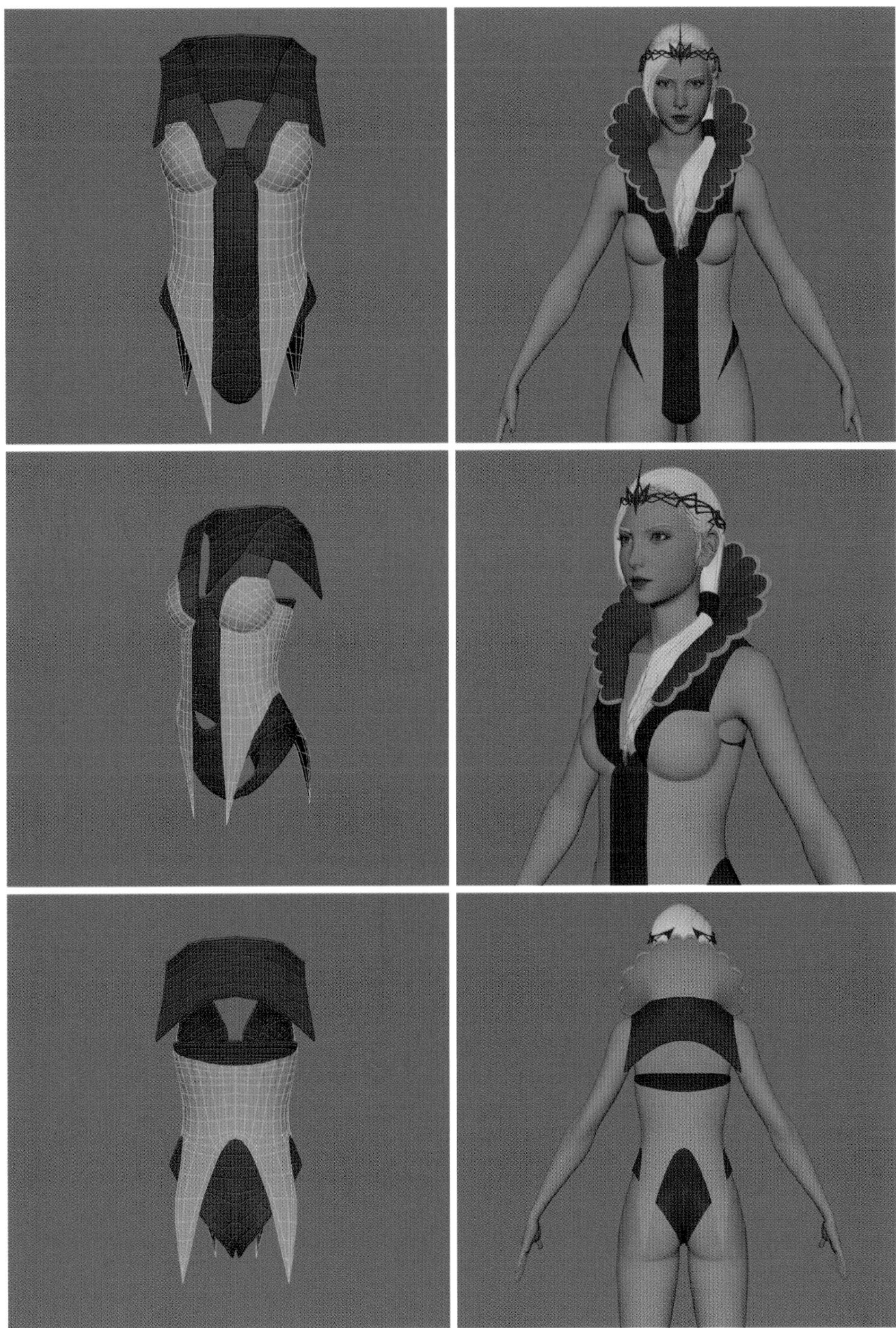

05 スカート

01. シルエットをデザイン画に忠実にするため、ローポリで大まかに作り、それを[スムーズ]でハイポリにします。ざっと形を整えたら、次はMayaのnClothでシミュレーションをかけます。

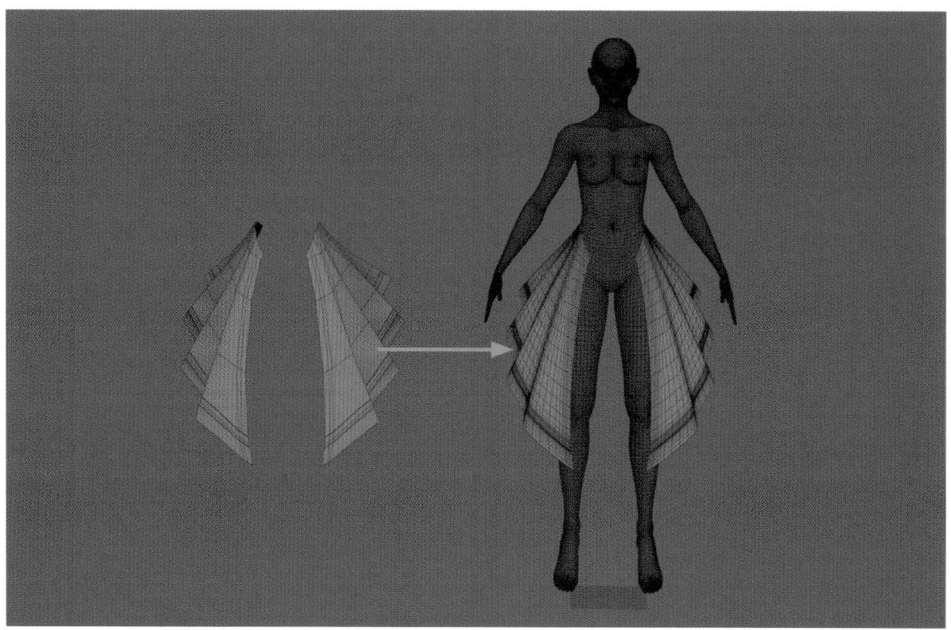

02. ボディオブジェクトを選択、**[nCloth]→[パッシブコライダの作成]**でコリジョンオブジェクトに指定します。

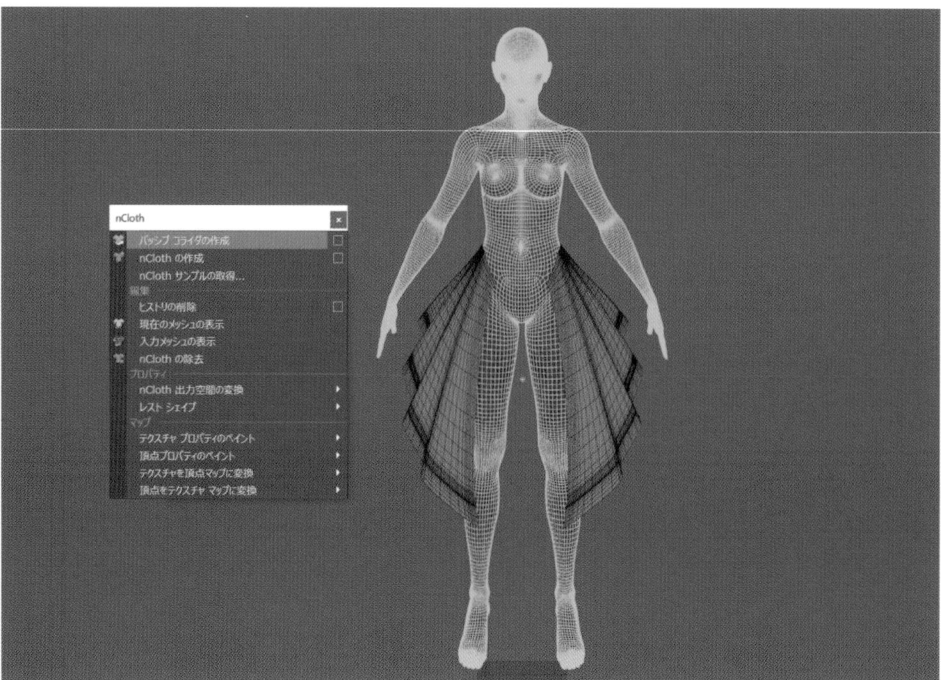

03. 次にスカートを選択、**[nCloth]→[nClothの作成]**でシミュレーションをかけられるようにします。

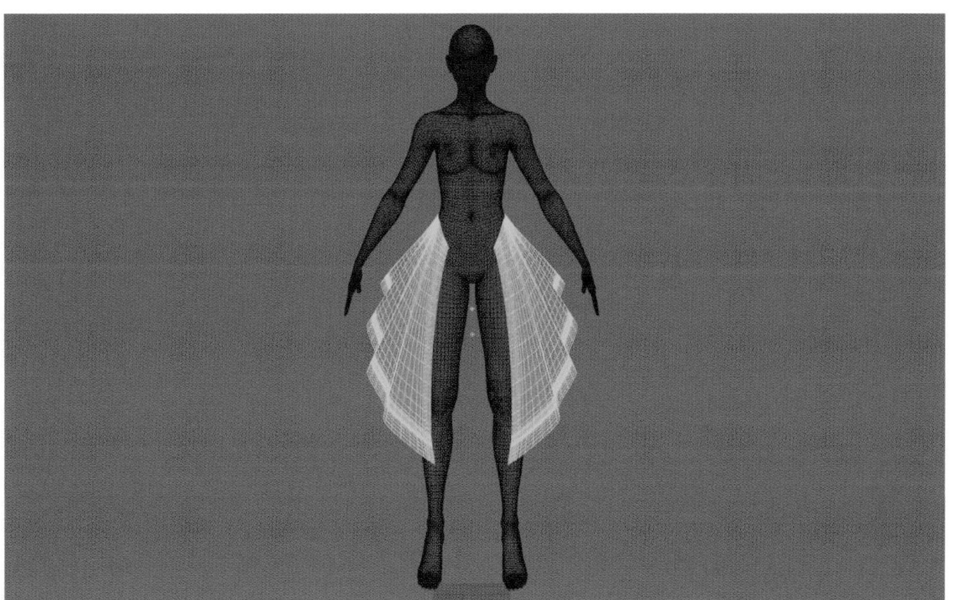

04. 留めたいスカートの頂点を選択、**[nConstraint]→[トランスフォームコンストレイン]**で頂点を一部固定したら、Mayaの再生ボタンを押して、nClothシミュレーションを実行します。若干ですがスカートにしわが追加され、不自然さが緩和されています。

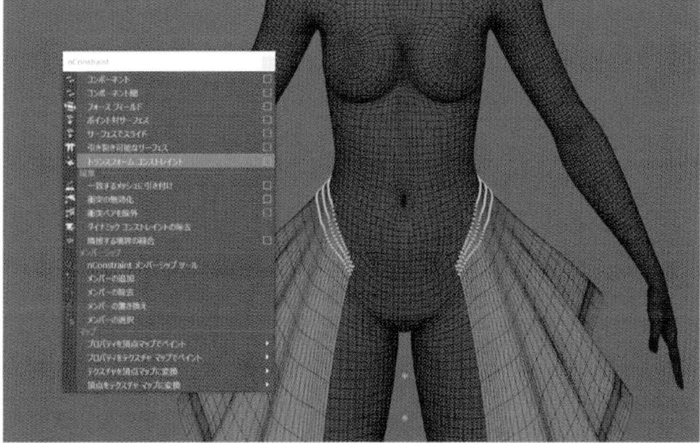

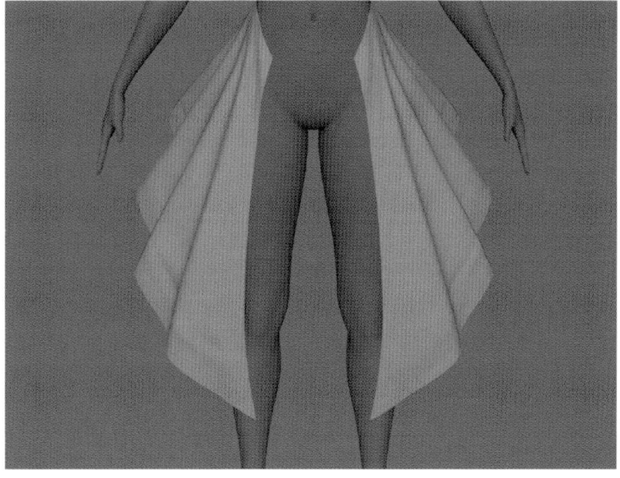

Chapter
01
02
03
04
05
06
07
08

06 レザーパーツ

他のパーツと同様、ポリゴンを貼ってリトポロジを行います。

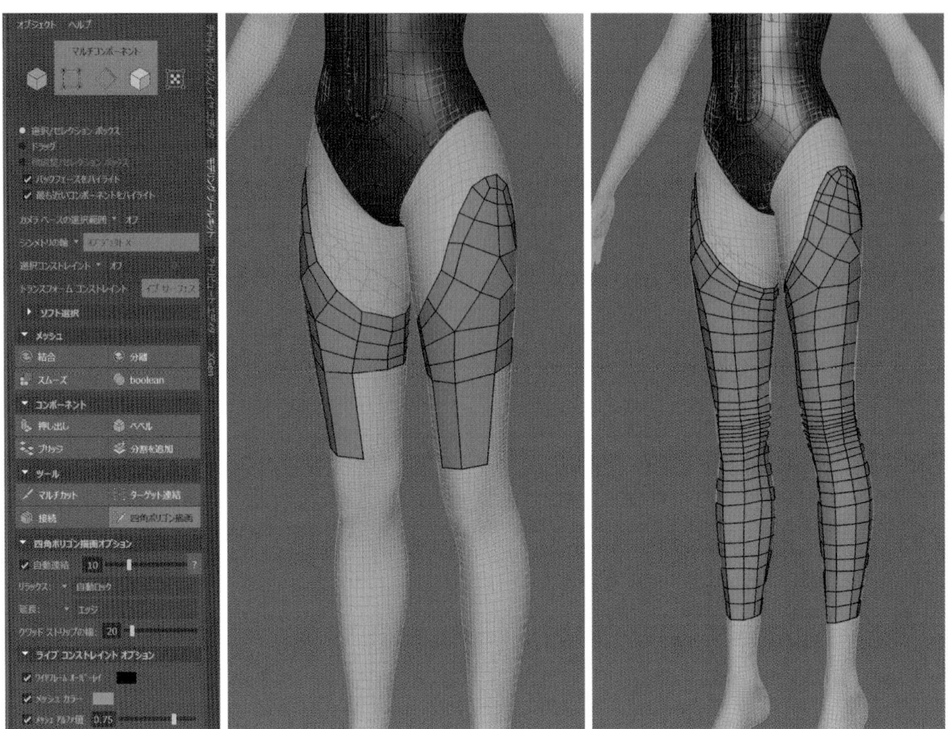

07 ブーツ

ブーツも、[ライブ]モードにしてポリゴンを貼っていきます。ヒールもしっかり作りましょう。

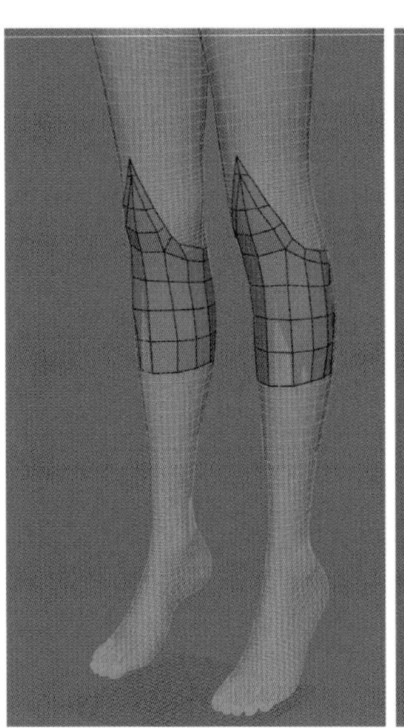

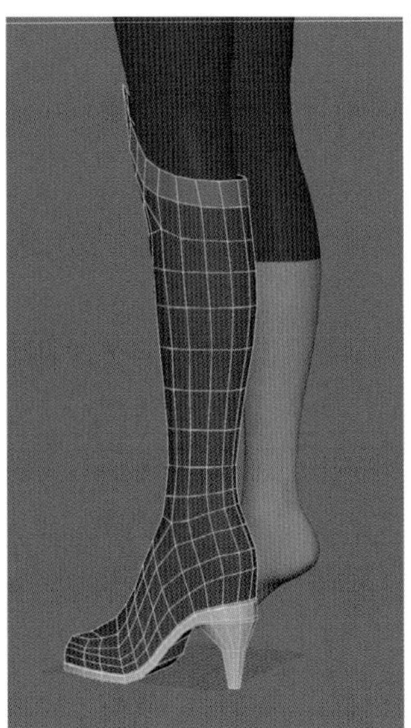

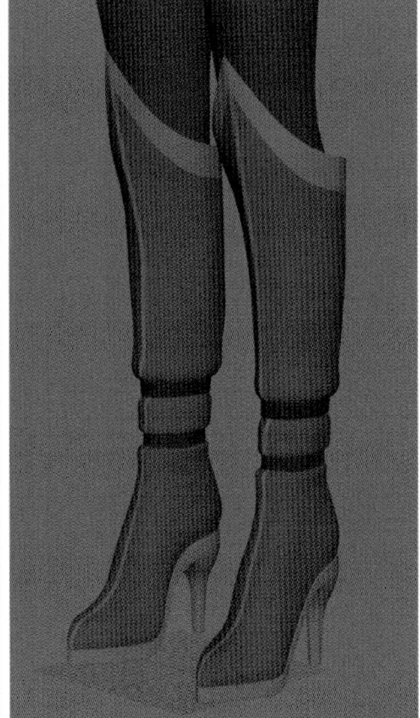

08 スリーブ

01. スリーブ（袖）はMarverous Designerで作成します。まず、Maya上の素体をobj形式でインポートします。

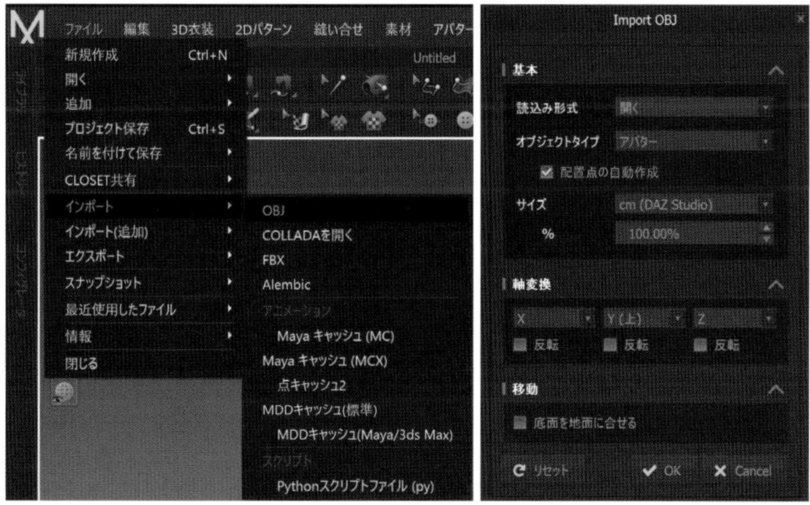

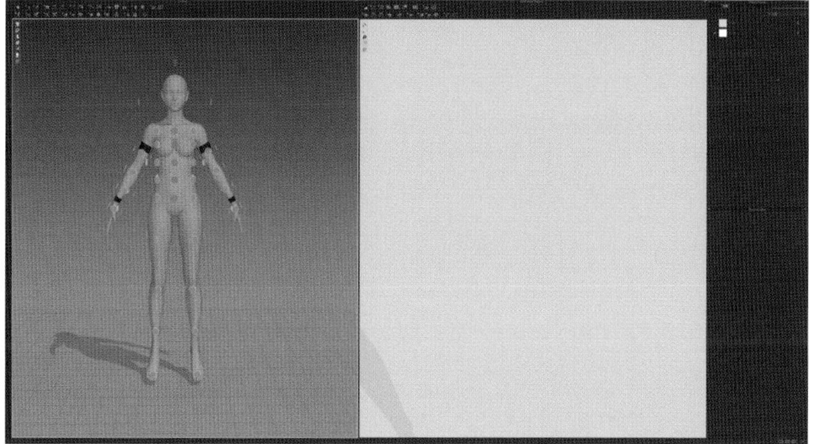

02. ［多角形］ツールでガーメント（服の型）を作成、コピーして［左右反転貼付け］を行います。

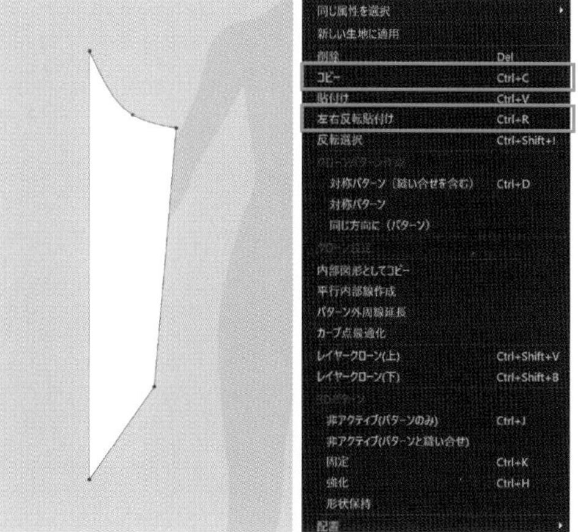

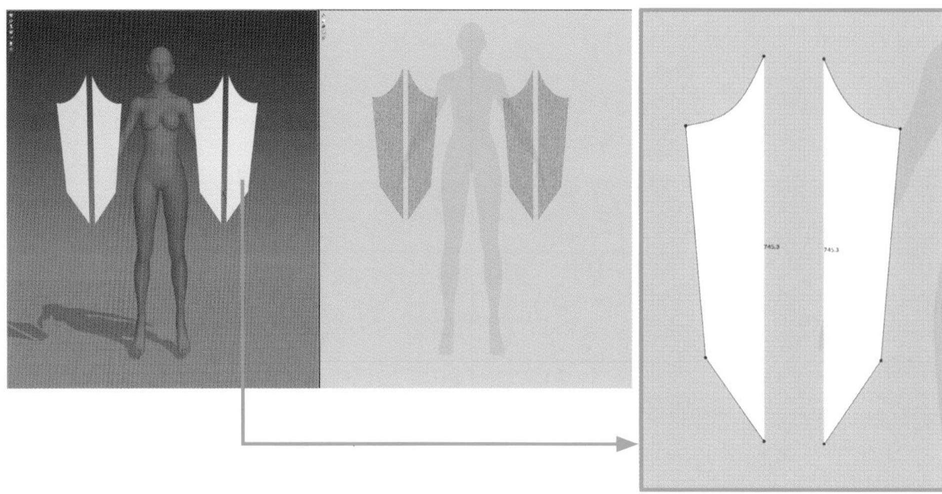

03. [併合]で左右のガーメントを繋げます。

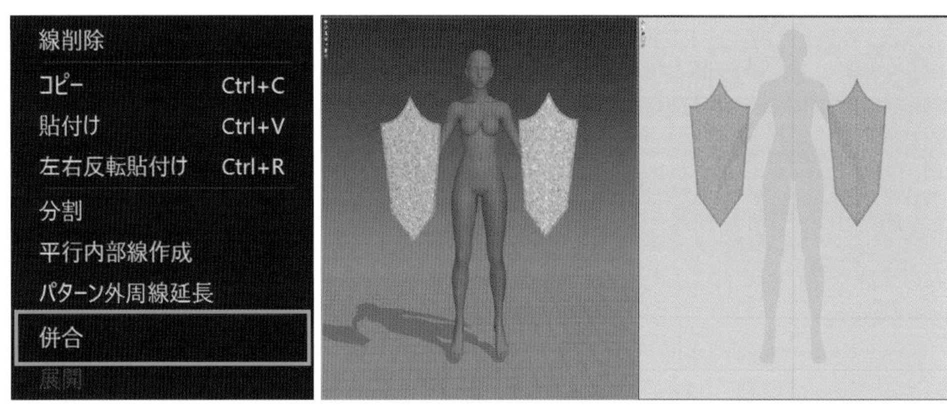

04. スチームブラシで腕に固定する部分を塗り、シミュレーションしてもその部分が動かないようにします。

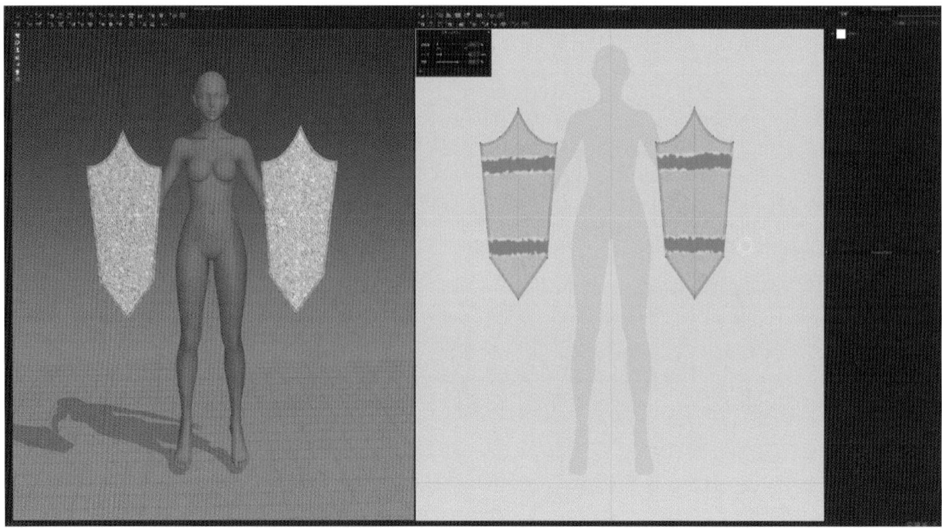

05. 次に［線縫い合わせ］ツールで繋げたい辺と辺を結び、シミュレーションをかけます。

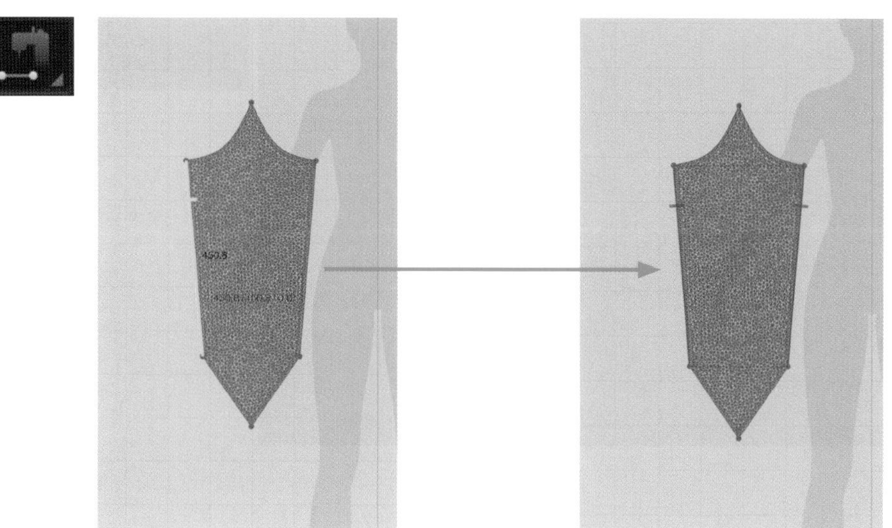

このボタンでシミュレーションを実行。見やすくするため、［リーメッシング］を行いました。

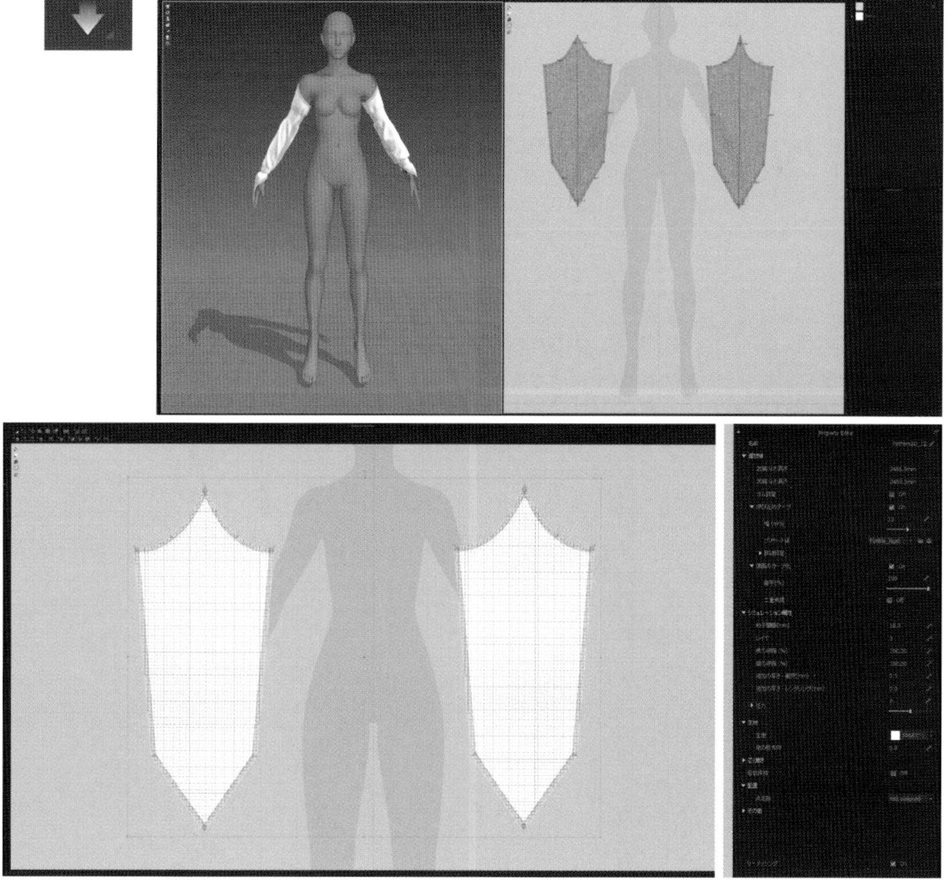

06.「シミュレーションをかけていないガーメント」と「シミュレーションをかけたオブジェクト」の両方をエクスポートします。

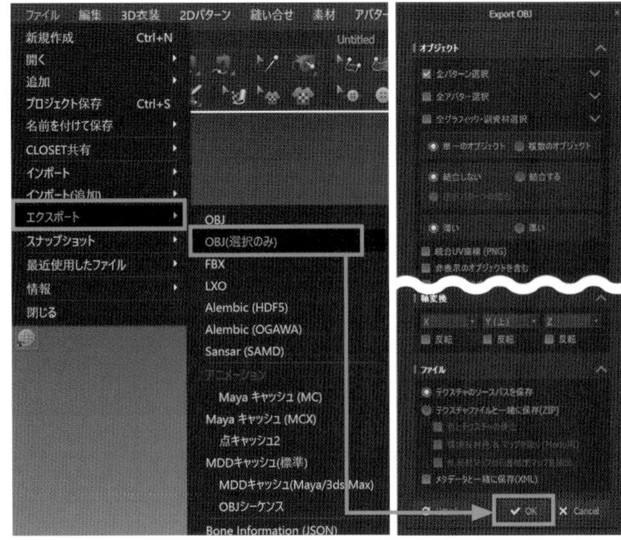

07. Mayaに読み込んだら、オブジェクト同士でブレンドシェイプを設定。スライダを調整して、しっかり変形するか確認しておきます。

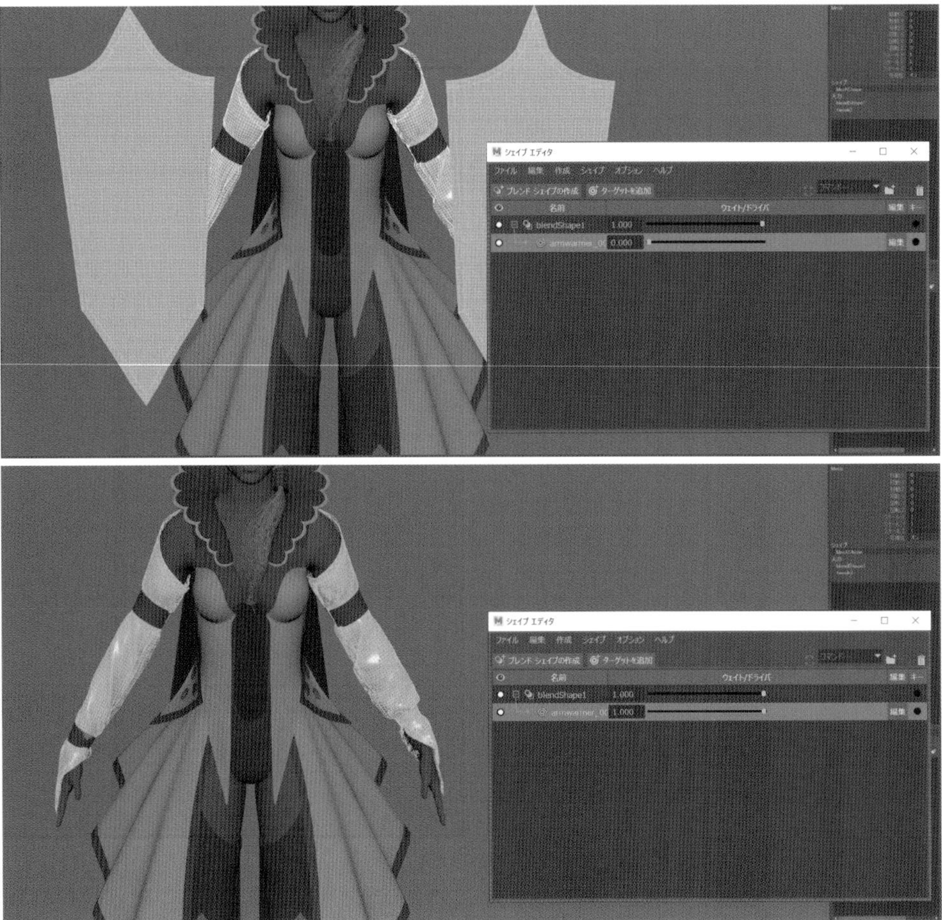

08. 次はUVを設定しましょう。まず、Marvelous Designerからエクスポートした「シミュレーションをかけていないガーメント」をZBrushにインポートします。次に、**[ツール]→[ジオメトリ]→[Zリメッシャー]**でポリゴンの流れを整えたら、エクスポートします。

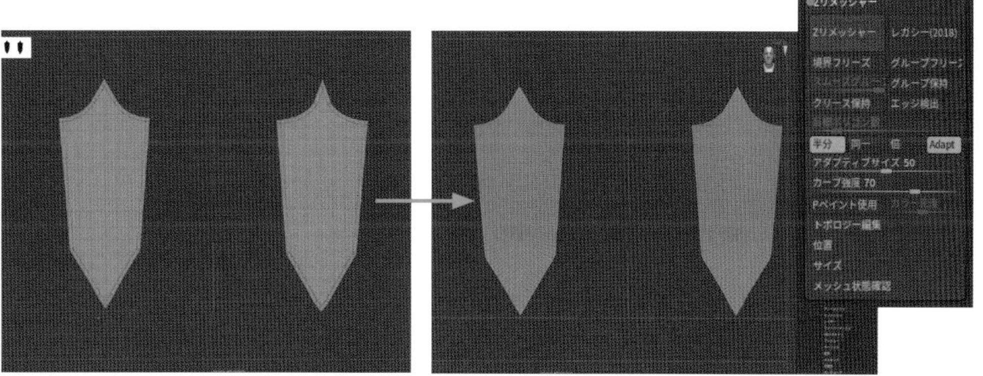

09. Mayaにスリーブを読み込み、[前面ビュー]でUVを作ります。今回の展開方法は、**[UV]→[カメラベース]**を選択します。

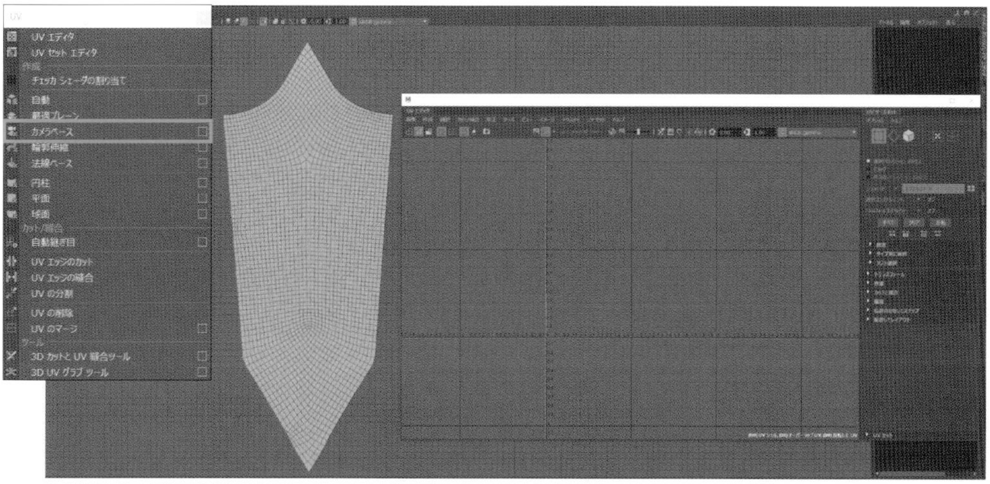

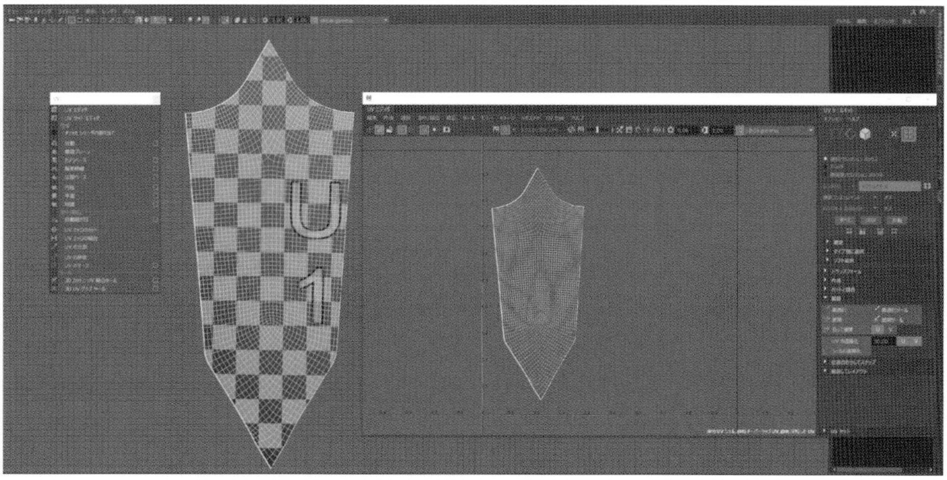

10. 「ZBrushから読み込んだオブジェクト」「Marvelous Designerでシミュレーションをかけてないオブジェクト」の順に選択、**[デフォーム]→[ラップ]**を実行します。ブレンドシェイプのスライダ値を上げると、[ラップ]されたオブジェクトが、ブレンドシェイプするオブジェクトにくっついて一緒に変形します。

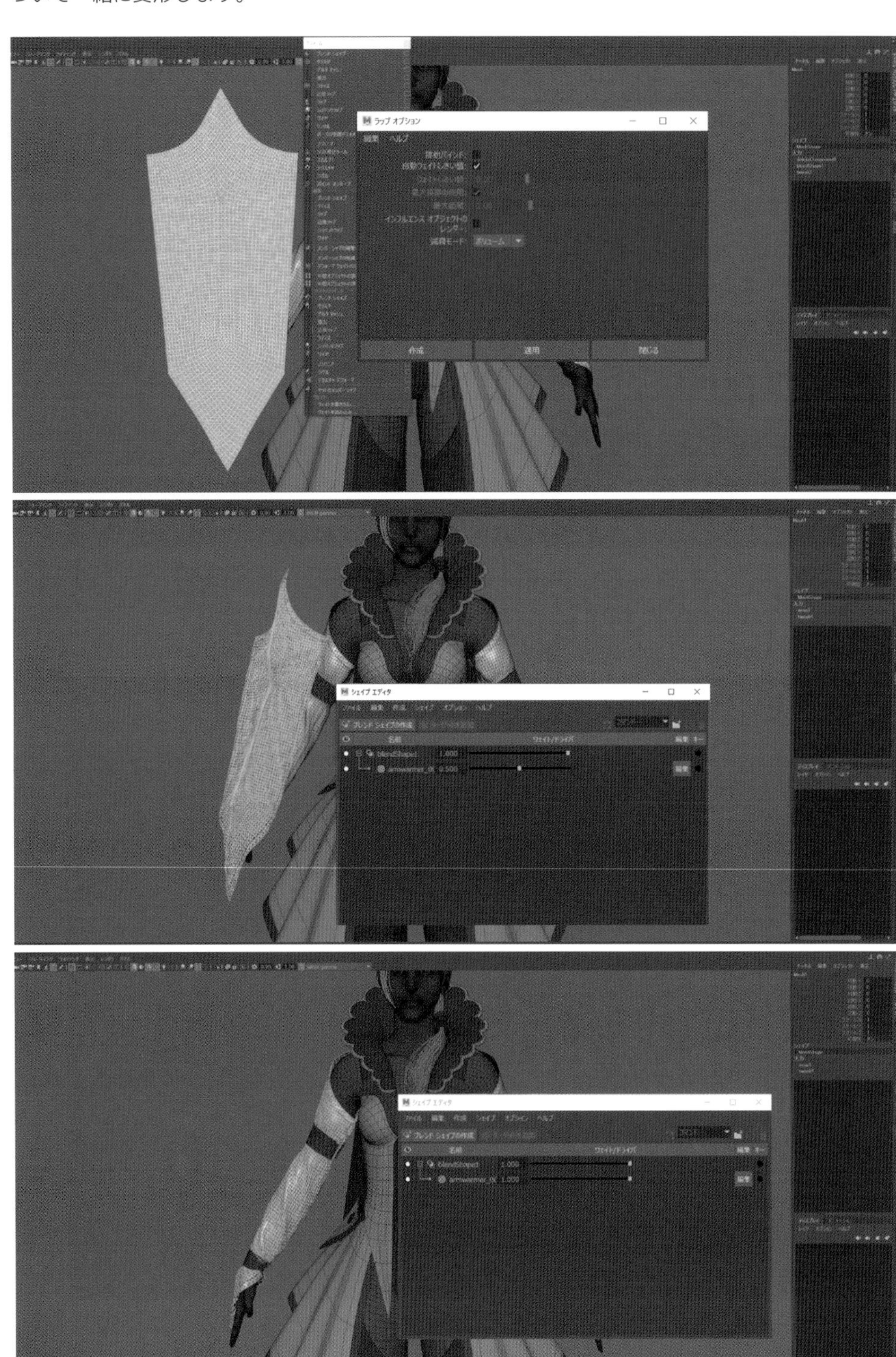

11. スリーブの形になったらヒストリを切り、繋がっていない頂点をマージします。

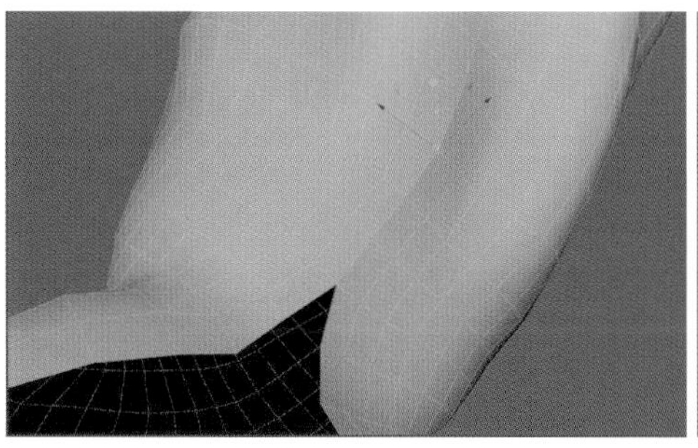

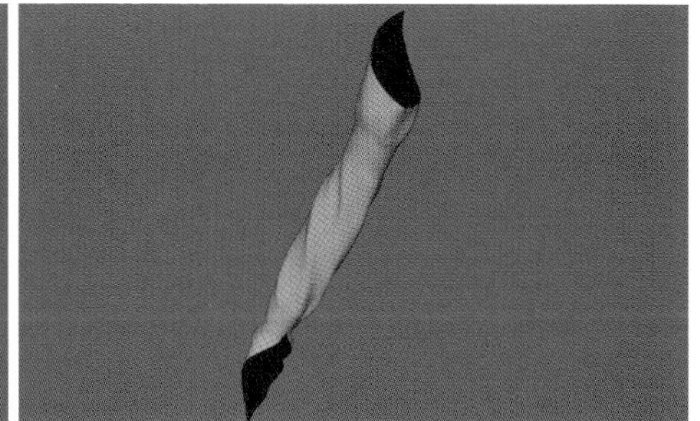

12. UVが保持されているのを確認して、書き出します。

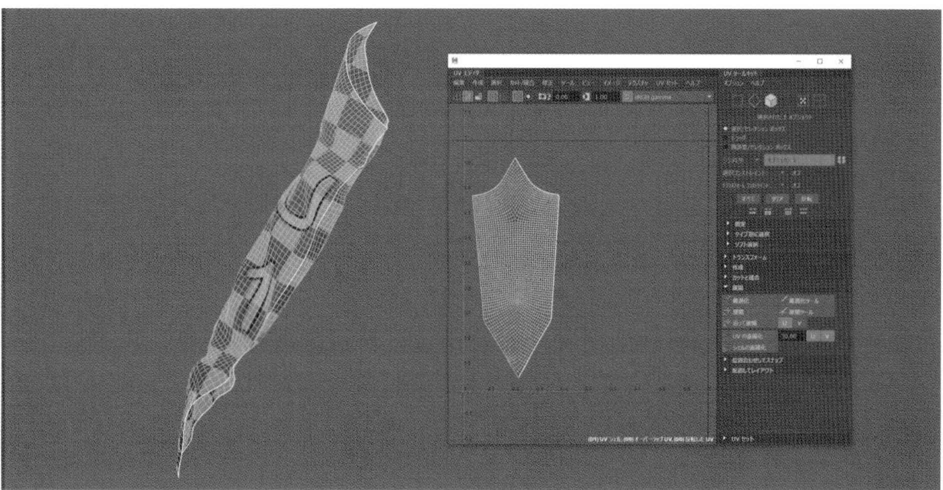

13. ZBrushにインポートしたら、スリーブが留め具やボディにめり込まないように注意しながら、形状を整えます（[Standard]ブラシ、[Move Topological]ブラシを使用）。

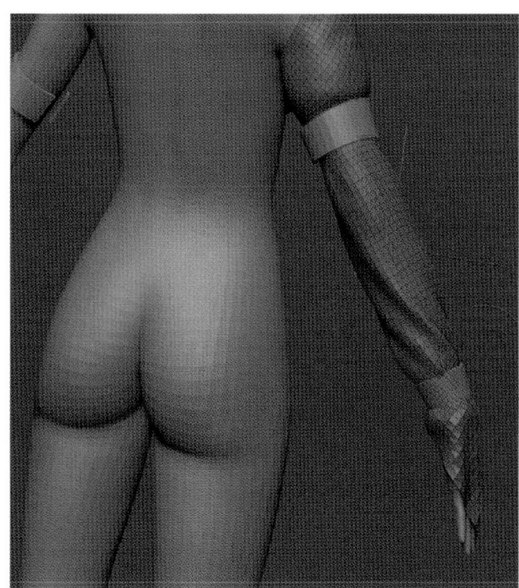

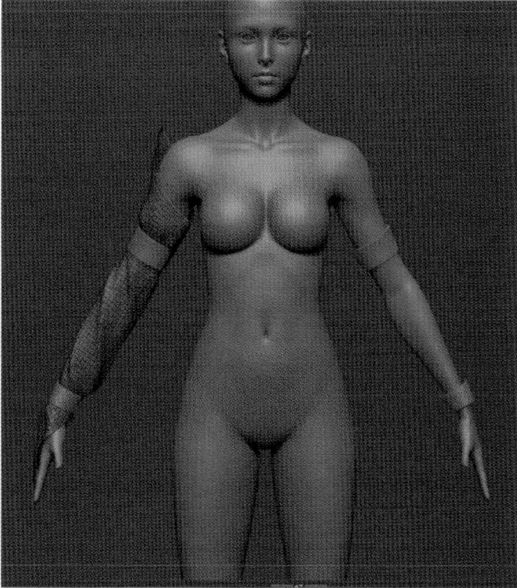

14. ZBrushから再度 Mayaに読み込みます。まず右スリーブの端を選択、ポリゴンを複製して厚みを持たせ、「縁」を作ります。右側が整ったら、左側に複製します。**この「縁」の処理によって、見た目のクオリティに大きな違いが出る**ため、意識してしっかり作りましょう。

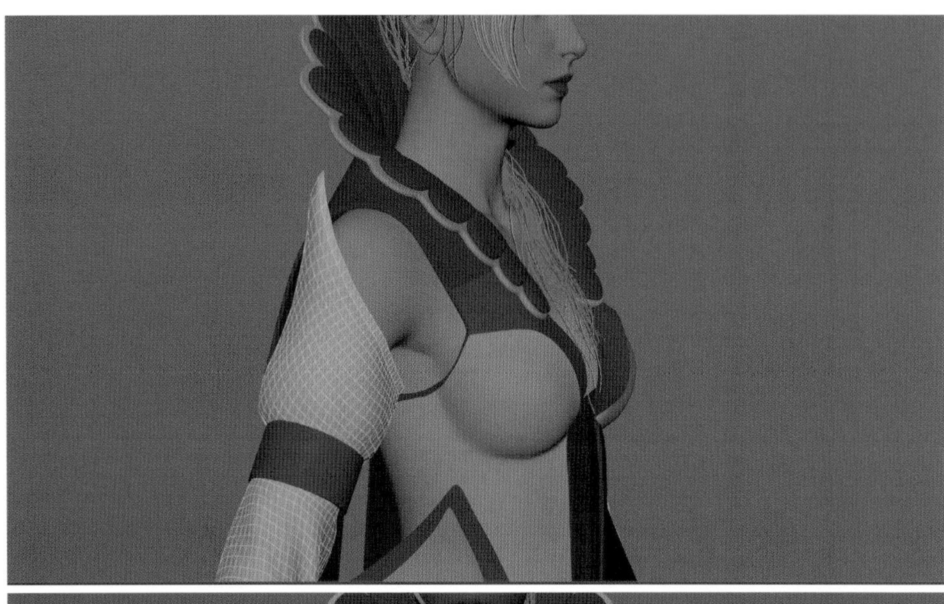

ここからさらに作り込んでいくので、この段階でさまざまなアングルをチェックします。違和感があればそのままにせず、必ず調整してください。

09 衣服の装飾

01. ZBrushでスーツの[SubDiv]のレベルを上げ、作りたい形状をマスクで描きます。

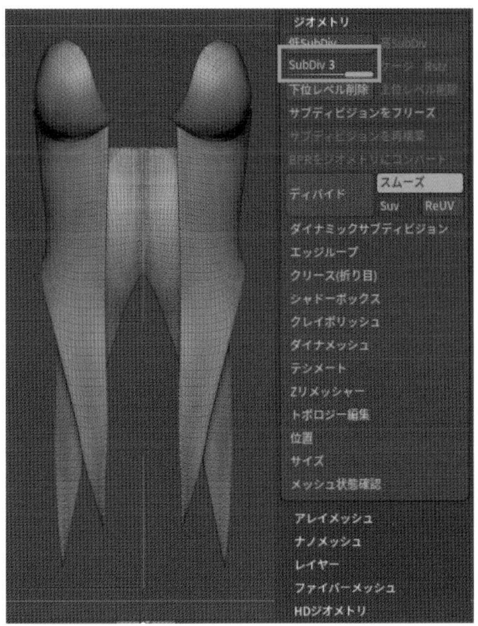

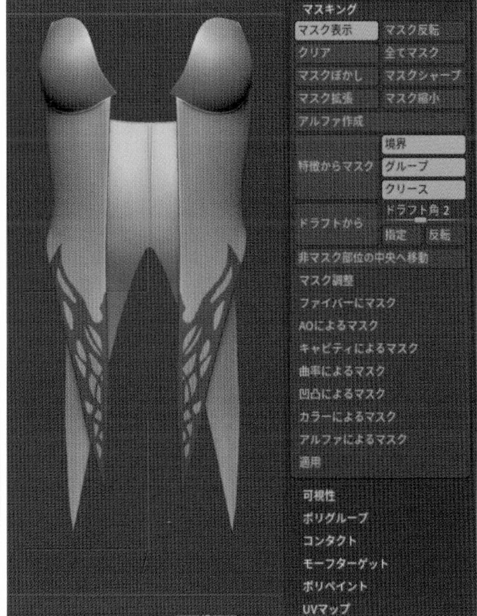

02. [ポリグループ]→[マスクから]を押し、マスク部分と非マスク部分のポリグループを分けます。[PolyF]ボタンを押すと、グループ分けされているのを確認できます。ただ、このまま抽出するとエッジがガタガタになってしまうので、次はそれを回避するように調整します。

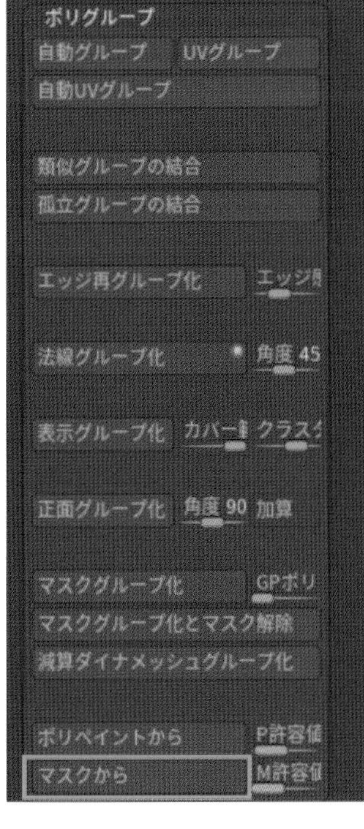

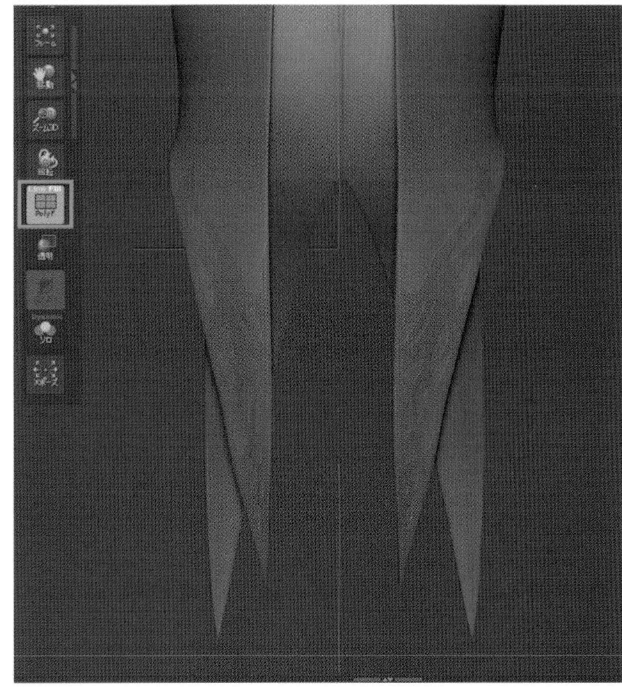

03. まず、尖らせたい部分を[MaskPen]ブラシで塗ります(※図の黒い点がマスク)。次に**[変形]→[ポリッシュ(特出検知)]**スライダを右にスライドさせせると、ポリグループで分割されている境界部分が滑らかなラインになります。

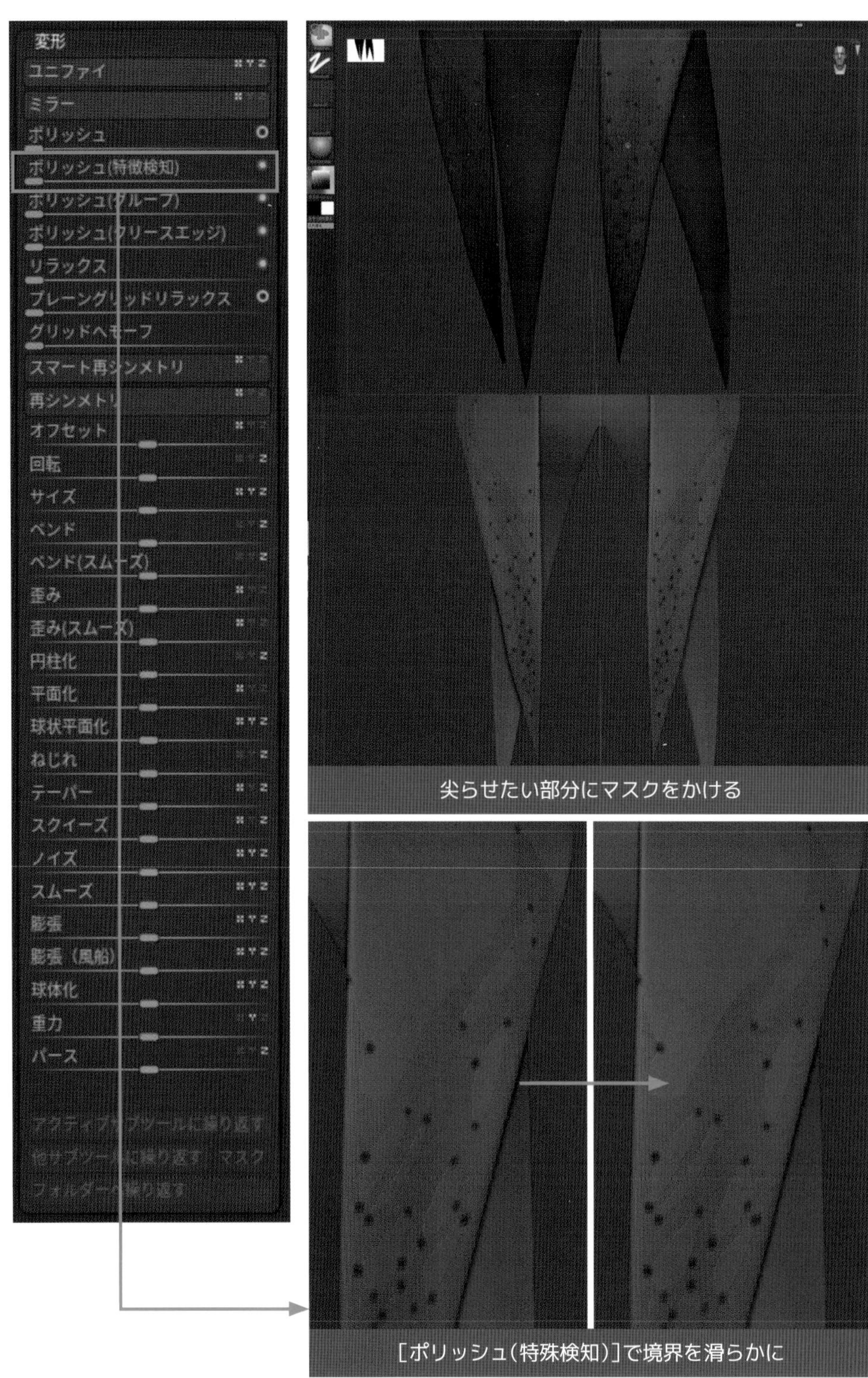

尖らせたい部分にマスクをかける

[ポリッシュ(特殊検知)]で境界を滑らかに

04. 滑らかになったら、**[サブツール]→[グループ分割]**を押します。

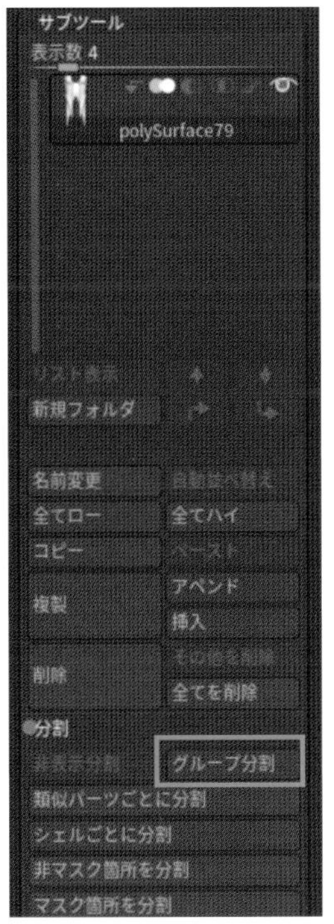

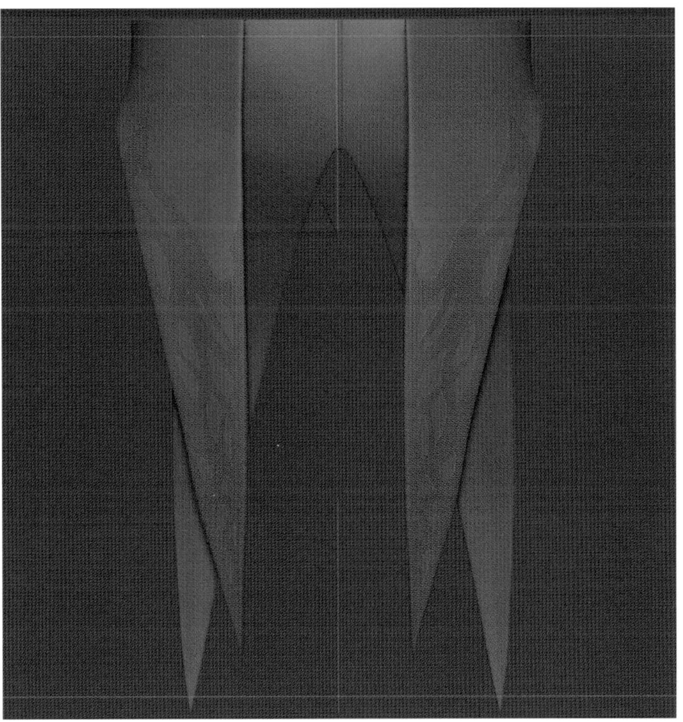

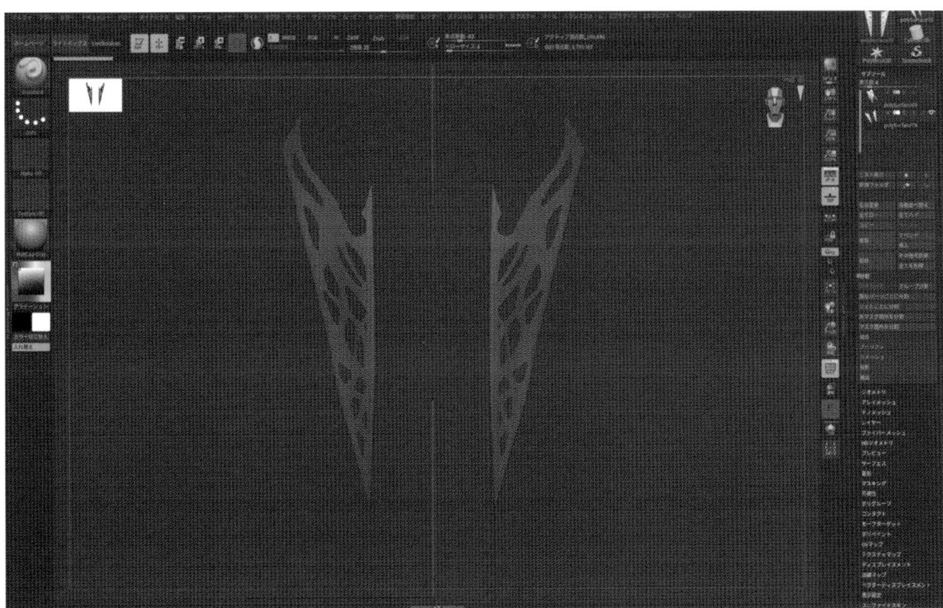

このパーツは少し複雑な形状なので、Mayaでリトポロジして、ポリゴンを貼り直した方がよさそうです。もしシンプルな形状なら、ZBrushの**[サブツール]→[リメッシュ]**機能でメッシュを整えてもよいでしょう。

05. ここまでのオブジェクトをMayaに読み込み、[モデリングツールキット]でリトポロジを行います。リトポロジを終えたら、[押し出し]ツールで厚みをつけます（今回はその後、1度だけ[スムーズ]をかけ、ポリゴンを増やしています）。

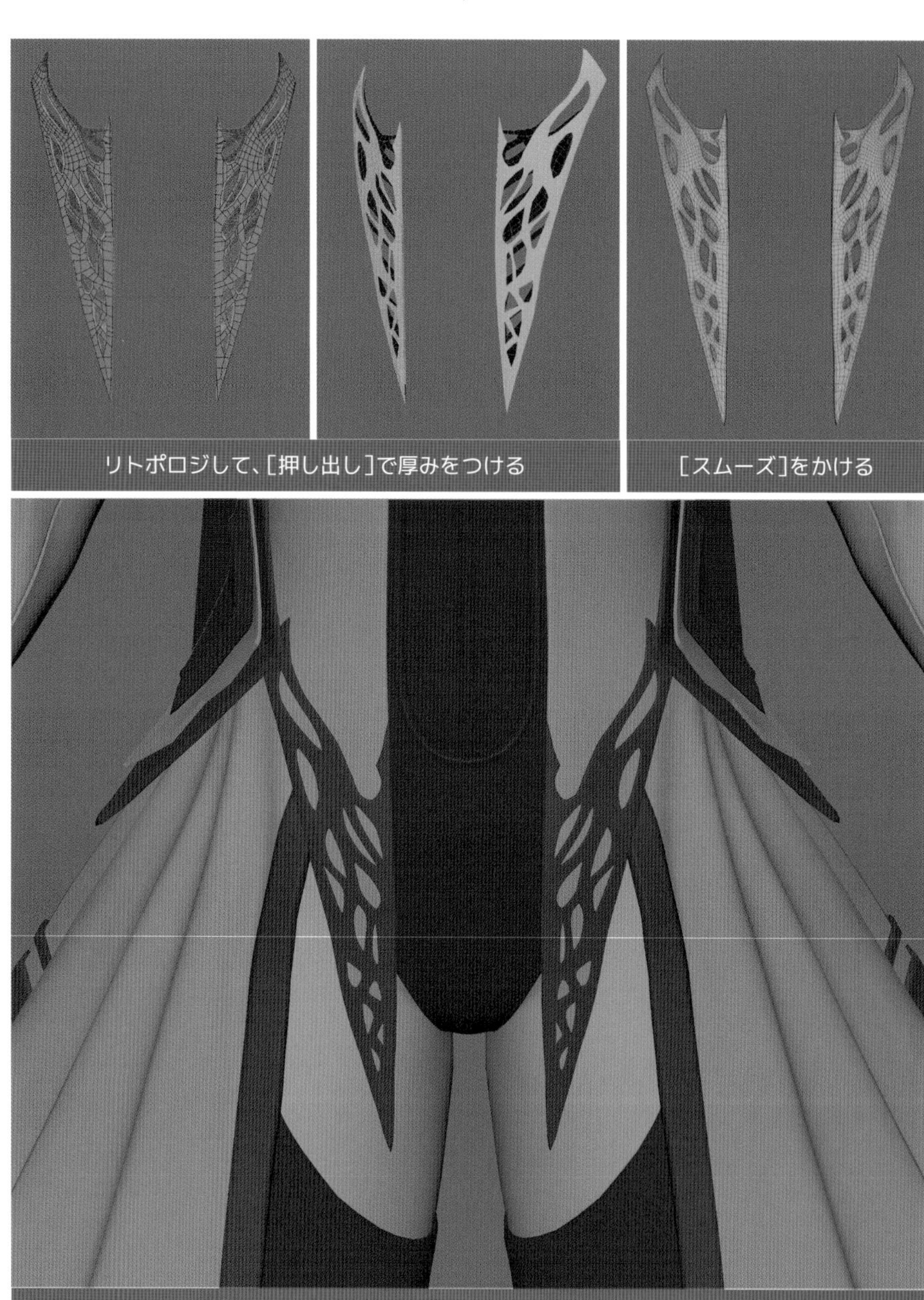

リトポロジして、[押し出し]で厚みをつける

[スムーズ]をかける

キャラクターに適用した衣装の装飾

このように、マスクを使った方法を応用すれば、ポリゴンモデルで時間のかかっていた作業をスピードアップさせることができます。

10 モノクル(片眼鏡)

01. Mayaの**[メッシュツール]→[ポリゴンの作成]**を使い、前面ビューで眼鏡のふちの形状を作ります。ある程度フレームができたら、レンズをつけましょう。赤い部分を作ってアクセントをつけ、パーツを加えながら、ディテールを作り込みます。

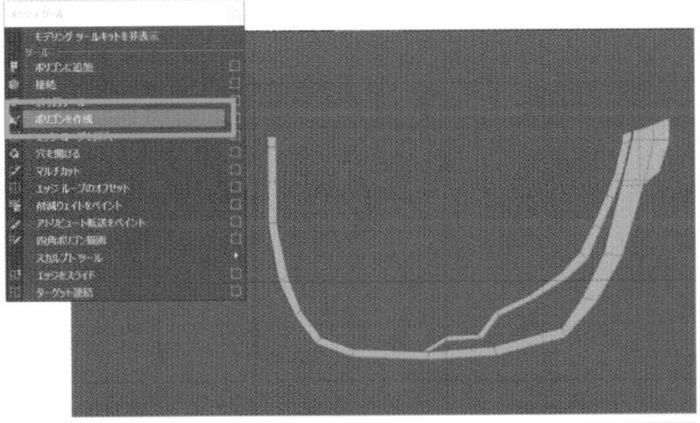

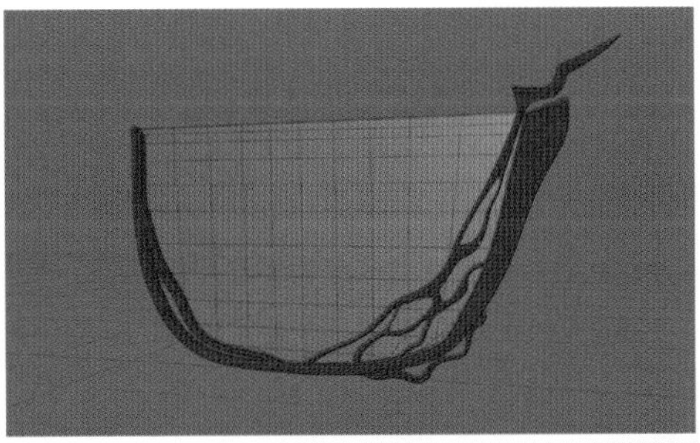

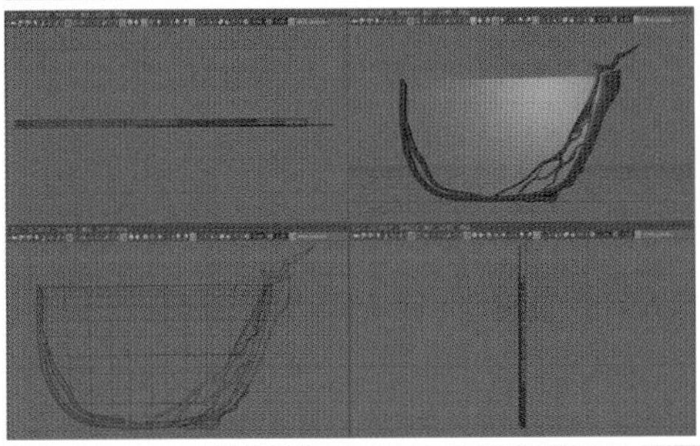

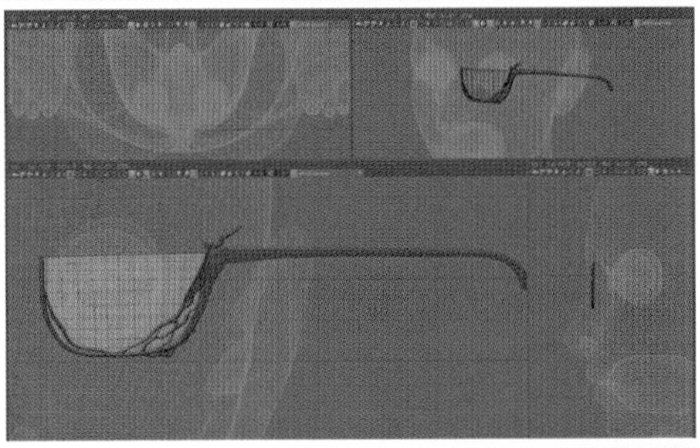

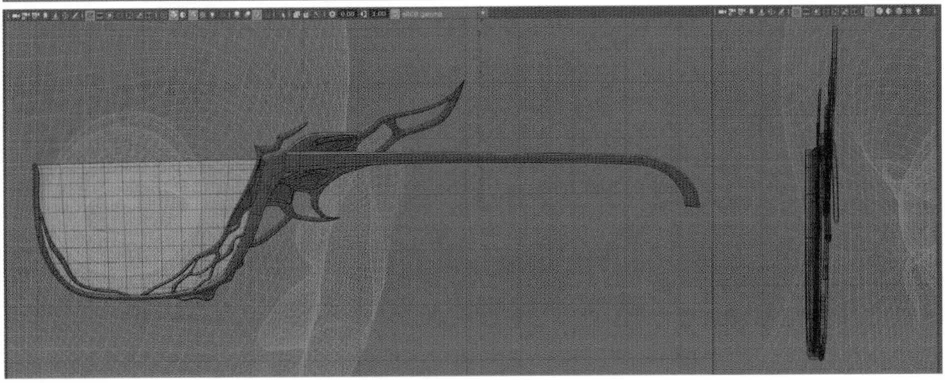

02. **[デフォーム]→[ラティス]**で変形させ、違和感のないように形を整えていきます(この後も作業を続け、眼鏡のフレームにもう少しディテールを加えました)。

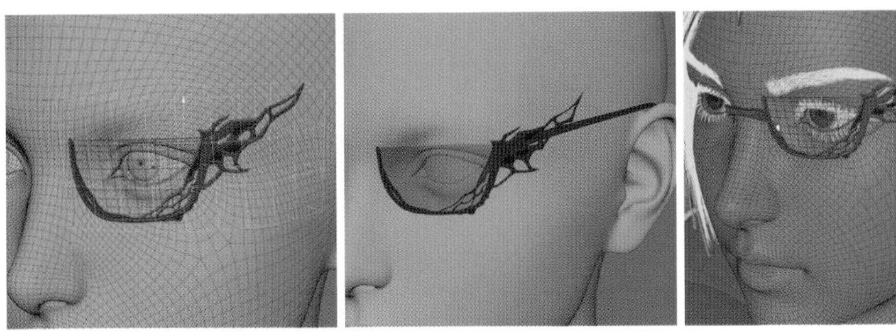

11 モノクルのチェーン

MayaのMASH機能でモノクルのチェーンを作成します。その前にチェーンをひっかける部分のオブジェクトを作ります。

01. まず、リングを1つ作成します。チェーンのように同じパーツがいくつも連なるオブジェクトでは、先にUV展開します。次に、図のようにチェーンをつける場所にカーブを描きます。

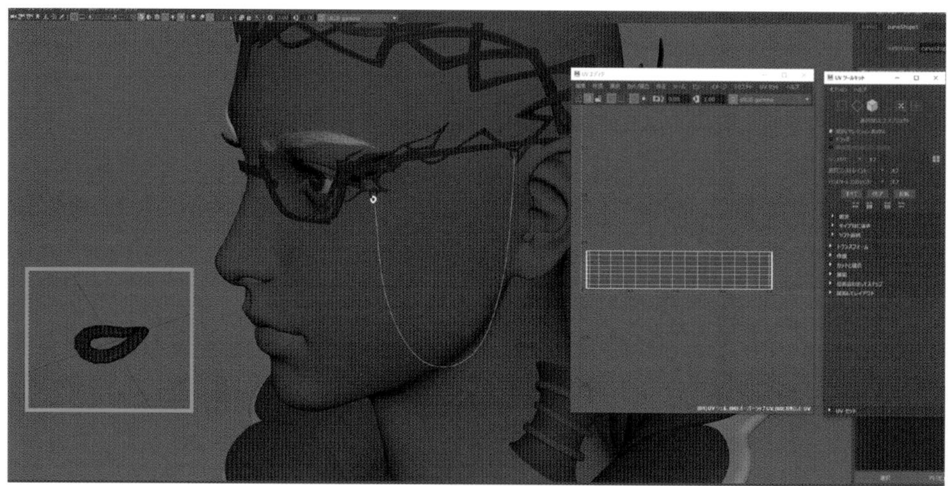

02. 原点にチェーンのパーツを置いて、[MASHネットワークを作成]を押します。すると、図のようにチェーンのモデルが並びます。

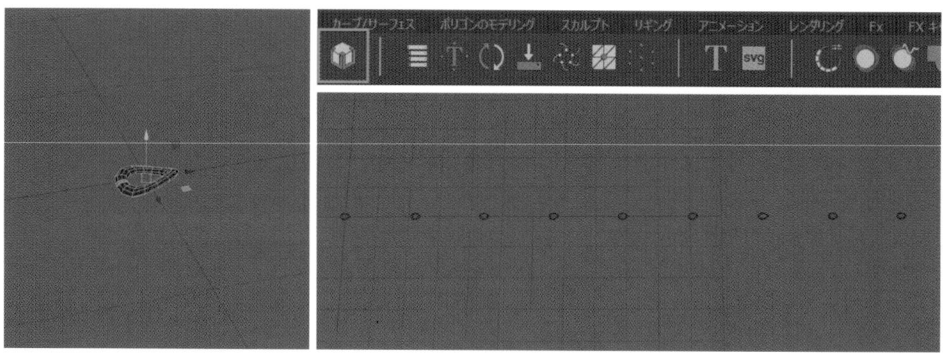

03. [MASHエディタ]を押します。

04. [MASHエディタ]のアトリビュートエディタにMASHノードが表示されるので、一覧から[Replicator]を追加します。

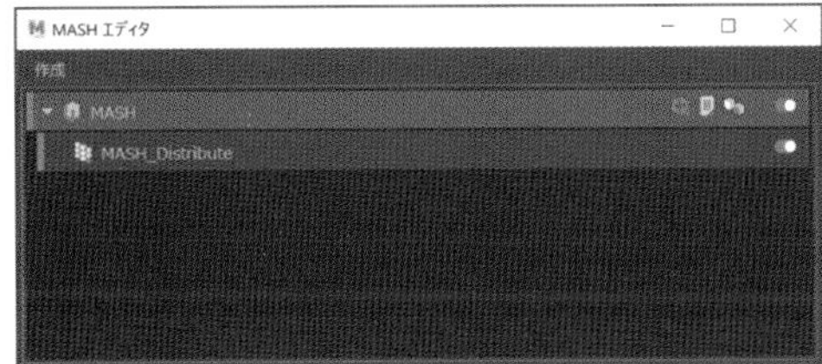

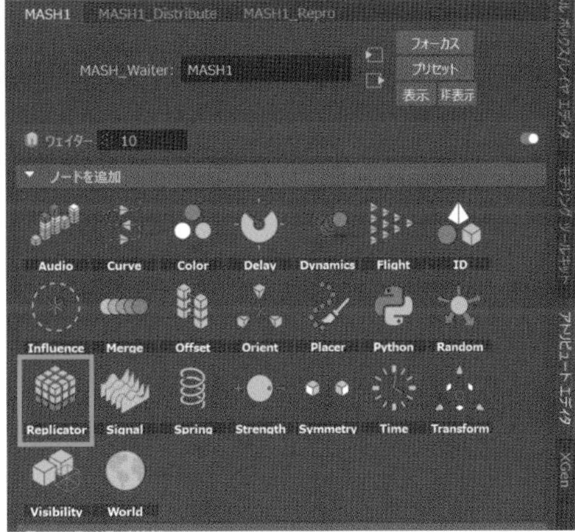

05. [Replicator]ノードの設定を一旦、図のように設定します。

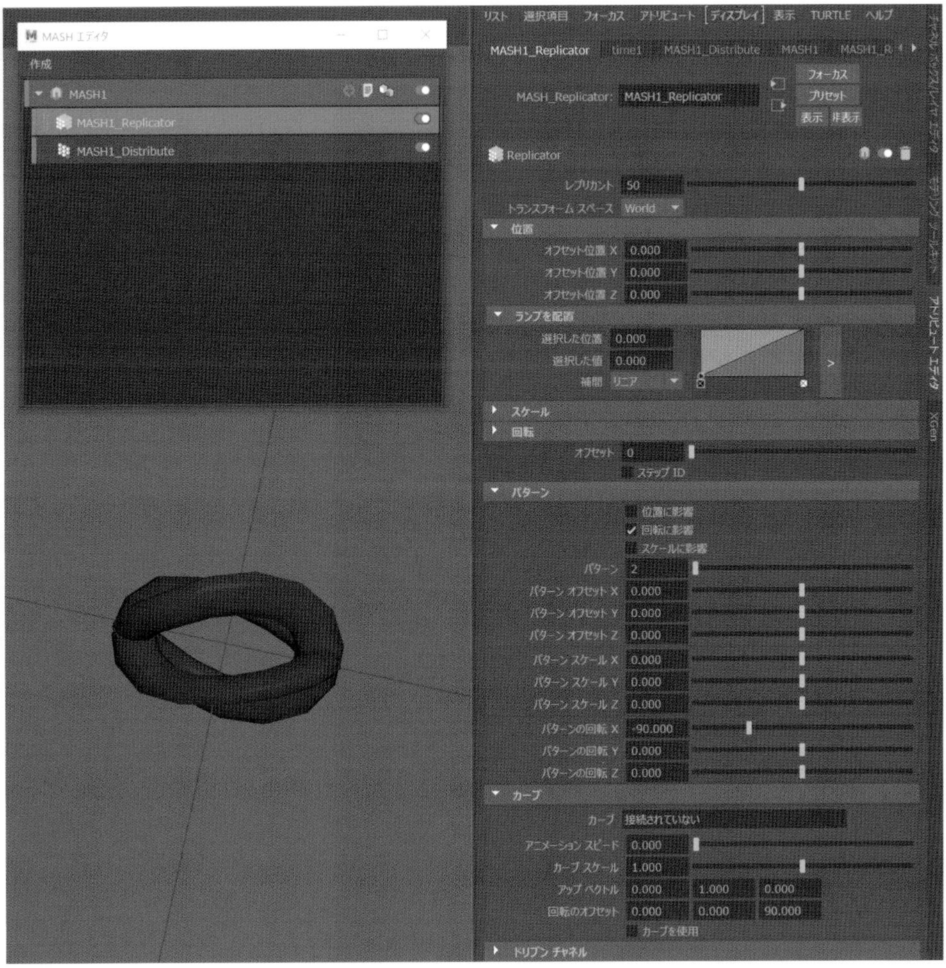

06. さらに一覧から［Curve］を追加し、［入力カーブ］の空白欄に、［アウトライナ］からカーブノードをドラッグ＆ドロップします。すると、チェーンがカーブに沿って配置されます。

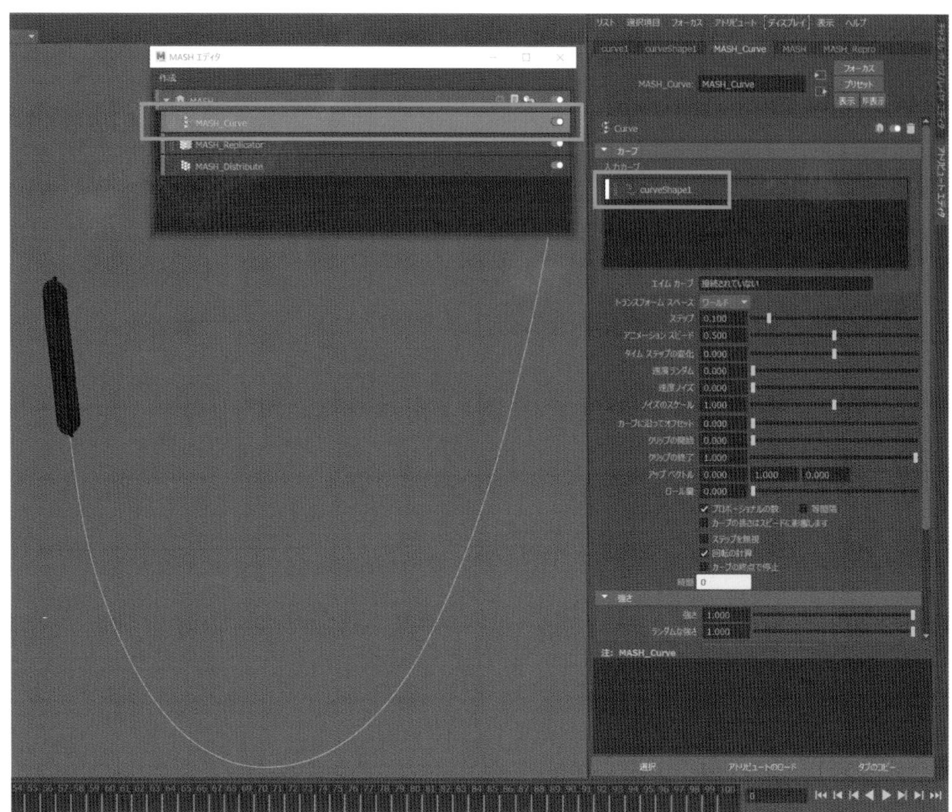

07. ［ステップ］を**1.0**に設定。チェーンがカーブ全体に広がります。

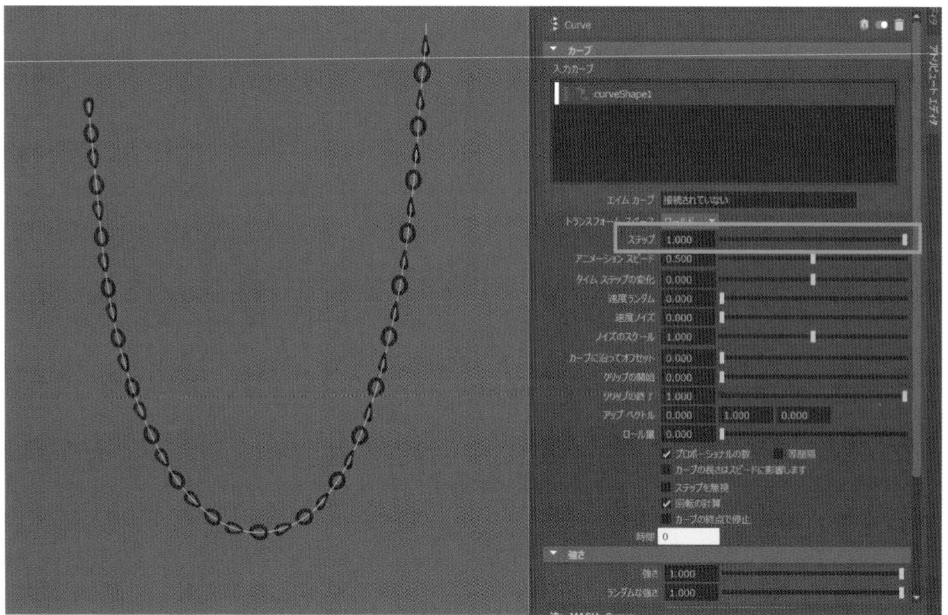

08. チェーンの間に隙間ができてしまうので、［レプリカント］の値を調整しましょう。今回は**82**にします。

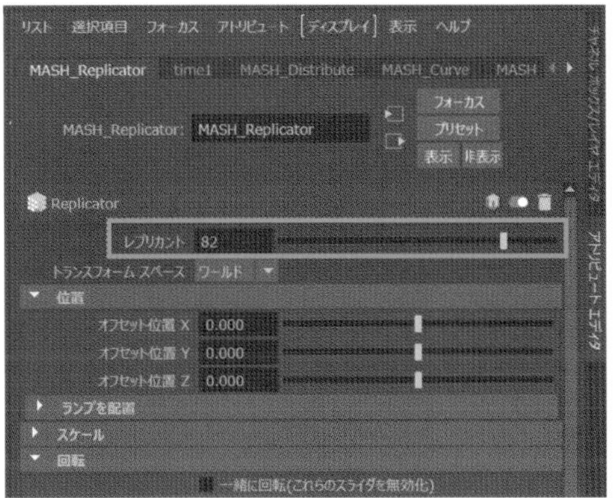

09. カーブの最後の方の回転が弱くなっています。この場合、［MASH Curve］の右のスイッチを一旦オフにして、再びオンにします。すると、すべてのチェーンの方向が正しくなります。

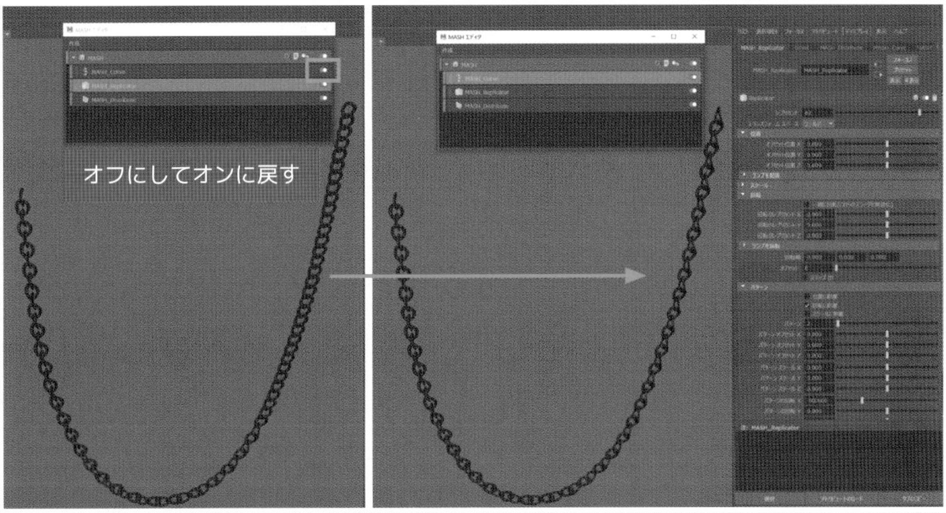

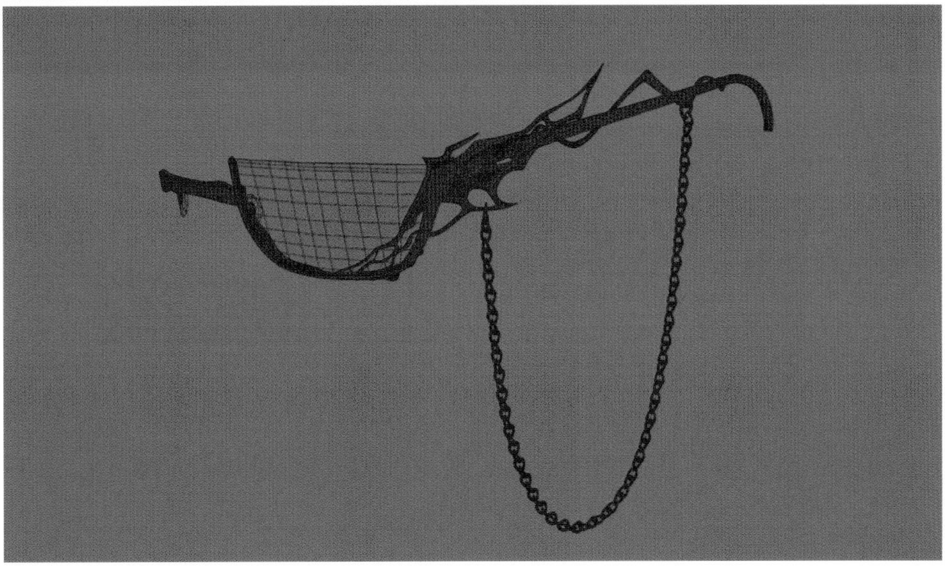

12 グローブ

01. デザイン画を元に作っていきます。[ライブ]モードにして、手にポリゴンを貼ります。後で手のひらと手の甲の境目に「継ぎ目」を作成するので、それを想定したポリゴンの流れにします。

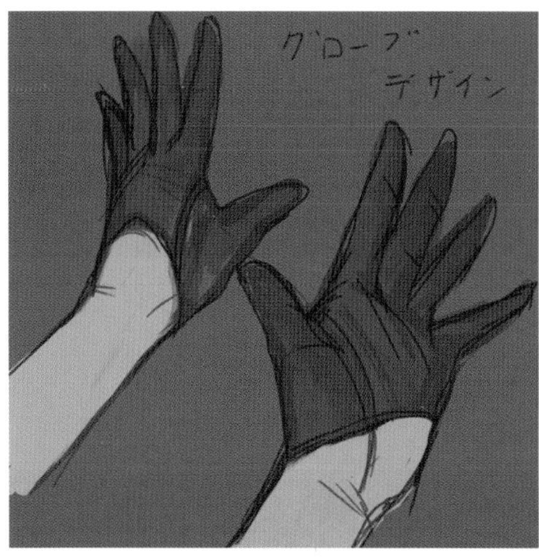

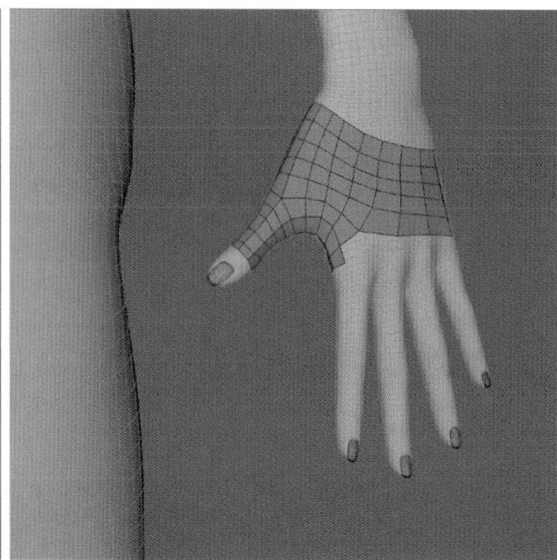

02. 手のひらと手の甲の継ぎ目に溝をつけやすくするため、図のようにポリゴンを貼ります。

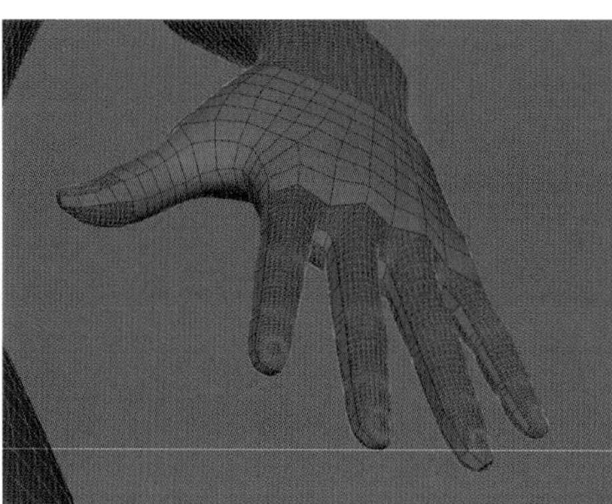

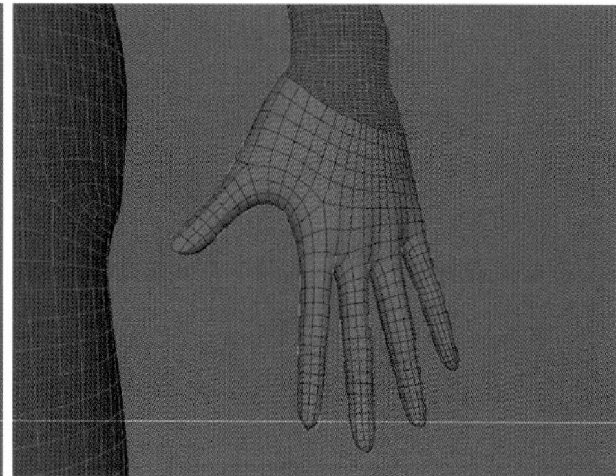

03. [ライブ]モードをオフにします。厚みをつけるため、[押し出し]ツールで押し出し、見えない部分は消します。

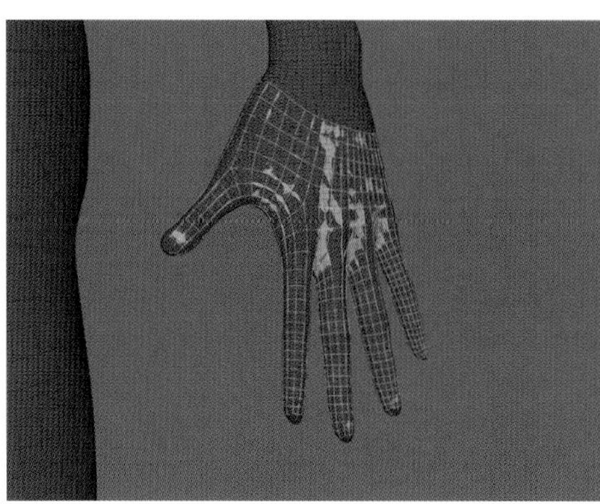

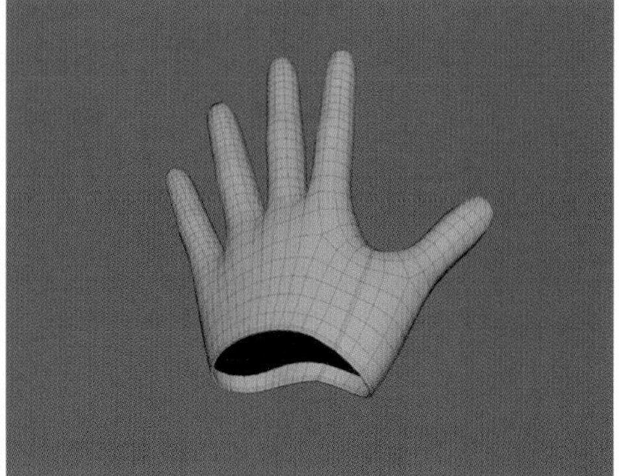

04. [スムーズ]をかけて、ディテールを追加しましょう。ここでは、手のひらと手の甲の境目に「継ぎ目」を作成します。あとでさらに作り込むので、ひとまず、ここまでにします。

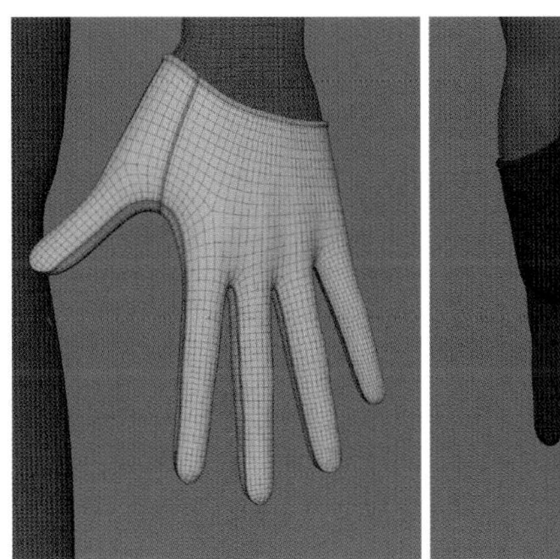
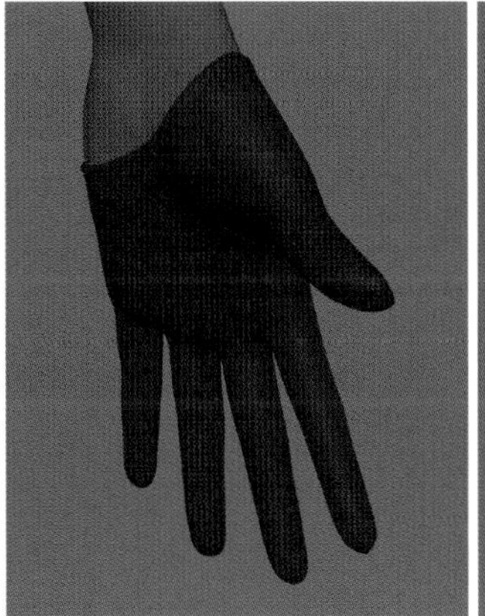
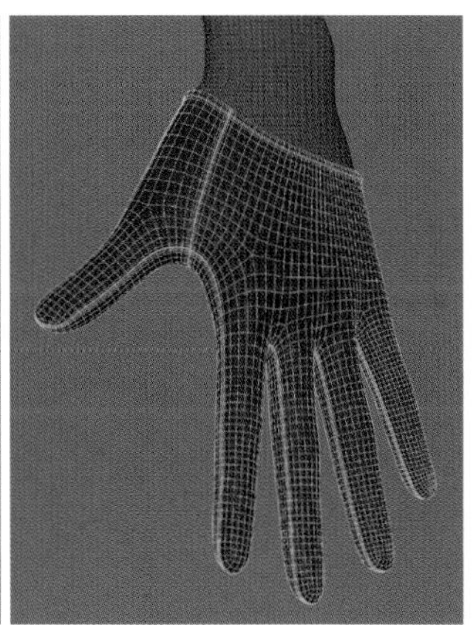

13 ベルト

デザイン画を基に、肩と胸の金属パーツ、それらを留めるベルトを作ります。今回は作りながらデザインを変えていきました(自主制作なら、デザインを変えつつ進めてもOKです)。ボックスから作ることもありますが、モノクルのように[ポリゴンを作成]ツールで、最初からデザインどおりにポリゴンで形作る方が早い場合もあります。

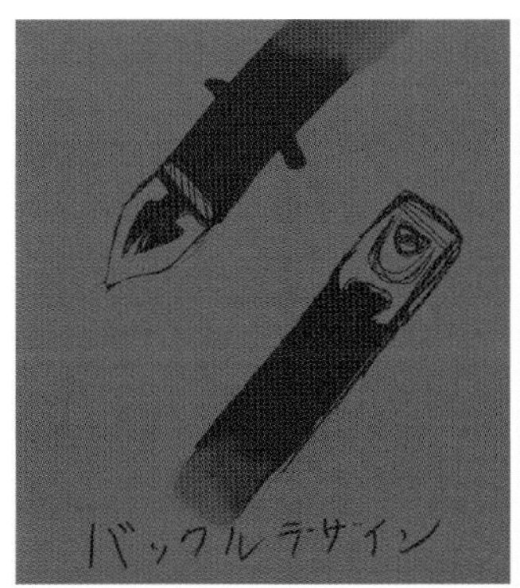

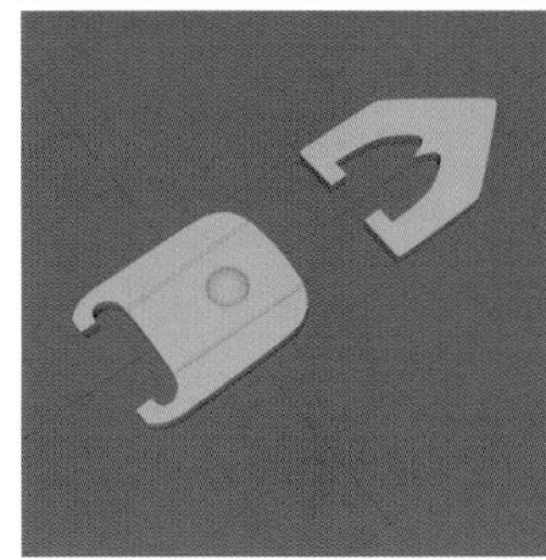
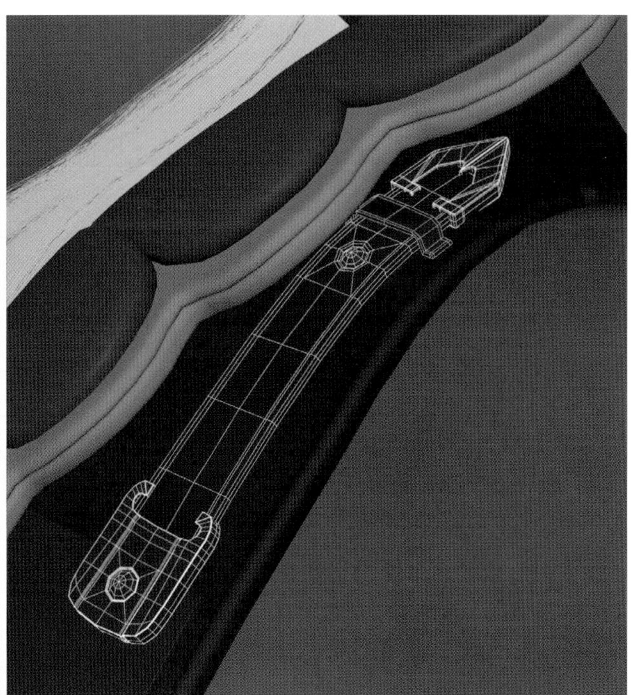

衣服を作成する際は、**実際に着ることをイメージしてパーツ(留め具や紐など)を作ると、説得力が増し、リアルな仕上がりになります。**

14 ファスナー

ネットで検索しながら、ボックスから作りました。ファスナーには「つまみ」や、つまみがはずれないようにする「ストッパー」があるので、それらも作成します。

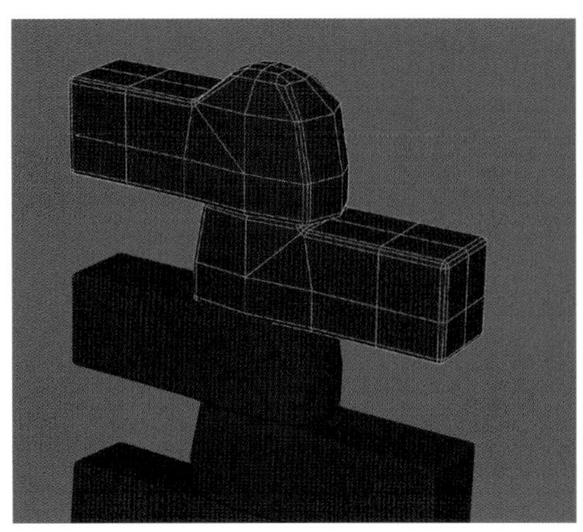

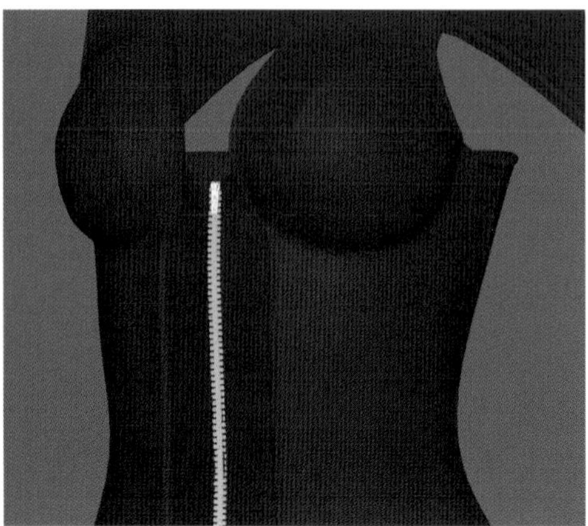

15 UV展開

1つのUV上にさまざまな質感が入ってくると、テクスチャ作成が難しくなります。「金属」「布」といったように、素材が似ているもの同士でUVをまとめるとよいでしょう。

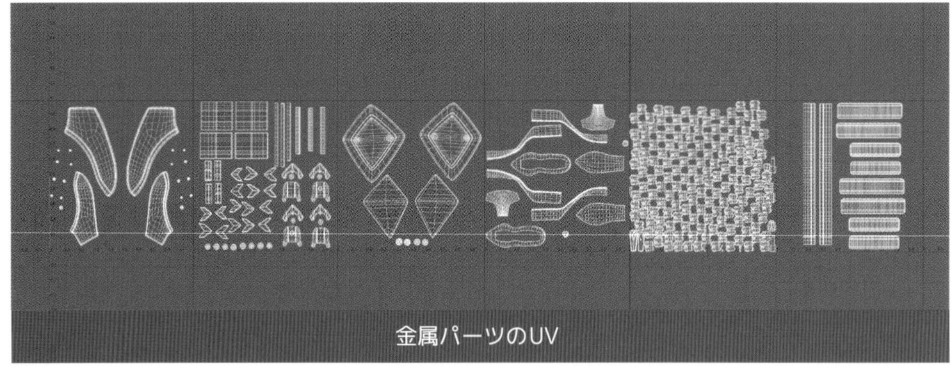

金属パーツのUV

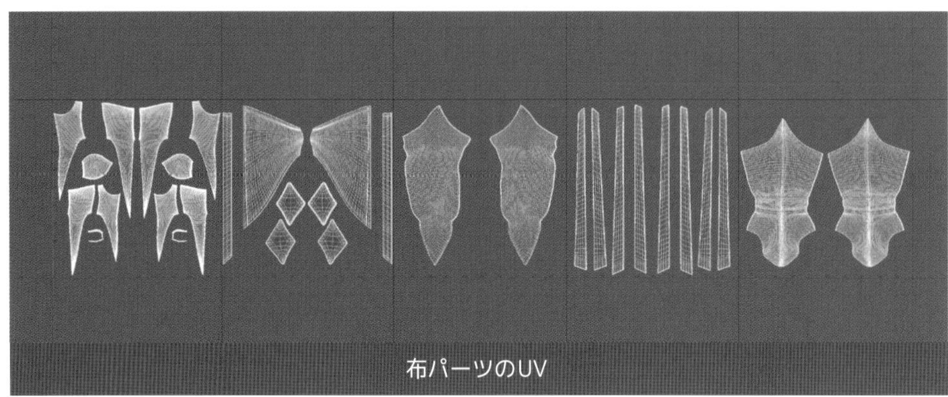

布パーツのUV

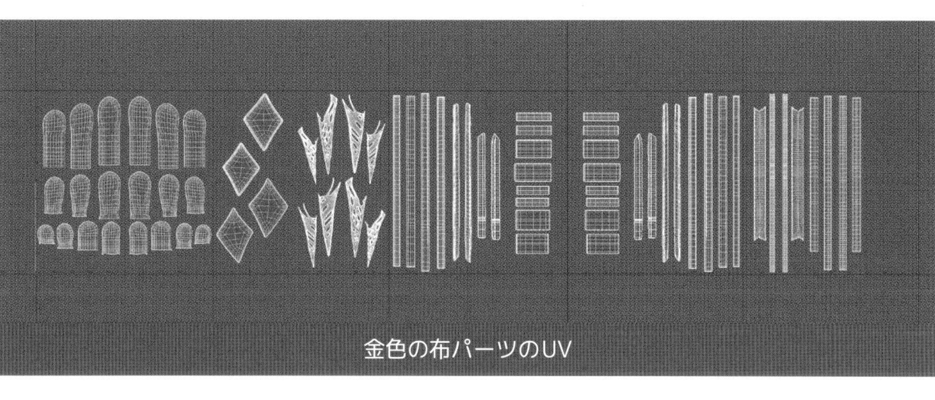

金色の布パーツのUV

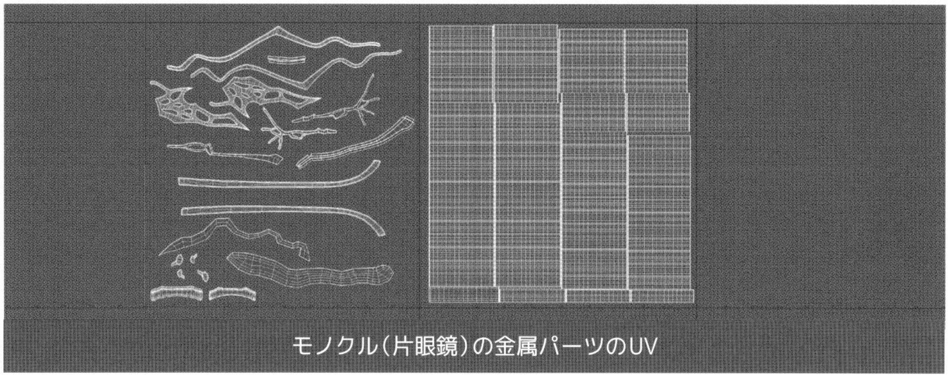

モノクル（片眼鏡）の金属パーツのUV

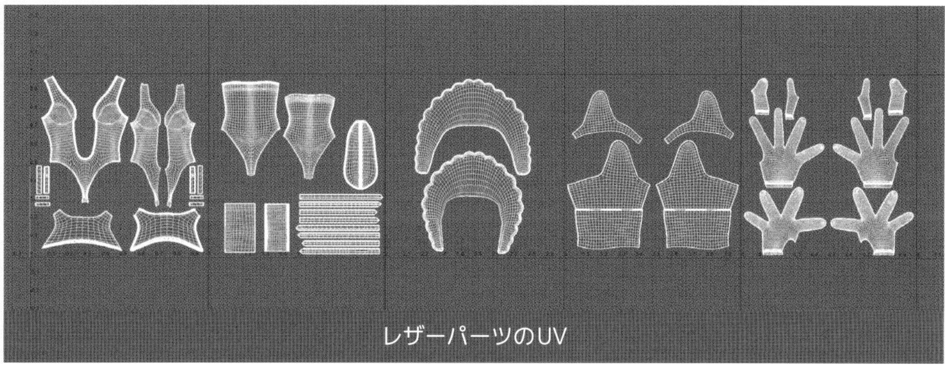

レザーパーツのUV

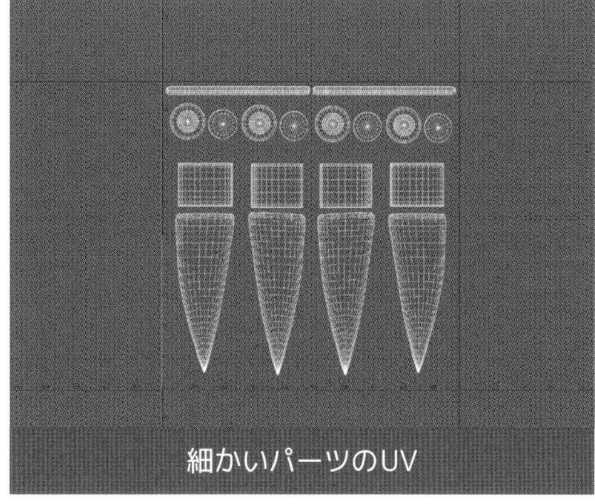

細かいパーツのUV

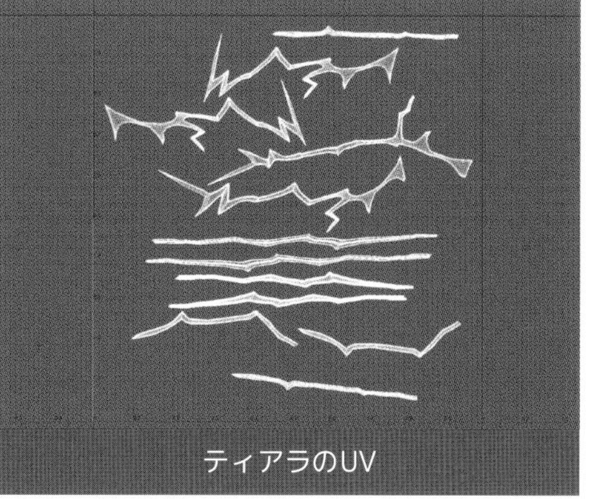

ティアラのUV

16 ディテールを作り込む

ZBrushでしわなどのディテールを追加します。実際のシーンに配置して、不自然ではないか確認しましょう。実在するものを作る際は、必ず資料を集め、そこからアウトプットします。資料の保管には、カテゴリ分けできるPinterest がおすすめです。

経年劣化やしわをつける際、デザイン画に近い見本がないこともあります。そのようなときは、頭の中でシミュレーションしなければなりません。**常日頃からよく観察して観察眼を養い、参考になりそうな資料を集めておくと役立つでしょう。**布やレザーのしわは「ひし形」を意識しながら作るとリアリティが増します。またMayaのシーンに配置して、自然に見えることを確認しながら、ディテールを作り込んでいきます。

ブーツのディテール

集めた資料を元に、しわのディテールを追加します。

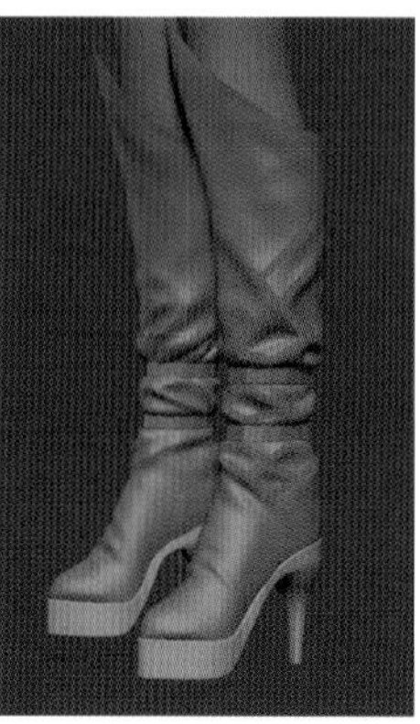

グローブのディテール

資料を見ながら、適切な場所にしわをつけ、縫い目を加えます。縫い目の作成には、ZBrushの[StitchBasic]ブラシを使っています。

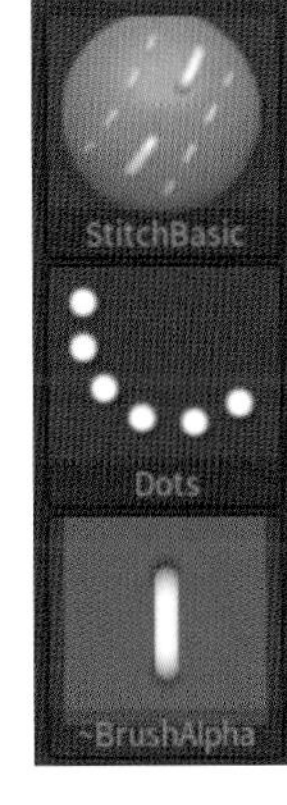

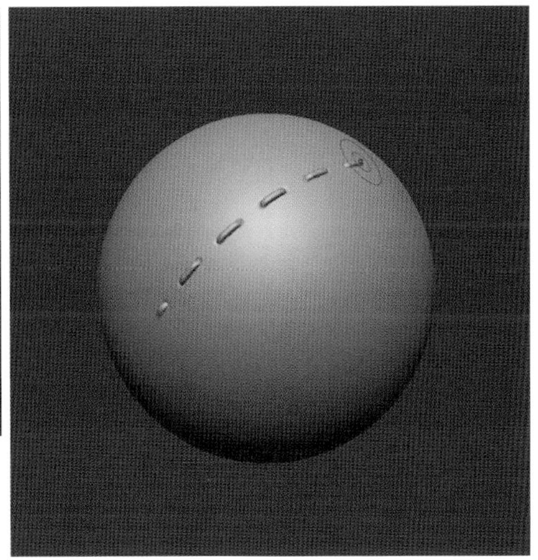

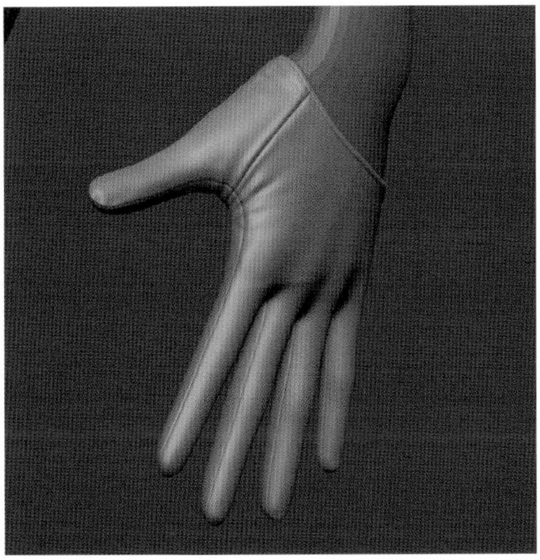

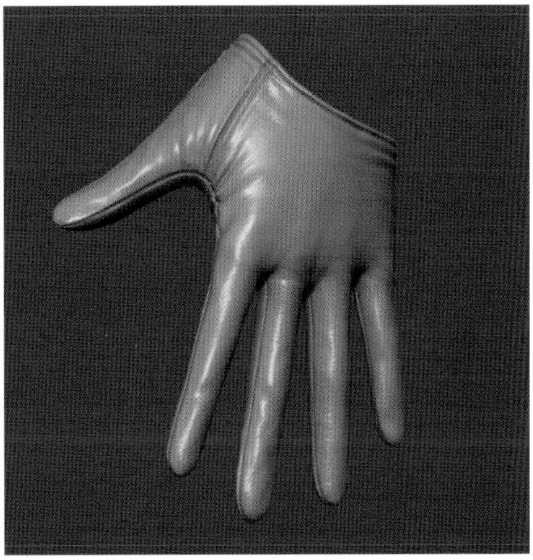

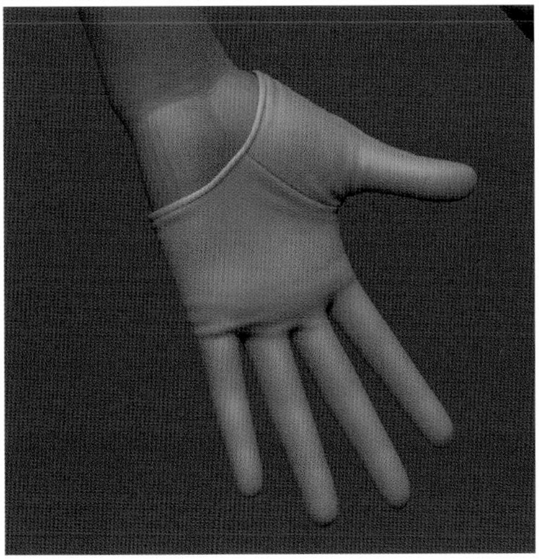

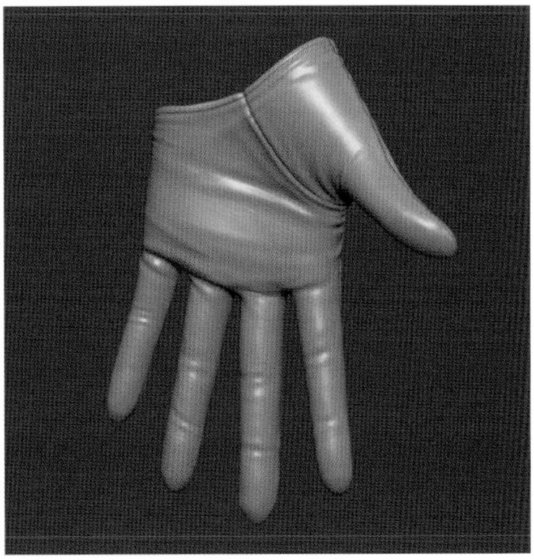

衣装全体のディテール

しわが嘘っぽくならず、全体的にうるさくならないように気をつけます。頭の中でシミュレーションしながら、ディテールを追加しましょう。

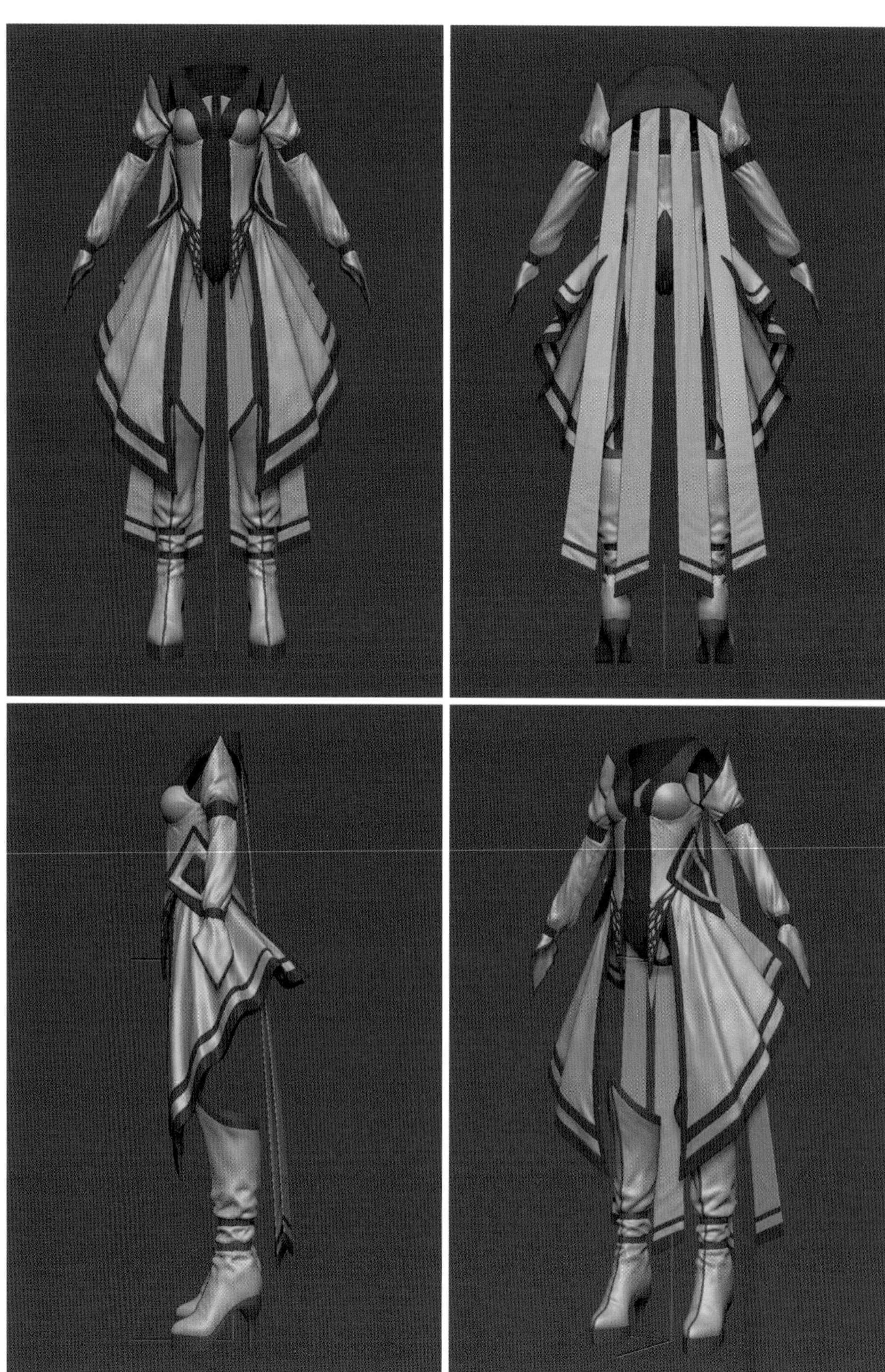

Chapter 04

テクスチャの作成

Substance 3D Painter を使用したテクスチャの作成手順、そして、ZBrush との併用による衣装の作成テクニックを紹介します。

01 Substance 3D Painterを使ったテクスチャ制作

まず、サンプルモデルでSubstance 3D Painterを使用したテクスチャの作成手順を紹介します。この手順を参考にして、キャラクターのテクスチャ作成に役立ててください。

01. シンプルなローポリモデルとZBrushで傷のディテールをつけたハイポリモデル(※UV展開済み)の2つを用意します。また、前もってZBrushで傷をつけたモデルから「ディスプレイメントマップ」を出力しておきます。

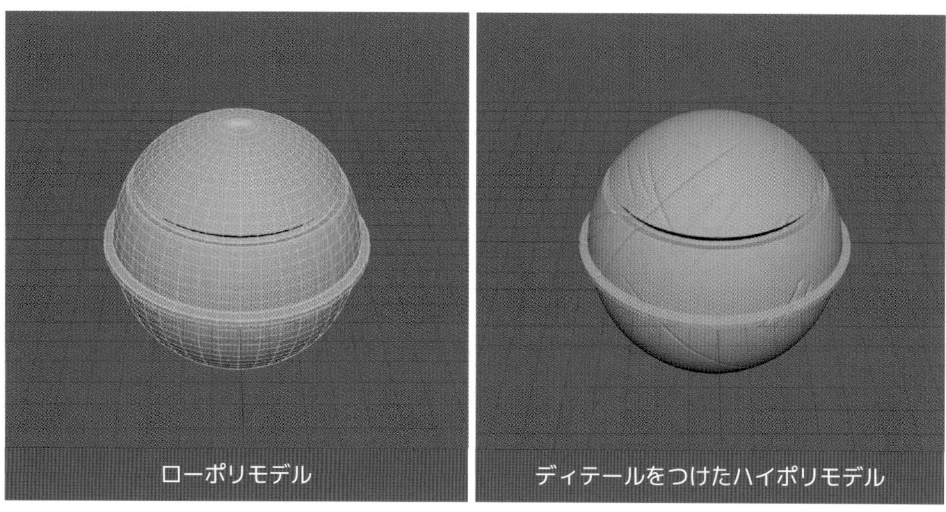

02. ローポリ、ハイポリの2つのモデルをobjもしくはFBX形式で書き出し、Substance 3D Painter に読み込みます。**[ファイル]→[新規]** を選択、[新規プロジェクト] ウインドウを開き、図のように設定して[OK]をクリックします。

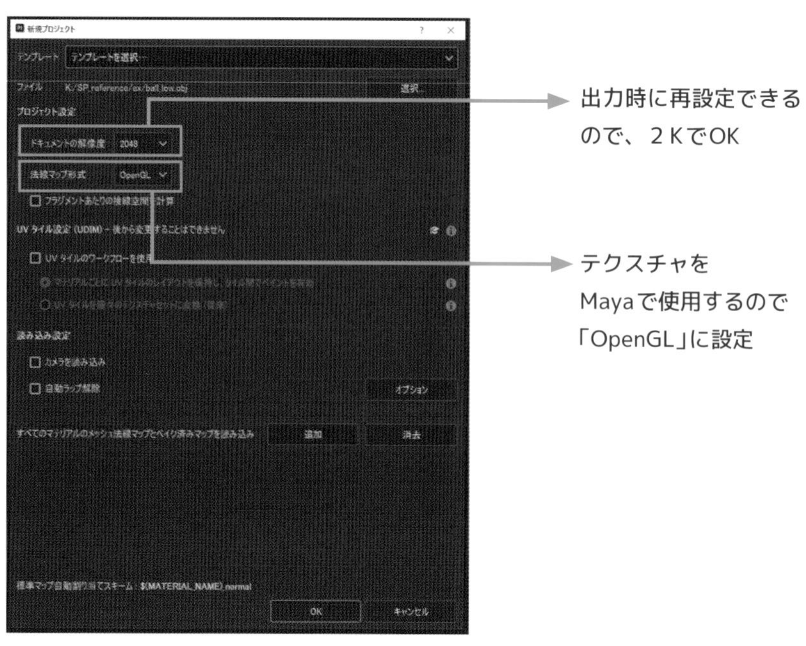

03. 既定の設定では、左にパースペクティブ、右にUV画像が表示されます。

04. ［メッシュマップをベイク］を押し、［ベイク処理］ウインドウを出します。［高精細メッシュ］セクションにディテールをつけたハイポリモデルを設定し、［テクスチャをベイク］を押します。

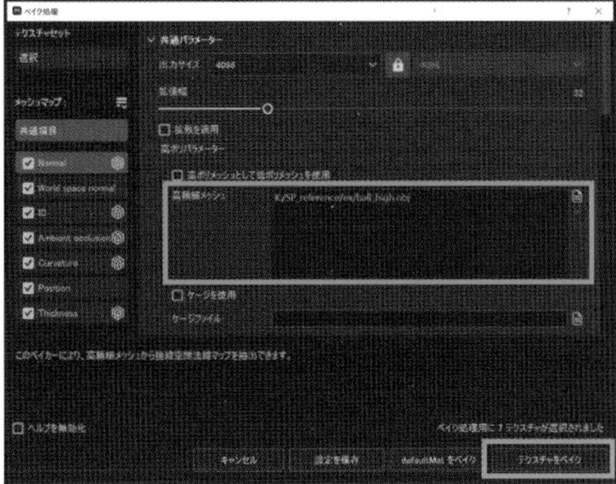

05. ハイポリモデルから取得したディテールを基に、ソフトウェアが自動でローポリモデルにディテールをつけます。

レイヤー テクスチャセットの設定
アンビエントオクルージョンのミキシング
UV パディング 3D スペースネイバー
メッシュマップ
メッシュマップをベイク
Normal メッシュからの法線マップ defaultMat
World space normal ワールド空間法線 defaultMat
ID メッシュからのカラーマップ defaultMat
Ambient occlusion メッシュからのアンビエントオクルージョンマップ defaultMat
Curvature メッシュからの曲率マップ defaultMat
Position 位置 defaultMat
Thickness メッシュからの厚みマップ defaultMat

06. ベースマテリアルを決めましょう。今回は[Iron Pure]を選択、ドラッグ&ドロップして[レイヤー]に追加します。

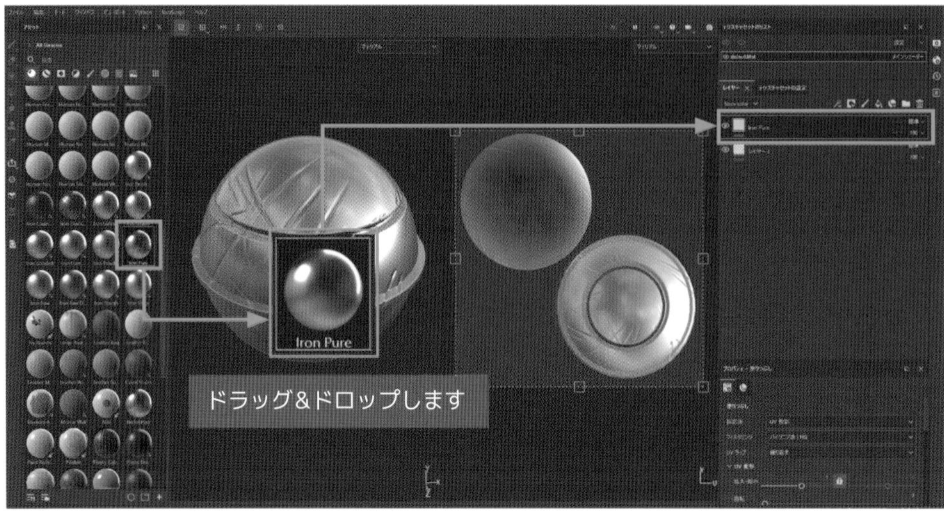

07. [Iron Pure]レイヤーの上に[塗りつぶしレイヤー]を追加し、カラーを選択します。

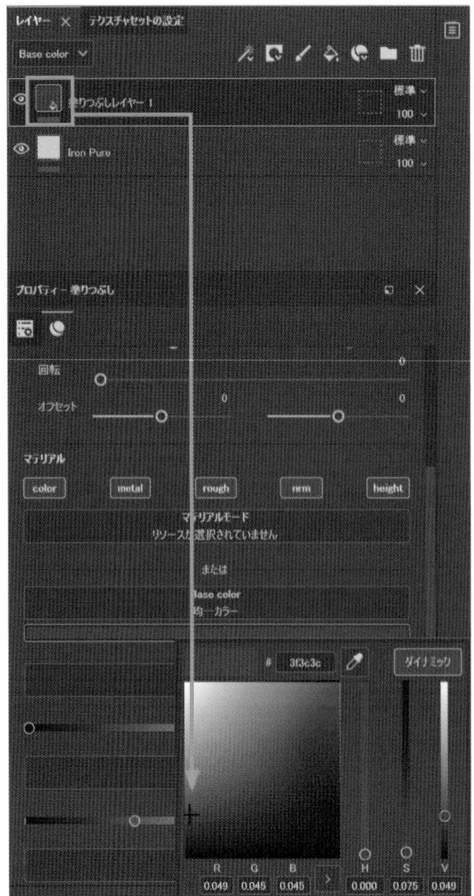

08. [塗りつぶしレイヤー]で[黒のマスクを追加]を選択します。続けて、黒のマスクの上で右クリック、リスト表示から[ジェネレーターを追加]を押します。

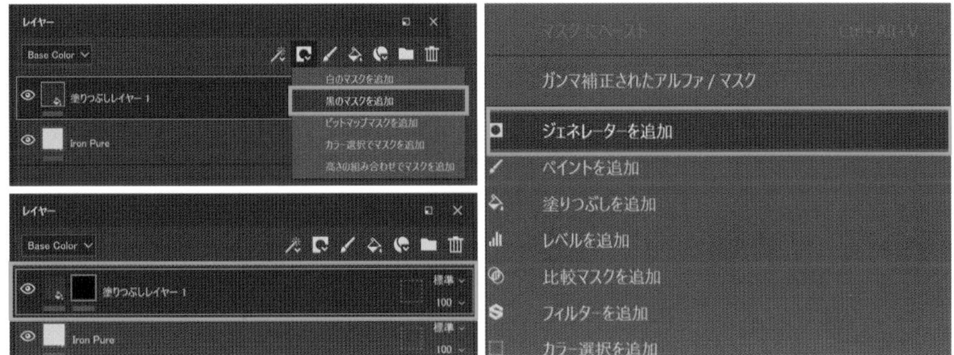

09. リストからオブジェクトにつけるディテールに合ったジェネレーターを選択します（今回は[Dirt]を選択）。これにより、少しパラメータを調整しただけで、形状に合った汚れがつきます。これはソフトウェアが凹凸などの情報を計算して、汚れ用のマスクをつけたからです。

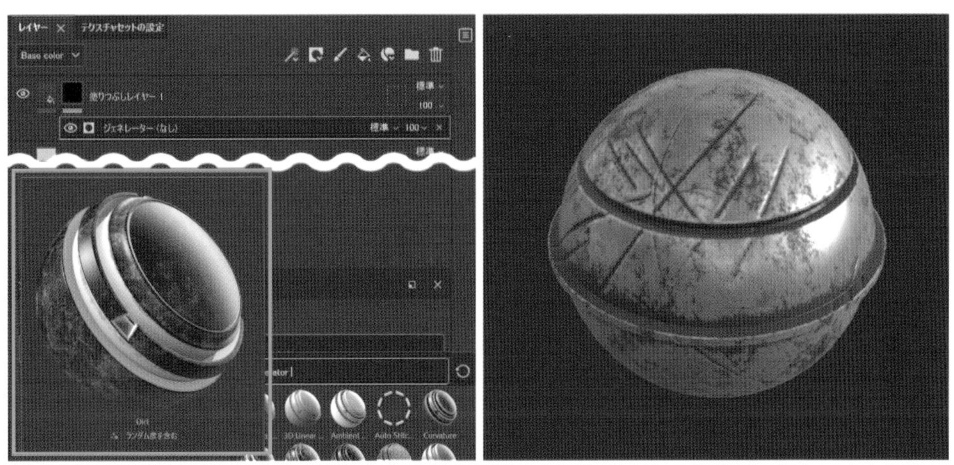

10. 同じ要領でさらにレイヤーを追加し、塗りつぶします。今度は[マスク]を使って、オブジェクトのエッジ部分にダメージをつけ、パラメータを調整します。

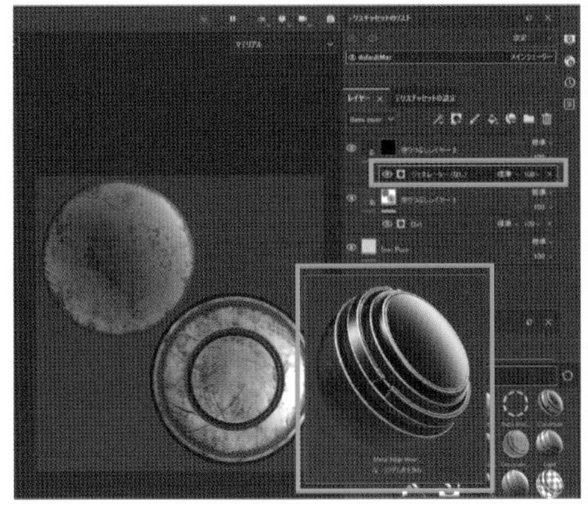

11. マスクにブラシ塗りして、微妙な質感を表現しましょう。ソフトウェアの自動計算によって作られた不要な「汚れ」「傷」「黒墨」を消し、「不自然さ」を解消します。

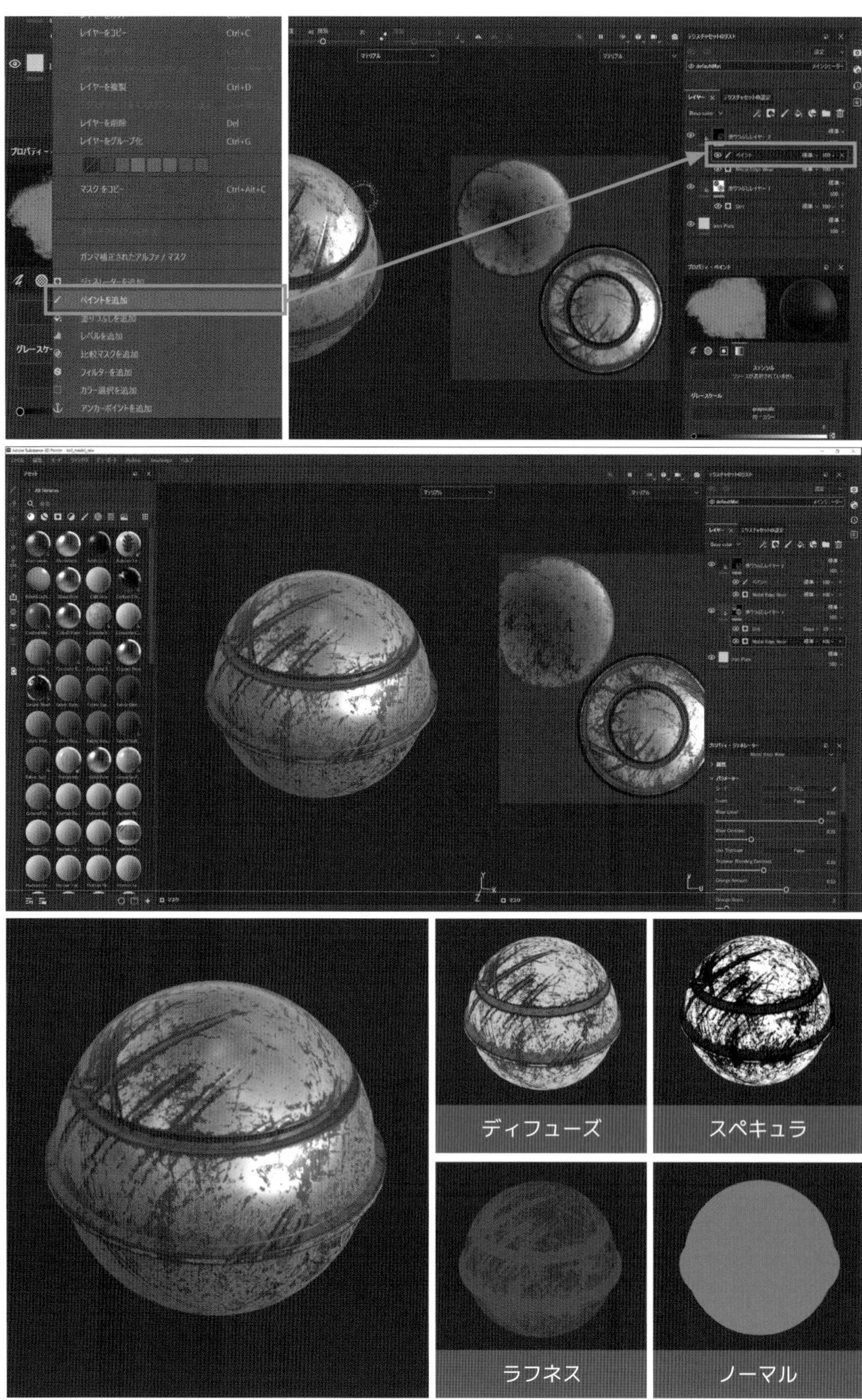

12. Substance 3D PainterからMayaへテクスチャを書き出します。**[ファイル]→[テクスチャを書き出し]**を押し、「保存先ディレクトリ」「出力テンプレート」「ファイルの種類」を設定します。今回は[Arnold(AiStandard)]を選択、不要なテクスチャを消して、新たに「Arnold(AiStandard)_copy」というプリセットを作成しました。

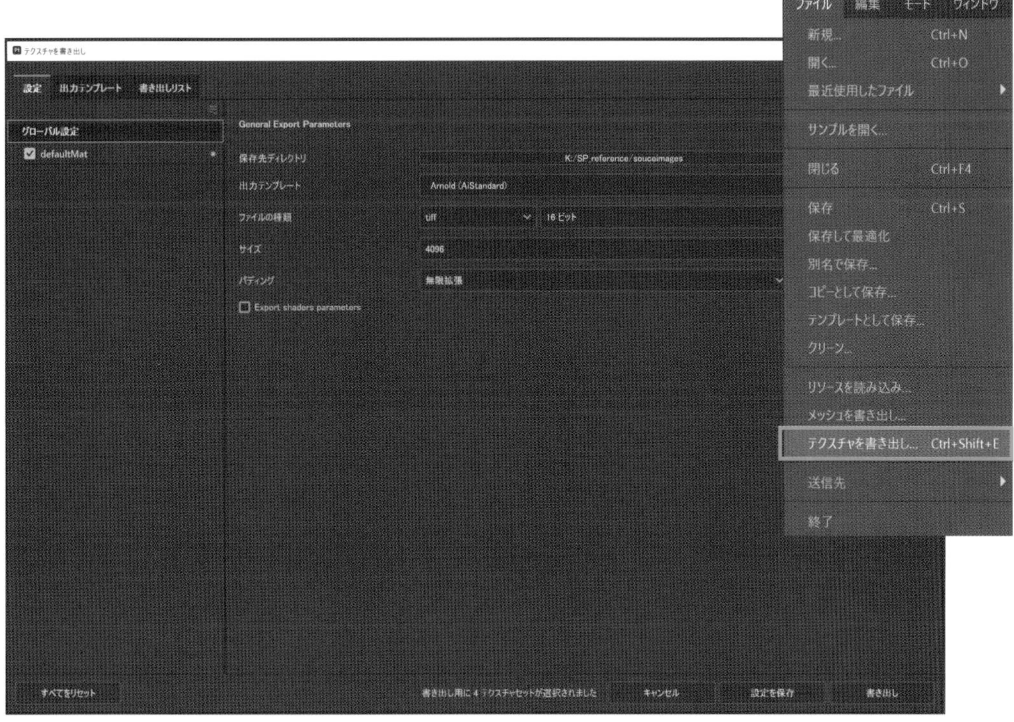

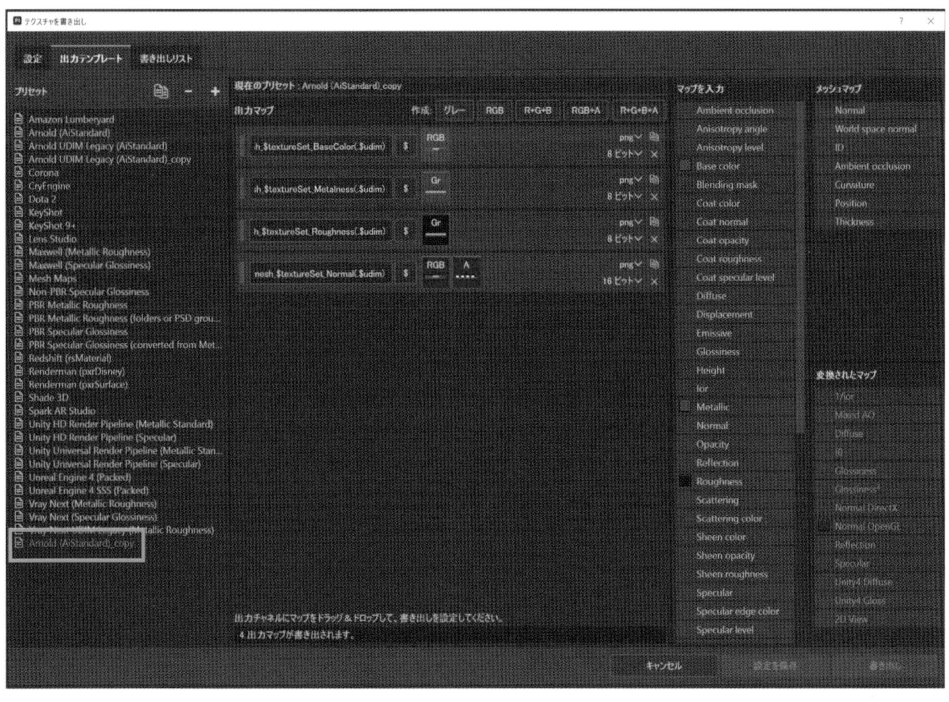

13. 準備が整ったら、[書き出し]ボタンを押します。書き出すテクスチャは、BaseColor(ディフューズ)、Metalness(スペキュラ)、Roughness(ラフネス)、Normal(ノーマル)の4枚です。※名前はわかりやすいように変更しています。

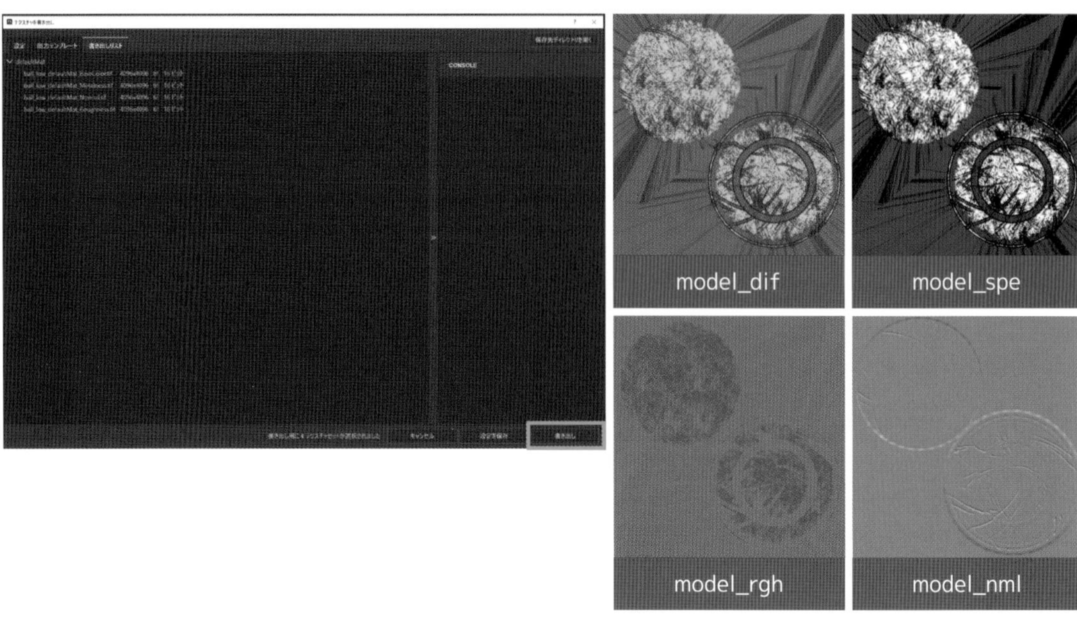

14. 書き出したテクスチャをMayaでオブジェクトに適用します。また、最初に前もって出力しておいたディスプレイスメントマップ(model_dis)も、ここで適用します。

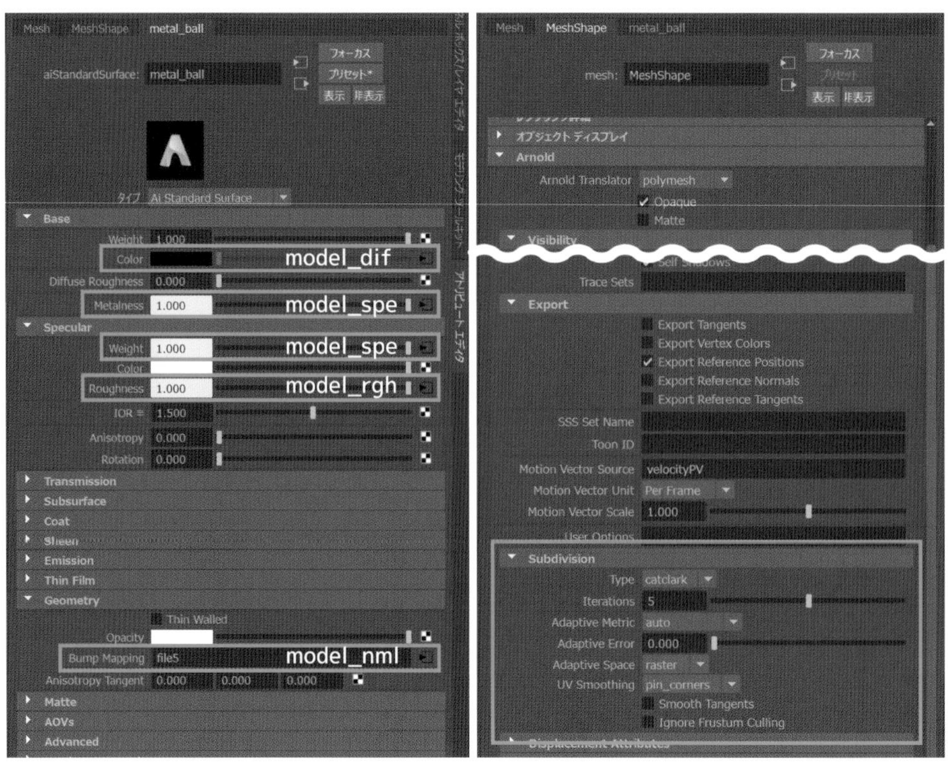

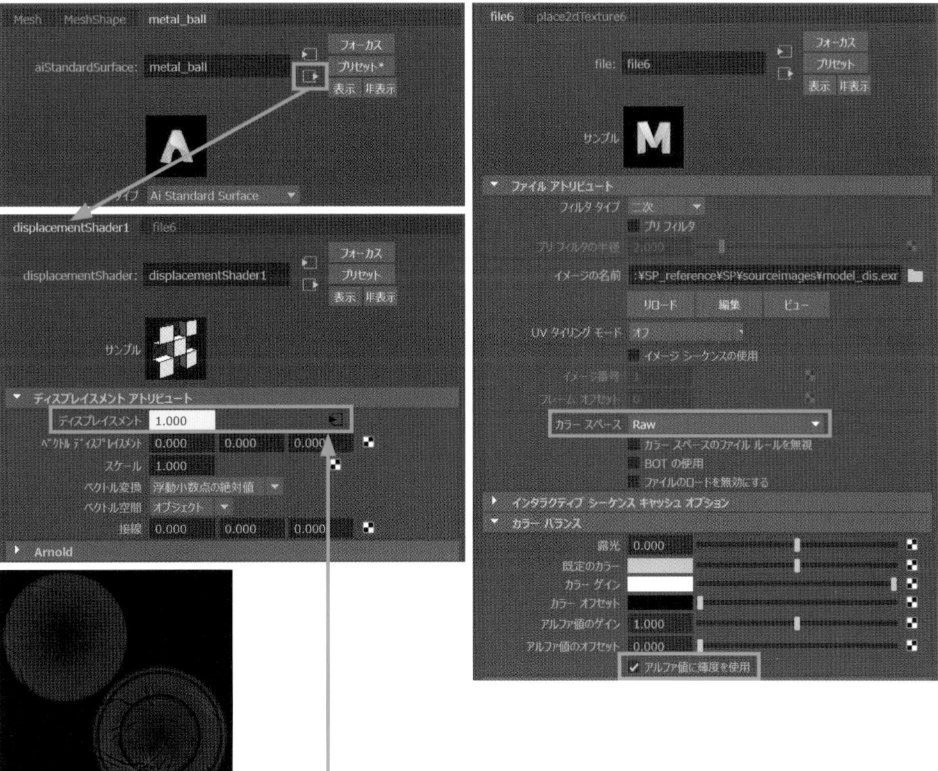

15. 結果は図のようになりました(Substance 3D PainterとMayaでは、レンダリング環境が異なります)。さらに質感にこだわるなら、[Supecular weight]や[coat]にもテクスチャ(Photoshopで[model_spe][model_rgh]をベースに編集して作ったもの)を適用するとよいでしょう。

HDRIを使いレンダリング

02 ネックパーツのテクスチャ作成

次は実際のキャラクター衣装で、Substance 3D PainterとZBrushを使ったテクスチャ作成を解説します。まず下準備として、モデルデータをMayaからFBX形式で書き出しておきましょう。

01. Substance 3D Painterで**[ファイル]→[新規プロジェクト]**を作成、[選択]ボタンをクリックして、FBXデータを読み込みます。

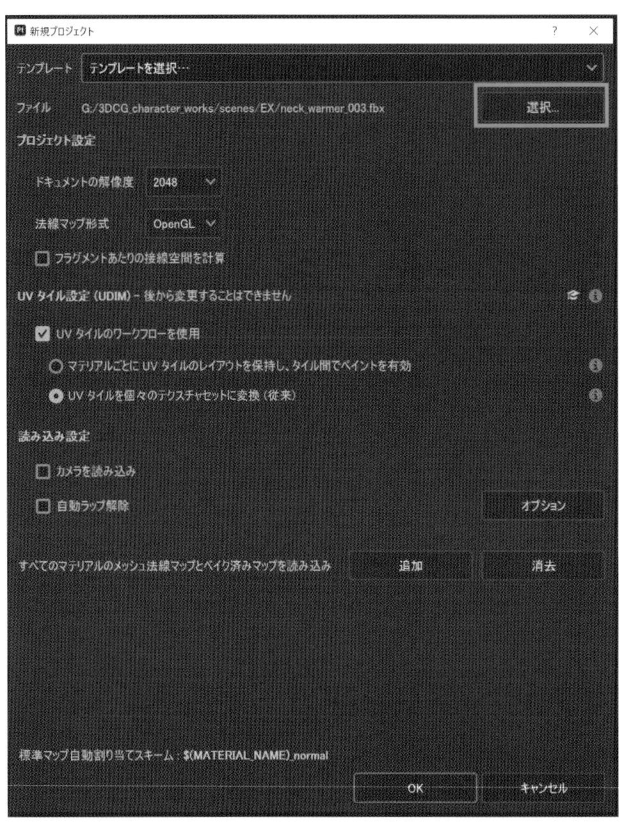

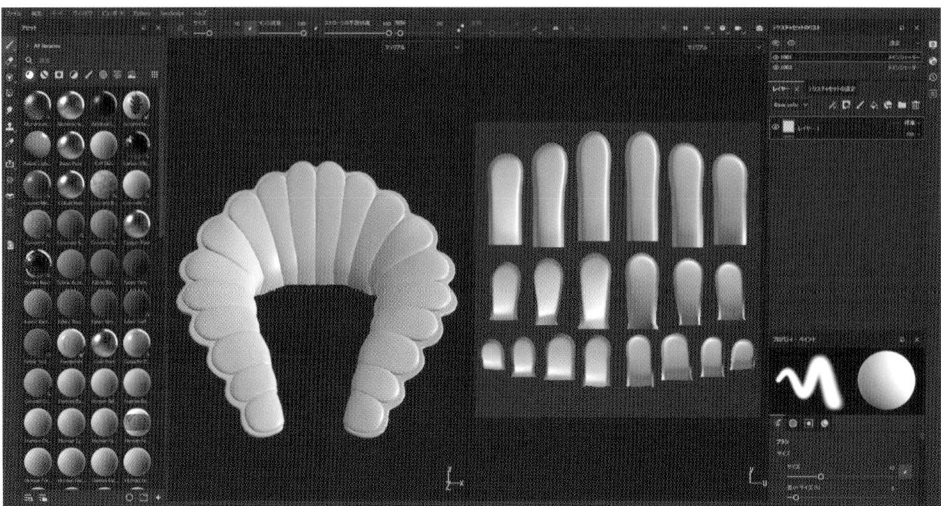

02. ［テクスチャセットの設定］タブの［メッシュマップをベイク］ボタンを押し、そのオブジェクトのさまざまな情報を書き出します。

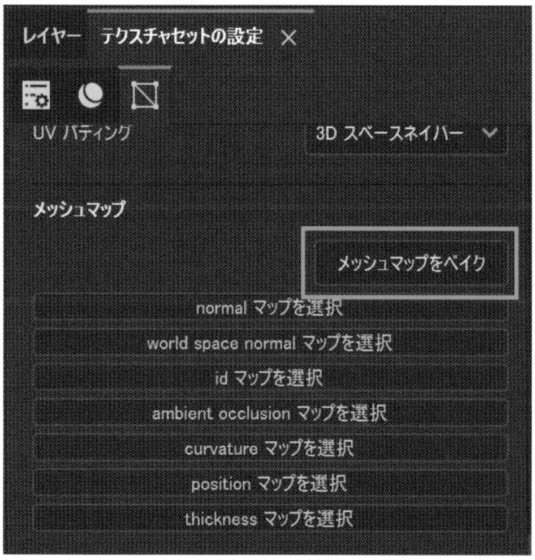

レイヤー　テクスチャセットの設定

UV パディング　3D スペースネイバー

メッシュマップ

メッシュマップをベイク

normal マップを選択

world space normal マップを選択

id マップを選択

ambient occlusion マップを選択

curvature マップを選択

position マップを選択

thickness マップを選択

メッシュマップ

メッシュマップをベイク

Normal
メッシュからの法線マップ 1001

World space normal
ワールド空間法線 1001

ID
メッシュからのカラーマップ 1001

Ambient occlusion
メッシュからのアンビエントオクルージョンマップ 1001

Curvature
メッシュからの曲率マップ 1001

Position
位置 1001

Thickness
メッシュからの厚みマップ 1001

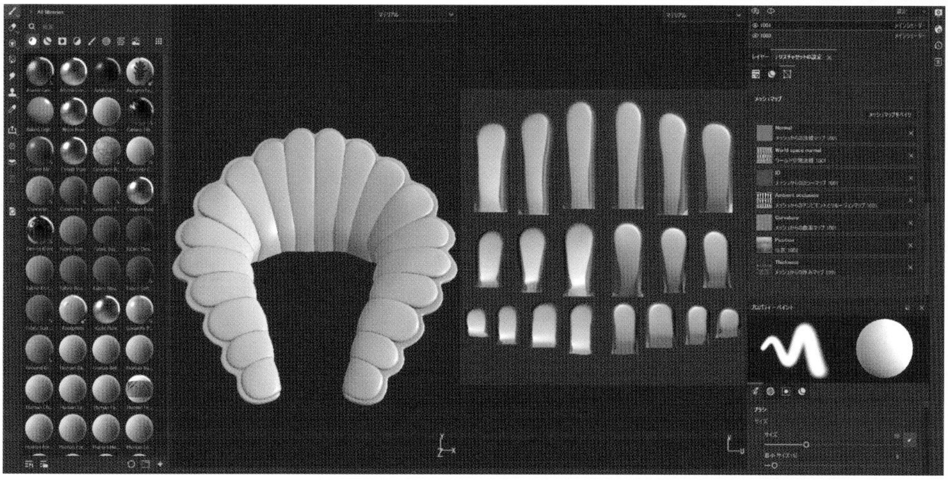

03. ［表示設定］タブの［環境設定］で環境光を選択・回転できるので、オブジェクトの質感の確認に活用しましょう。※**［Shift］キー＋右クリック**（スライド）でも回転できます。

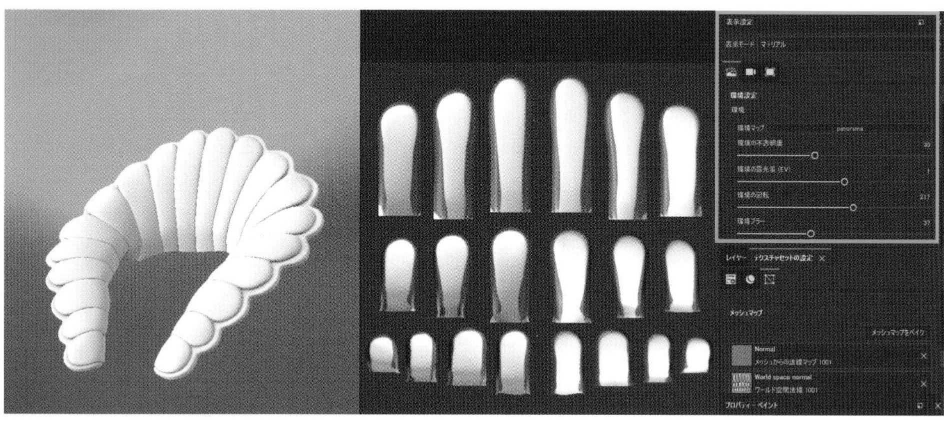

04. Substance 3D Painterで質感をつけていきます。先のサンプルのように、まずベースとなる質感をつけます(レイヤー1)。続けてその上に「塗りつぶしレイヤー」を重ね、マスクで汚れなどを追加します(レイヤー2〜4)。こうしてスペキュラ、ラフネスなどのテクスチャを作成します。

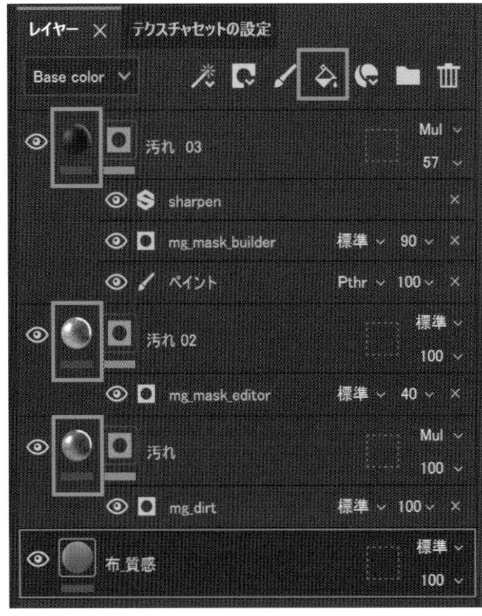

ベースマテリアル

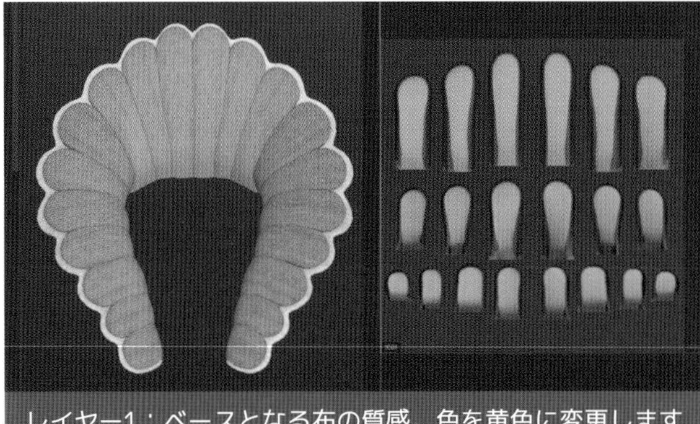

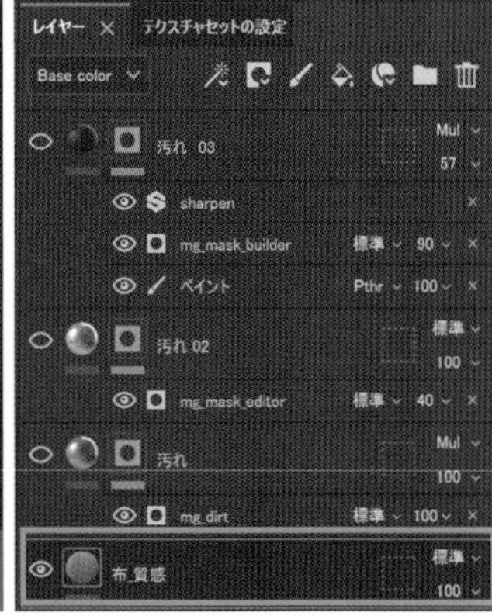

レイヤー1：ベースとなる布の質感。色を黄色に変更します

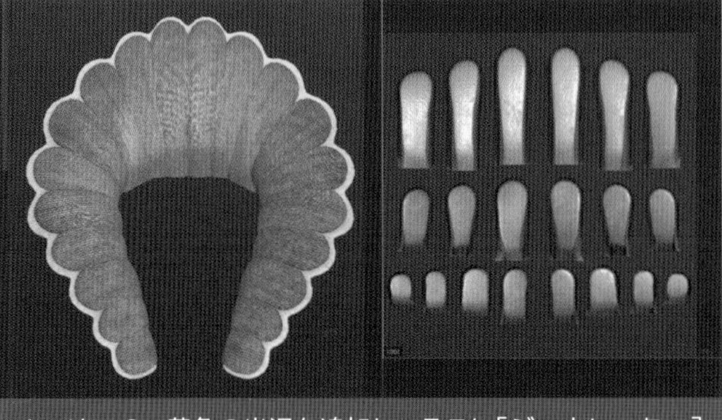

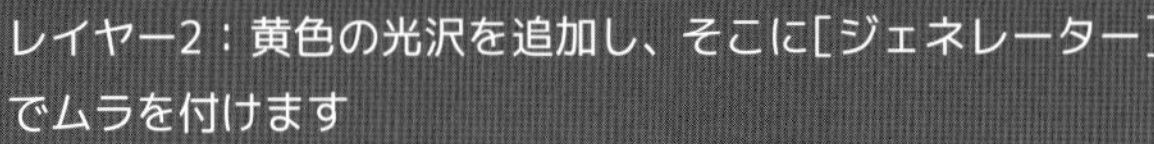

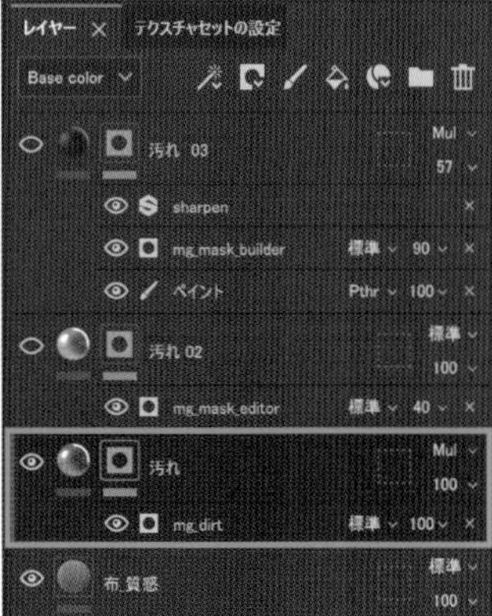

レイヤー2：黄色の光沢を追加し、そこに[ジェネレーター]でムラを付けます

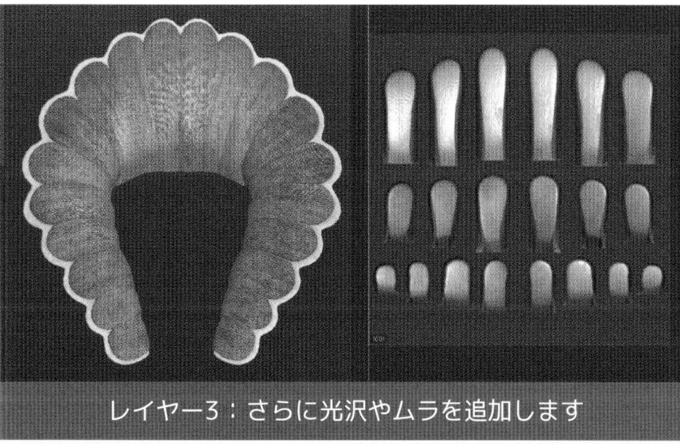

レイヤー3：さらに光沢やムラを追加します

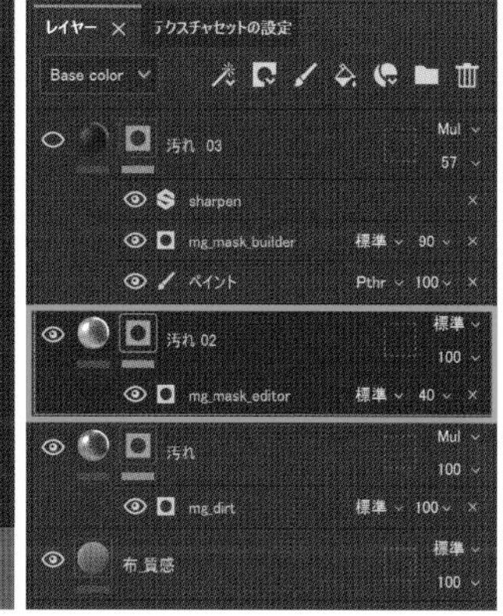

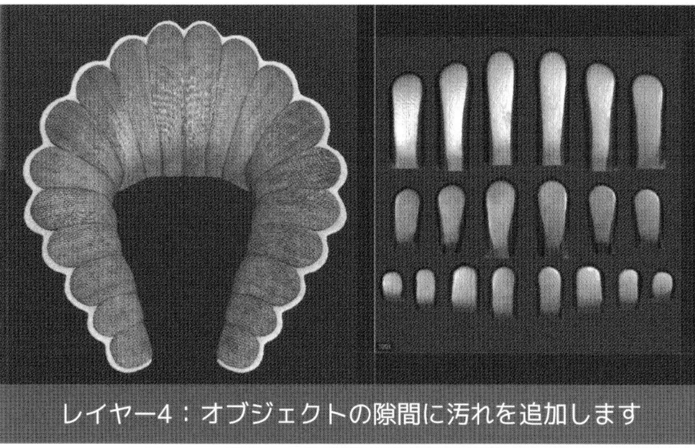

レイヤー4：オブジェクトの隙間に汚れを追加します

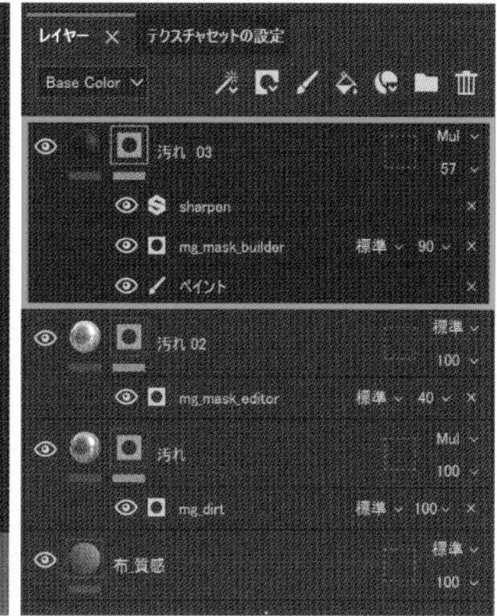

ネックパーツの完成テクスチャ

- Base Color - ベースカラー
- Metalness - メタルネス
- Roughness - ラフネス
- Normal - ノーマル
- Height - ハイト

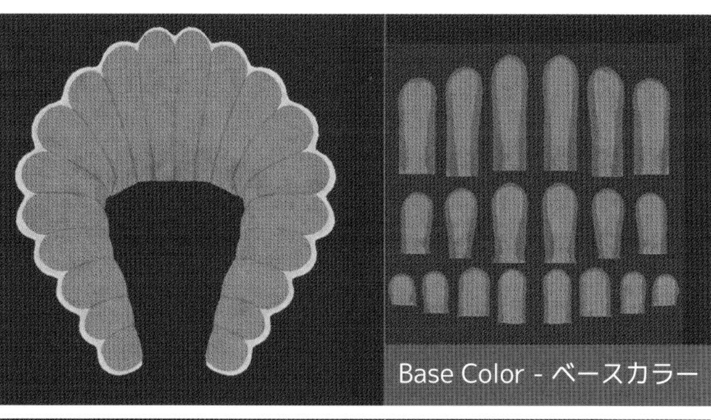

Base Color - ベースカラー

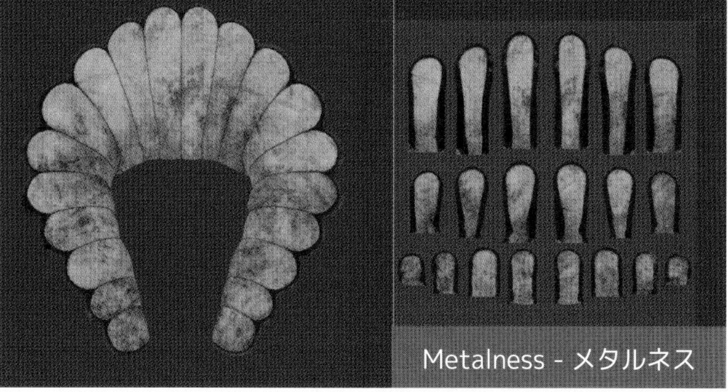

Metalness - メタルネス

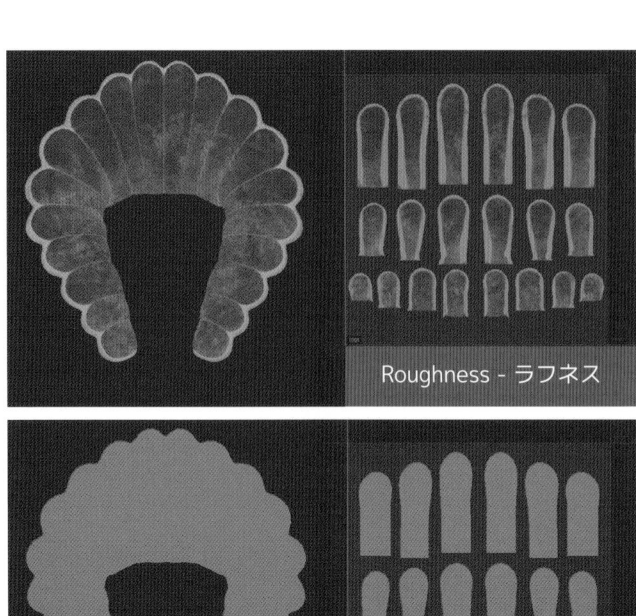

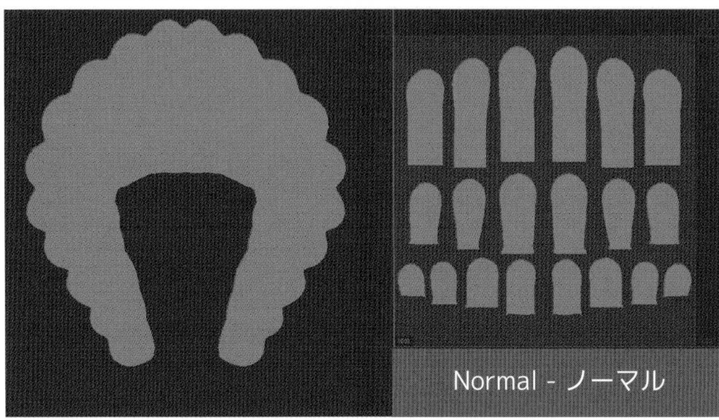

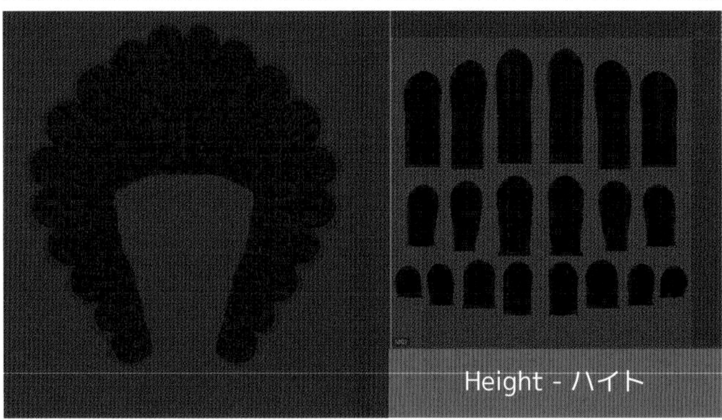

05. 質感が決まったら、[テクスチャを書き出し]を設定します。

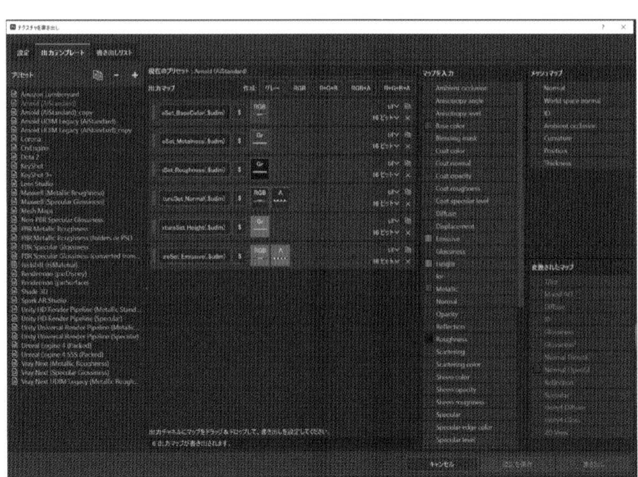

今回はArnoldを使うので[出力テンプレート]を**[Arnold UDIM Legacy(AiStandard)]**にしました(※プロジェクトの仕様が決まっている場合はそれに合わせて設定)。

06. 書き出したハイトマップをベースに、ZBrushでディスプレイスメントを作成します。まず、下準備として[新規テクスチャ]ボタンを押し、仮のテクスチャを割り当てます。

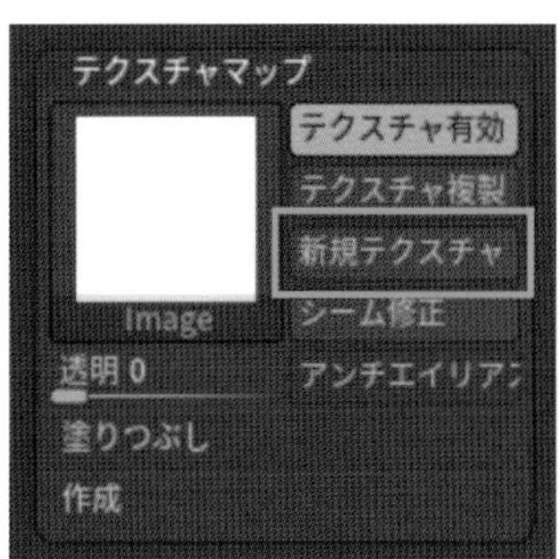

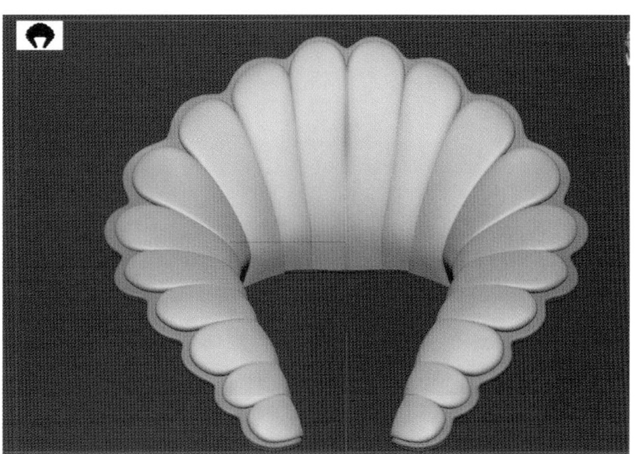

07. ディスプレイスメントのテクスチャにハイトマップを設定し、[強度]を調整します。そして、[ディスプレイスメントマップ作製]ボタンを押します。

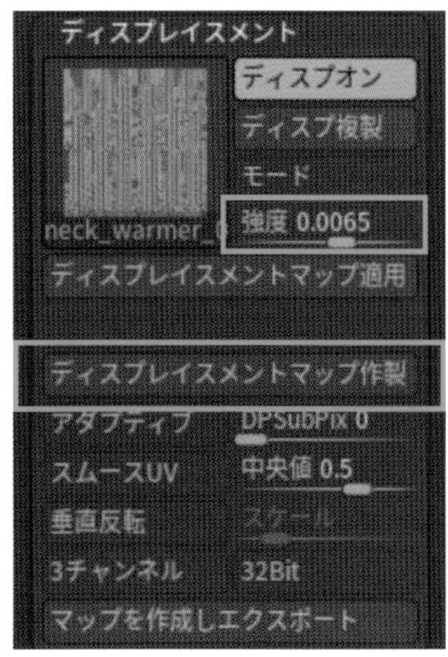

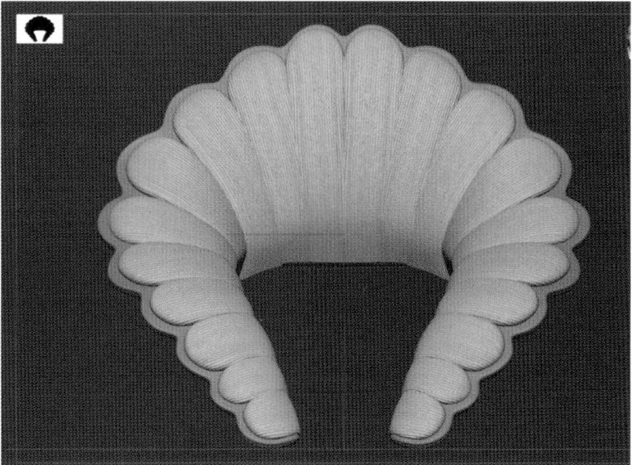

08. このネックパーツは複数のオブジェクトで構成されています。下の革素材のオブジェクトにも同様にディスプレイスメントを設定しましょう。

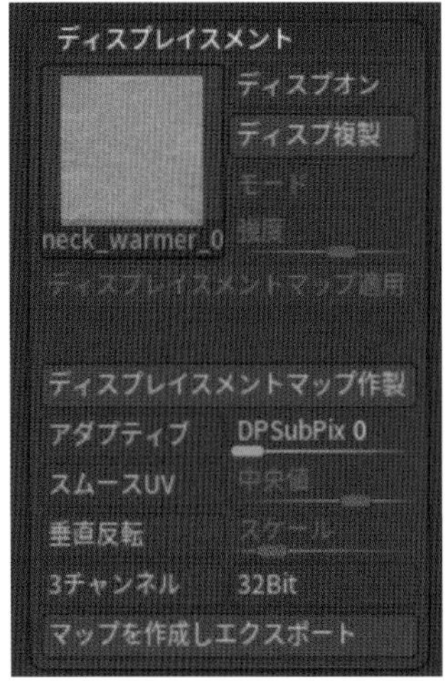

09. **[Zプラグイン]→[マルチマップエクスポーター]**で「ディスプレイメント」と「キャビティ」を書き出します。

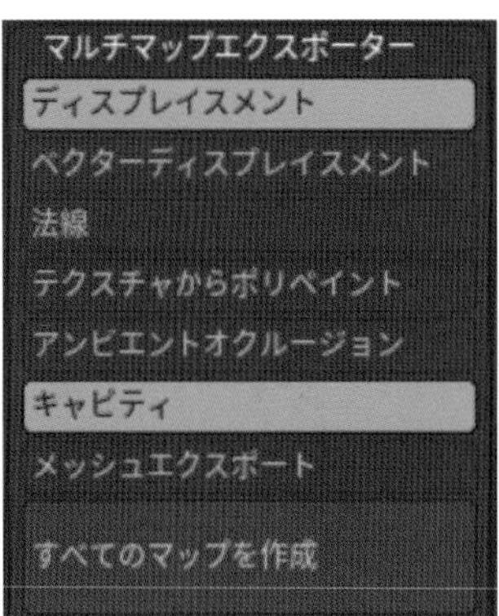

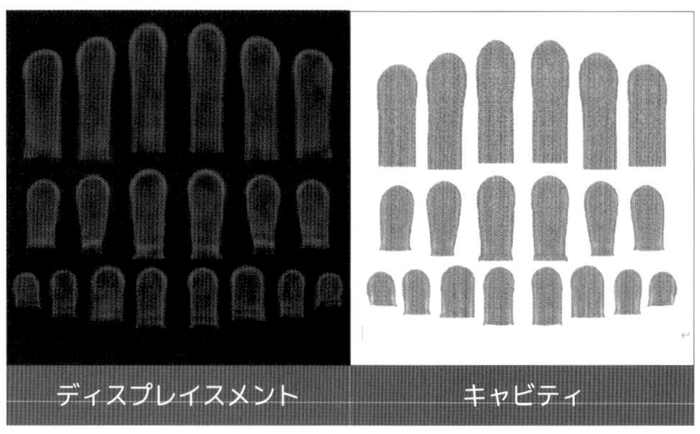

10. 作成したキャビティマップを「スペキュラ」には[乗算]で重ね、「ラフネス」には色を反転させて[スクリーン]で重ねます。これで、ネックパーツのテクスチャが揃いました。同じ手法で、衣装全体のテクスチャも作成しましょう。

※ZBrushでの凹凸情報を元に、スペキュラ、ラフネスに変化を加え、Mayaのレンダリングに備えます。

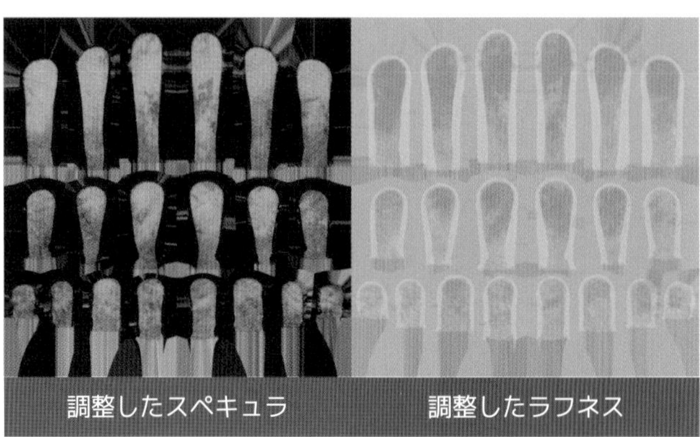

Chapter 05

クオリティアップ

キャラクターの「命」である「顔周り」を中心に、クオリティを上げるためのポイント、そして、制作データの確認・整理方法について紹介します。

個人制作の詰めは、制作者自身が「作品のダメ出し」をして、「これでOK」と納得するまで修正を繰り返すという地道な作業です（※私はこれを「**自己フィードバック**」と呼んでいます）。モデルをさまざまなアングル（斜め、横）で繰り返し確認し、そのキャラクターにふさわしいルックになるように仕上げていきましょう。ときには、周りの人の客観的な目で見てもらうことも必要です。

今回、「自己フィードバック」でダメ出しとなったのは、下記の2項目です。

- **顔の形状**：見た目で「安定感」を感じられる、カッコいい美人にする
- **毛穴**：セミリアルキャラクターに合ったディテールにする

01 顔の形状

修正前

自己フィードバック

- バランスが悪いので安定感のある顔に
- 少しきょとんとした表情になっているので、落ち着きのある顔に
- 顎が若干狭いので、少し広げ、安定感を出す
- 目が大きく見えるので、口から顎までの長さを調整
- モノクル（片眼鏡）をはずしても、カッコいい顔に

修正後

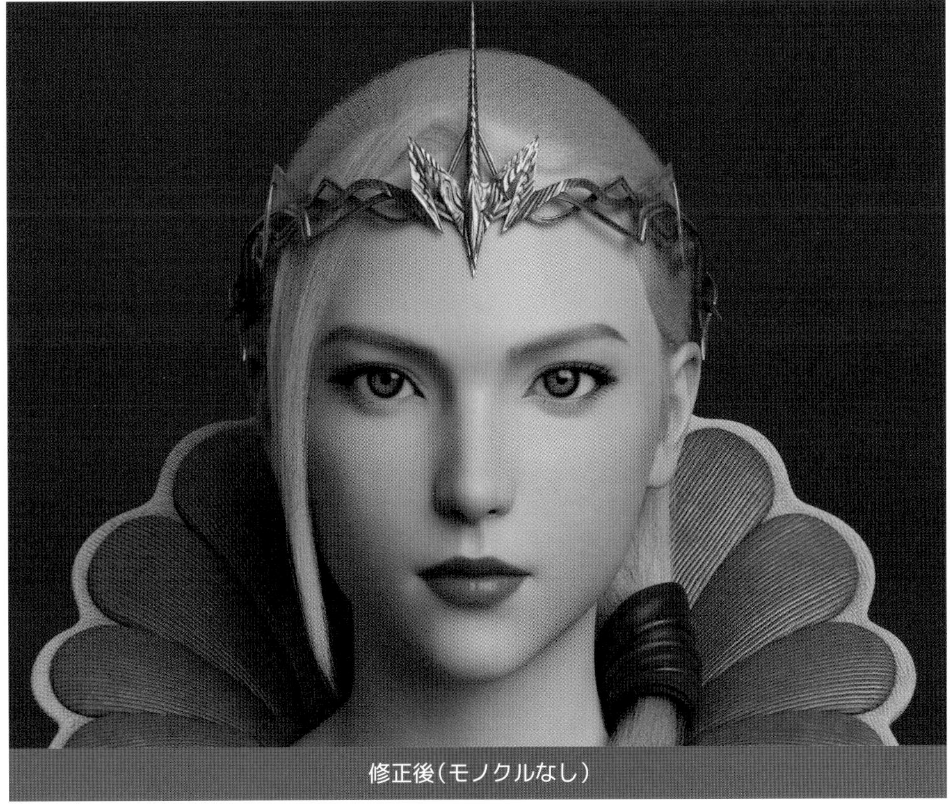

修正後（モノクルなし）

セミリアル女性キャラクターの顔

顔のポイント　顔のパーツ

ここで、顔を作るときに気をつけることを紹介します。自己フィードバックでおかしなところがあれば、修正してください。

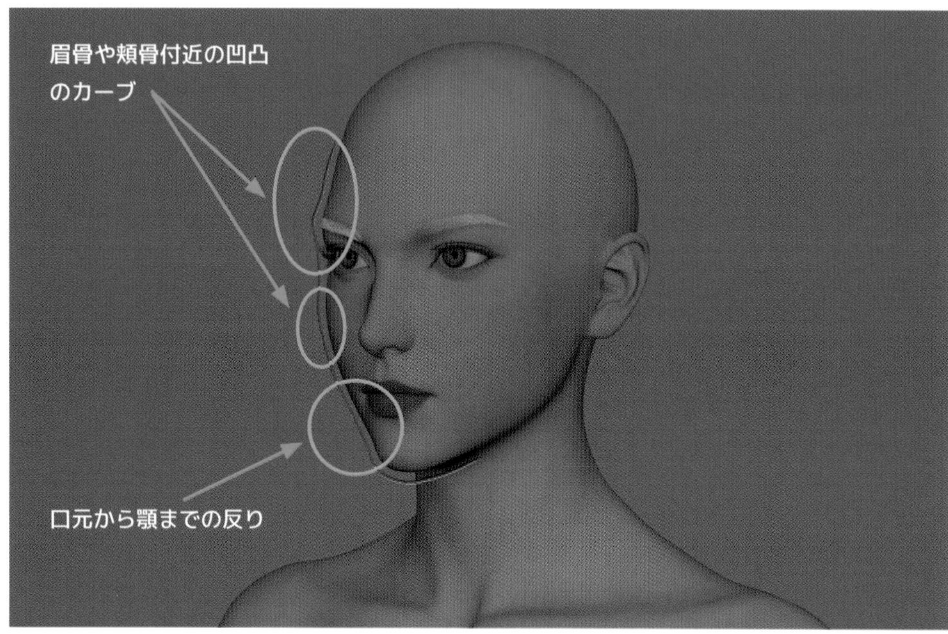

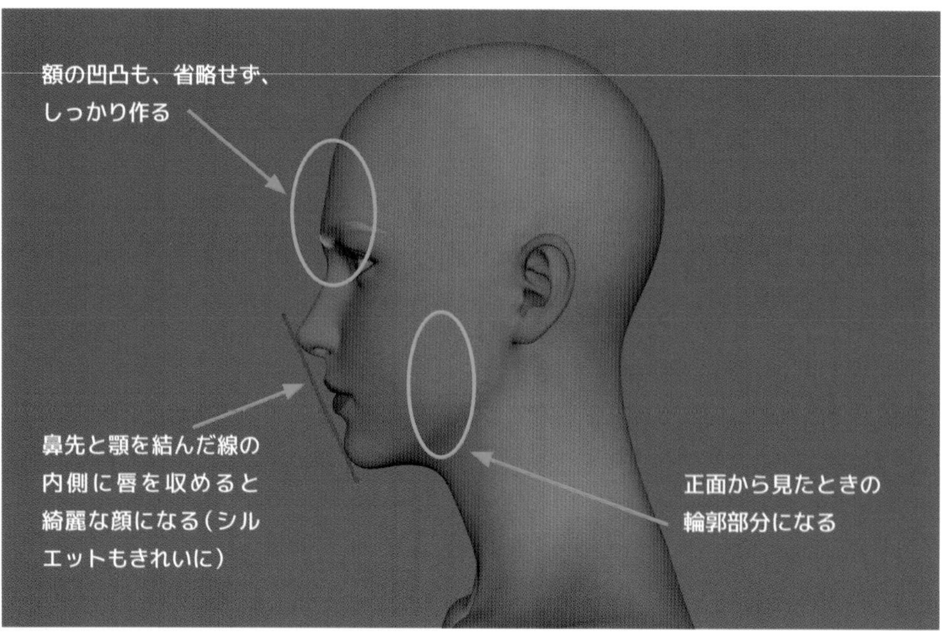

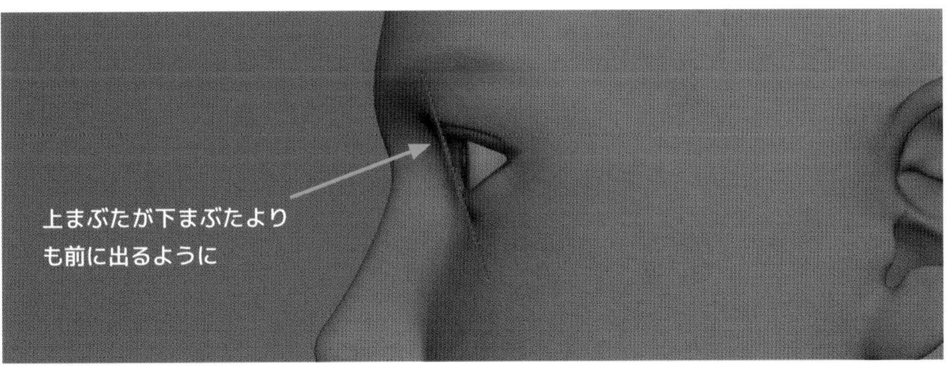

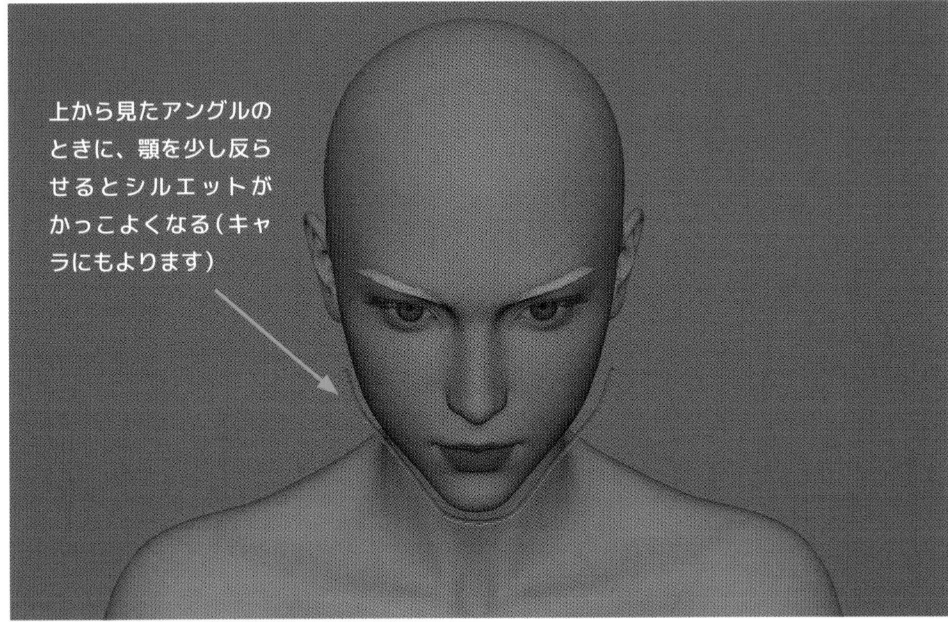

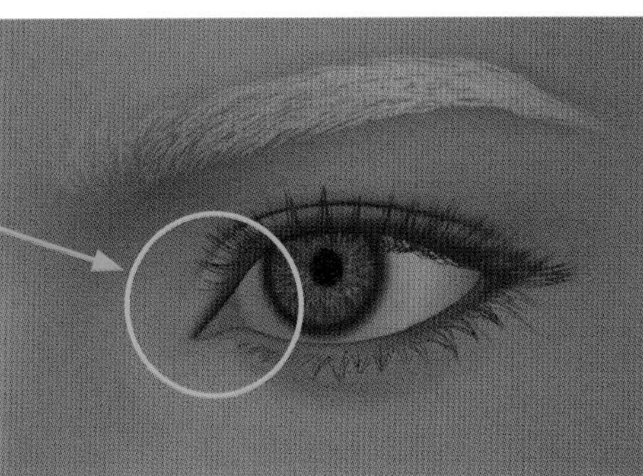

目や目周りはしっかり
作り込む

セミリアル女性キャラクターの顔

顔のポイント　顔のパーツ

目

かっこいい系	かわいい系
• 切れ長 • つり目気味 • 虹彩は小さめ（ギリギリ下まぶたに着くくらいの大きさ）	• かっこいい系よりも縦長 • 虹彩は大きめ • まつ毛が長い（正面だと二重ラインよりも上に出る）

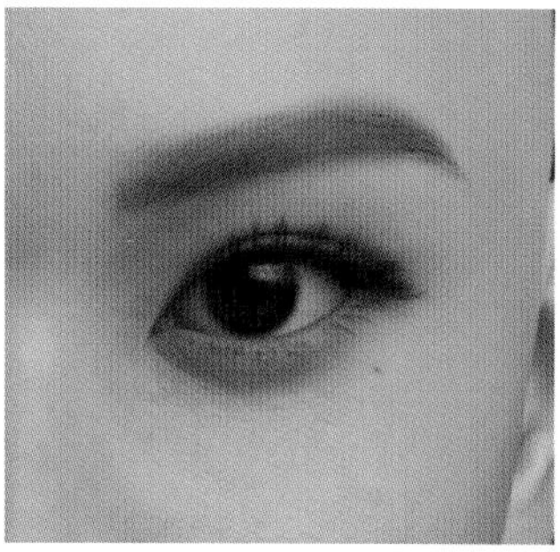

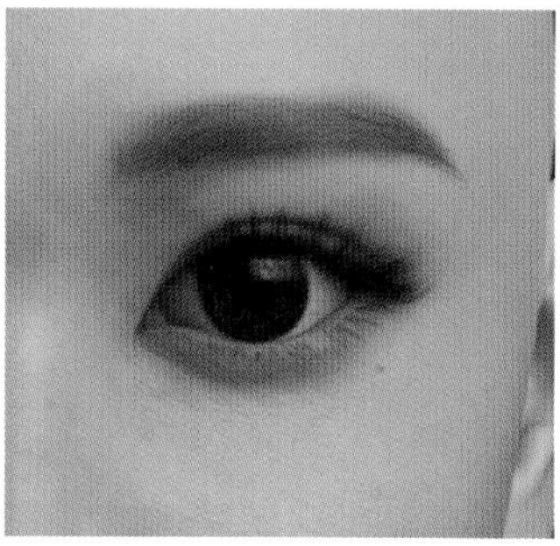

鼻

かっこいい系	かわいい系
• シュッとした鼻筋 • 鼻孔は中心から斜め上に上がる	• 短めの鼻筋 • 鼻孔は中心から斜め上に若干上がるくらいに

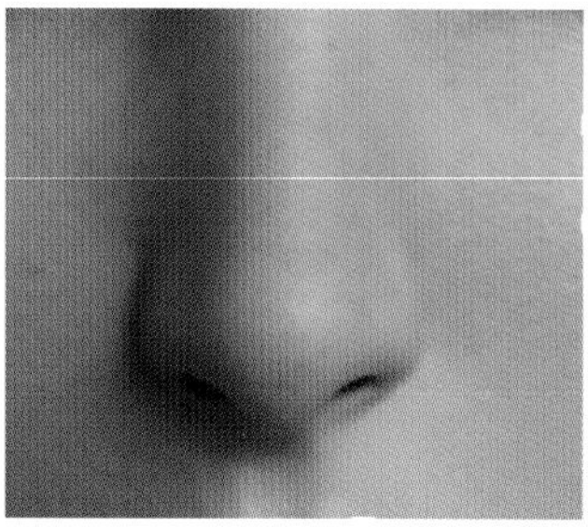

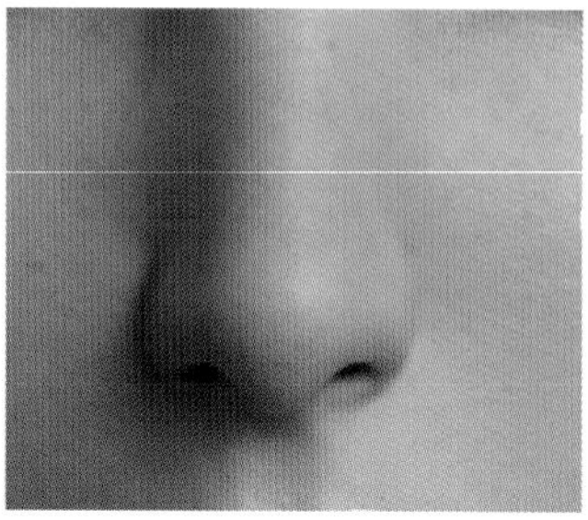

口

かっこいい系	かわいい系
• 少し下がった口角 • 唇は薄め • あまりアヒル口にしない	• 少し上がった口角 • 唇は厚め • アヒル口気味に

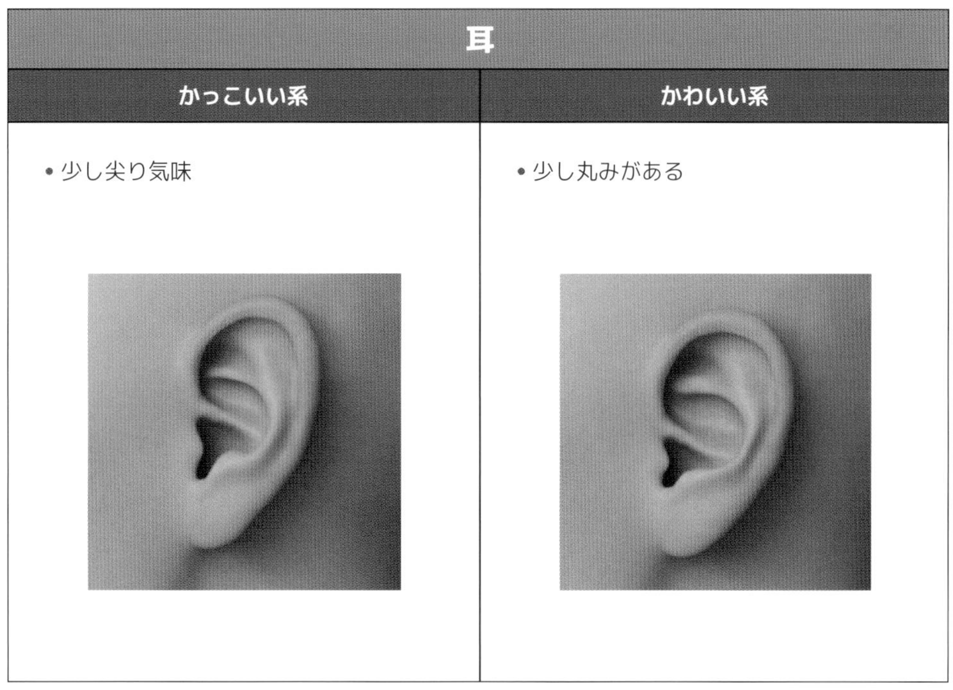

耳

かっこいい系	かわいい系
• 少し尖り気味	• 少し丸みがある

02 毛穴

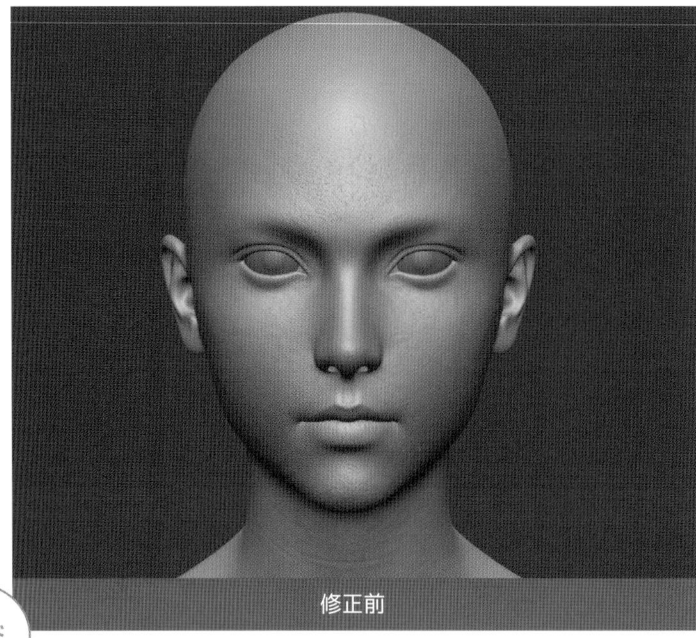

修正前

自己フィードバック

- 毛穴や首のしわが多すぎる（※今回のキャラクターはセミリアル調）
- 毛穴の凹凸が強すぎる

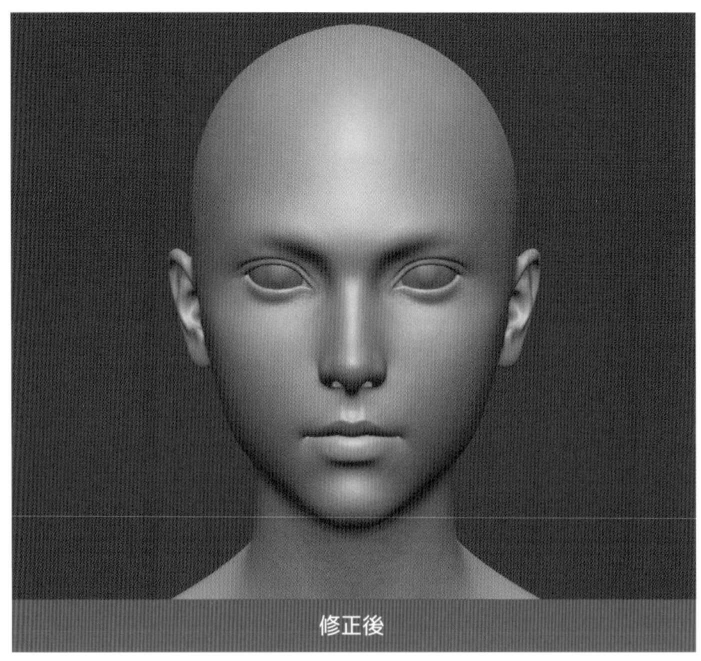

修正後

毛穴を減らし、しわを消して整えました。ただし、「セミリアル」と言っても程度はさまざまなので、そのキャラクターに最適な情報量を模索しましょう。

03 スペキュラ

顔のスペキュラにあまりムラがなく、少し単調に見えるので、ZBrushの[マルチマップエクスポーター]で「キャビティマップ」を書き出し、[乗算]で重ねて調整しましょう。

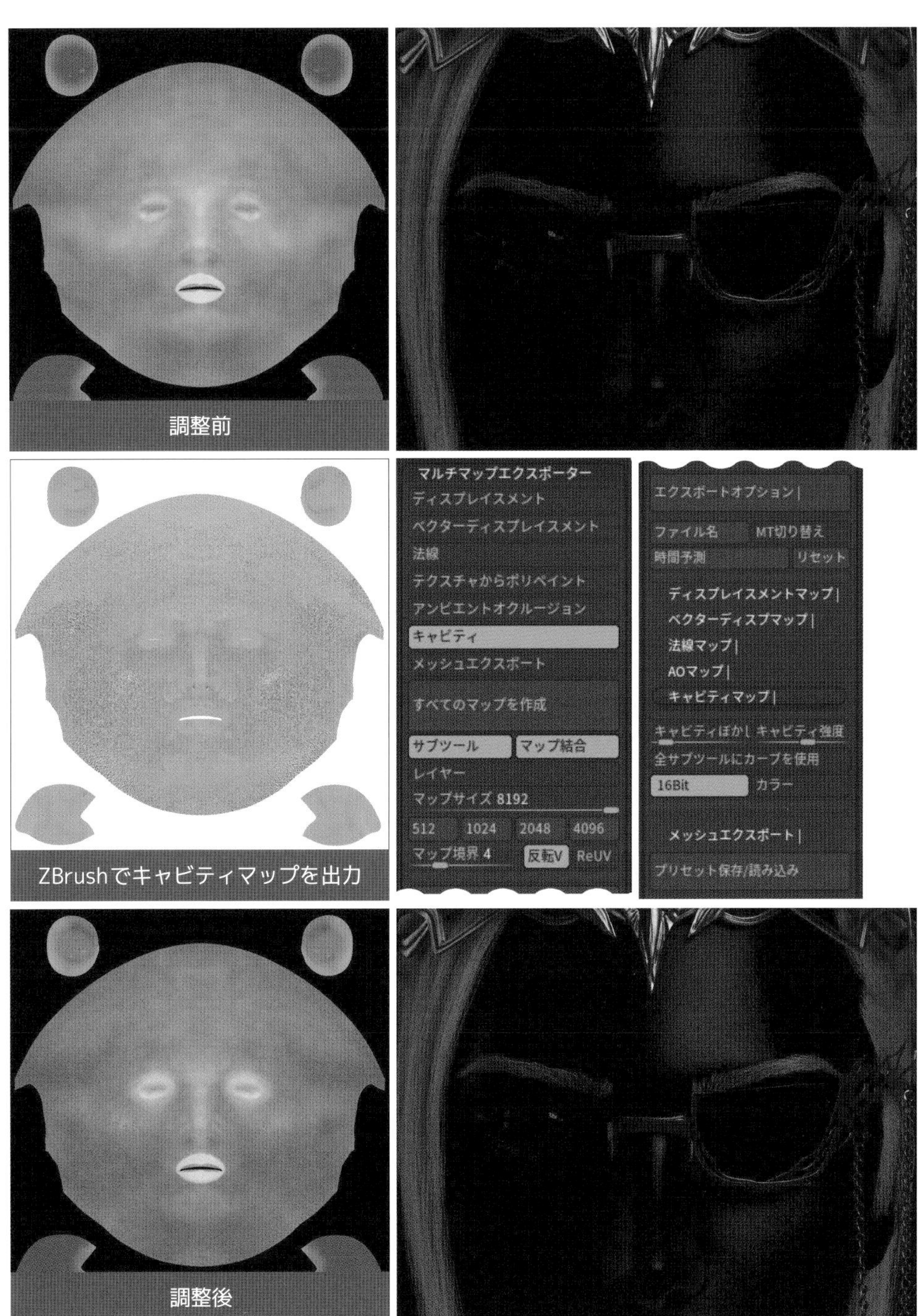

レンダリングするとスペキュラに少しムラができました。実際の肌にはもっとムラがありますが、セミリアルではこのくらいでよいでしょう。

04 髪の毛

キャラクターの性格を考慮しながら、ビシッと整った髪の毛を目指して調整。もみあげや生え際を整え、全体としてまとめつつ、近くから見ると多少ばらけて見えるようにしました。

05 修正後の確認

レンダリングで、自己フィードバックを基に修正した全身を確認します。今回はArnoldの表示設定を「ACES_RRT_v1.0」(MAYA2020)に設定(従来のsRGB gammaより高色域で、現実により近く見える)。また、特にノイズや劣化が出力されても気にならないため、pngで保存しています(他の拡張子で保存すると、結果が変わってしまうことがあります)。本格的にACESを扱う際は、After EffectsやNukeのリニアワークフローで行うと編集の幅が広がるでしょう。

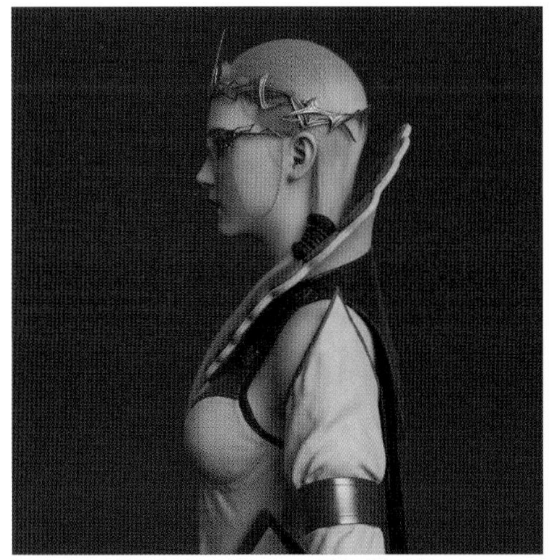

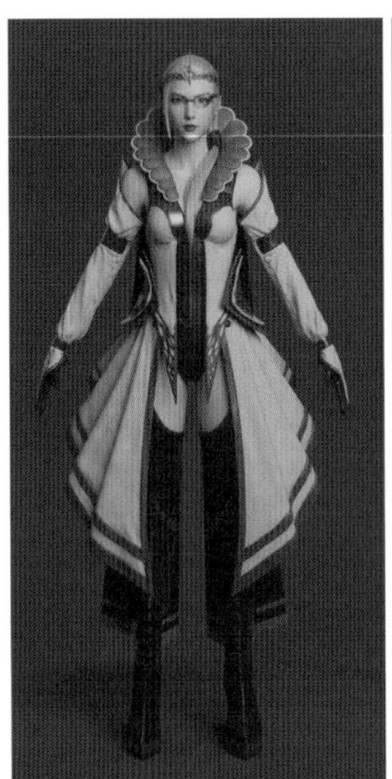

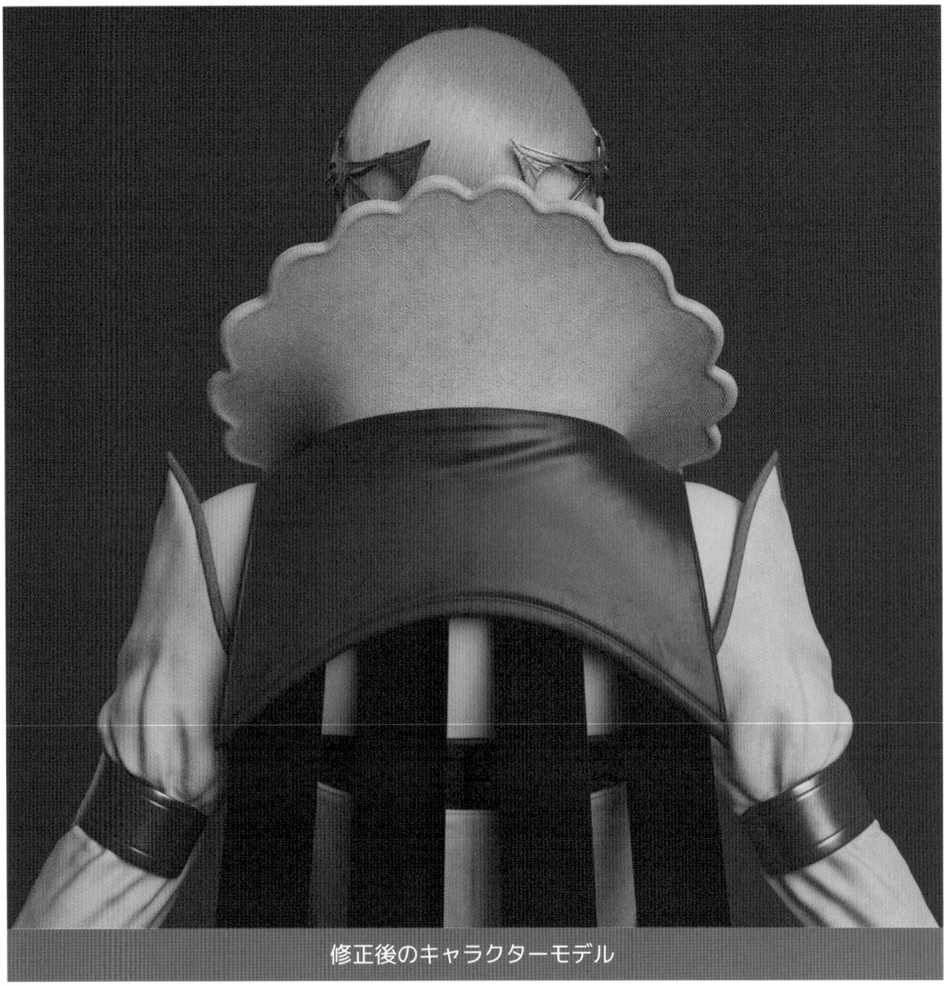

修正後のキャラクターモデル

06 HDRIシーンでの確認

修正したモデルにHDRIを使用してライティングを設定し、質感をチェックします。

HDRIライティングの設定

01.［Create SkyDome Light］でドームライトを作成します。

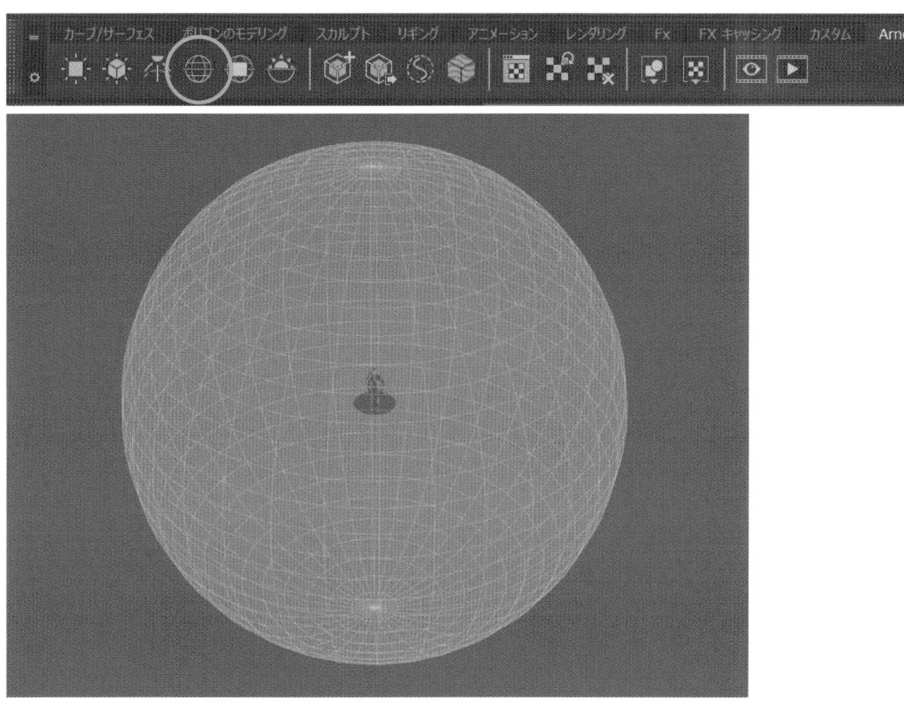

02. ドームライトに適用するHDRI画像を用意します（※今回使用する画像は無料3Dアセットライブラリ Poly Heaven <https://polyhaven.com/> よりダウンロード）。

03.［SkyDomeLight Attributes］の［Color］にHDRI画像を適用します。

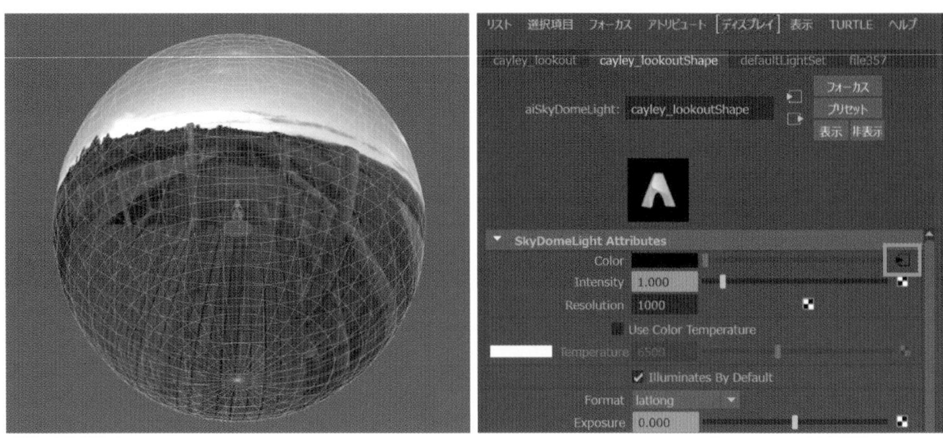

HDRIライティングを設定したら、レンダリングを実行して確認します。質感に問題がなければ、テクスチャ作業は完了です。

07 データチェック

Mayaの「クリーンアップ」機能(**[メッシュ]→[クリーンアップ]**)を使って、オブジェクトのエラーチェックを行います。

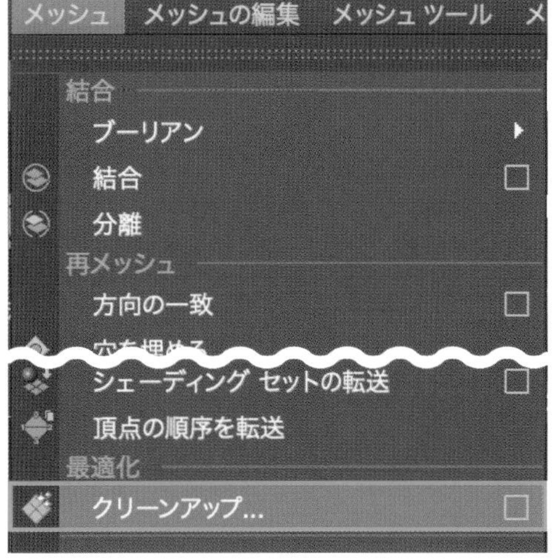

☑ [クリーンアップ]でエラーがないか

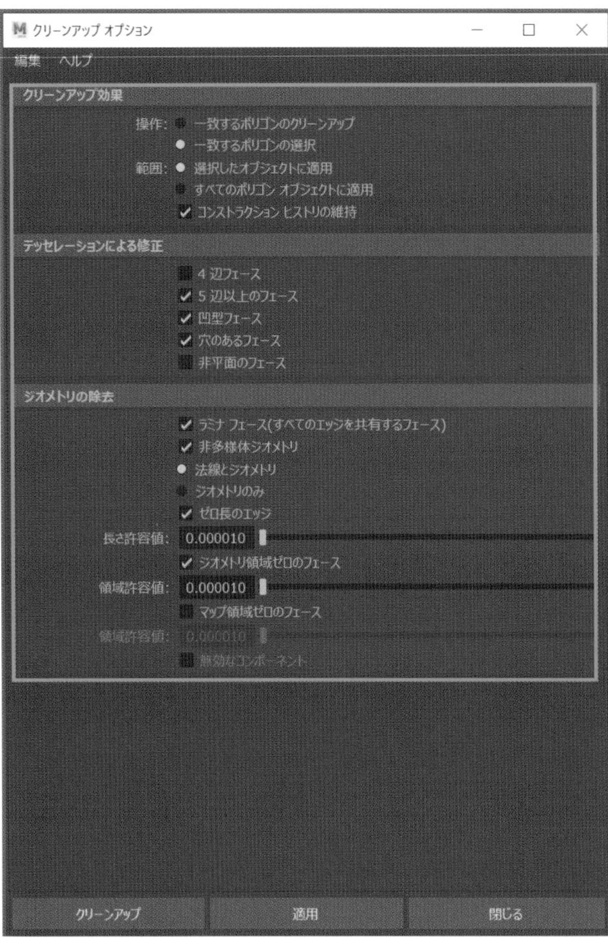

☑ マテリアルを「フェイスアサイン」していないか

☑ 「バーテックス」に数値が入っていないか(※入っている場合は、ラティスをかけてバーテックスの[移動]値を **0** にする)

☑ トランスフォームをフリーズしているか

☑ トランスフォームをリセットしているか

☑ ピボットポイントが原点にあるか

☑ 不要なヒストリを消しているか

☑ 不要なレイヤーが入っていないか

☑ ポリゴンがフリップしていないか

☑ テクスチャのパスが正しく通っているか

☑ UVがフリップしていないか

☑ UVが重なっていないか

☑ 不要なオブジェクトが残っていないか

☑ オブジェクトやマテリアルの名称など、すべて仕様書どおりになっているか

これらすべてのチェック項目をクリアできれば、モデルデータは完成です。

Chapter 06

簡単なセットアップ

キャラクターにポーズをつけるため、簡単なセットアップを行います。複雑な動きやアニメーション向けの本格的なものではありませんが、制作の参考にしてください。

キャラクターのポージングのための簡単なセットアップを行います。大まかな流れは下記のとおりです（※本格的なセットアップではありません）。

- ケージモデル（ローポリモデル）を作成する
- ケージモデルにスケルトンを作成・バインドして、ウェイトを設定する
- ケージモデルのセットアップをオリジナルモデル（ハイポリモデル）にコピーする

01 ケージモデルの作成

01. どのようにケージを作ると効率がよいか考えながら、ケージを添わせるモデルを選びます。

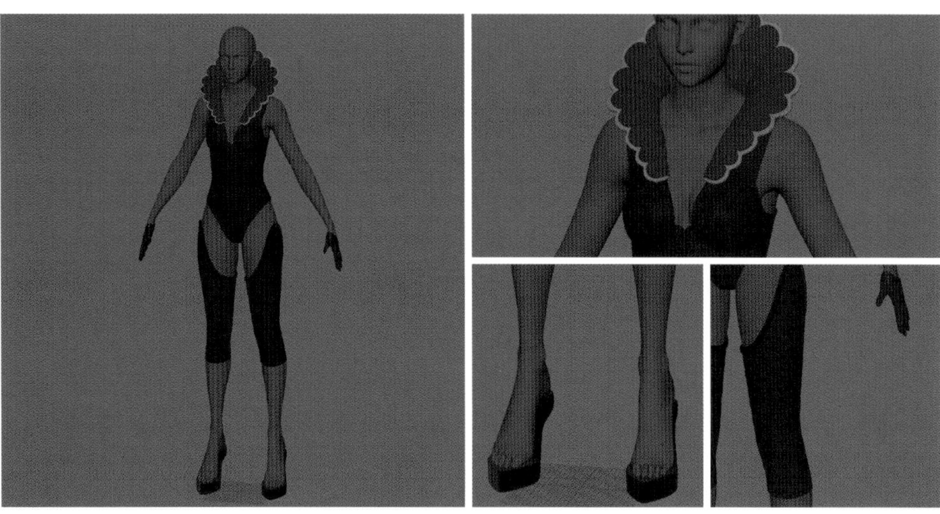

02. オリジナルモデルのオブジェクトを複製し、それをすべて統合した後、[ライブ]モードにして、できるだけ少ないポリゴン数でメッシュを貼っていきます（※関節部分は少し多めに）。

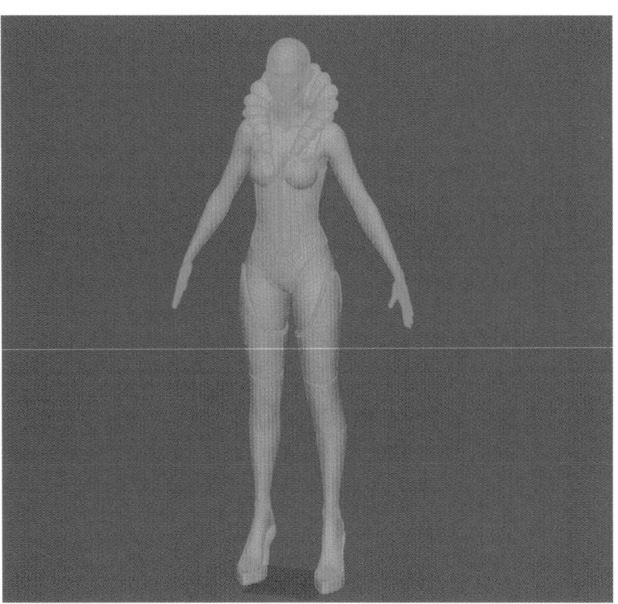

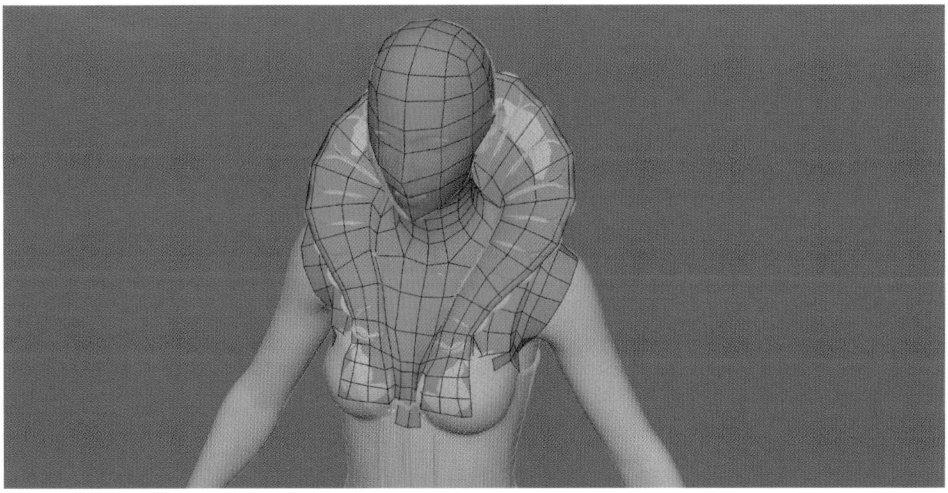

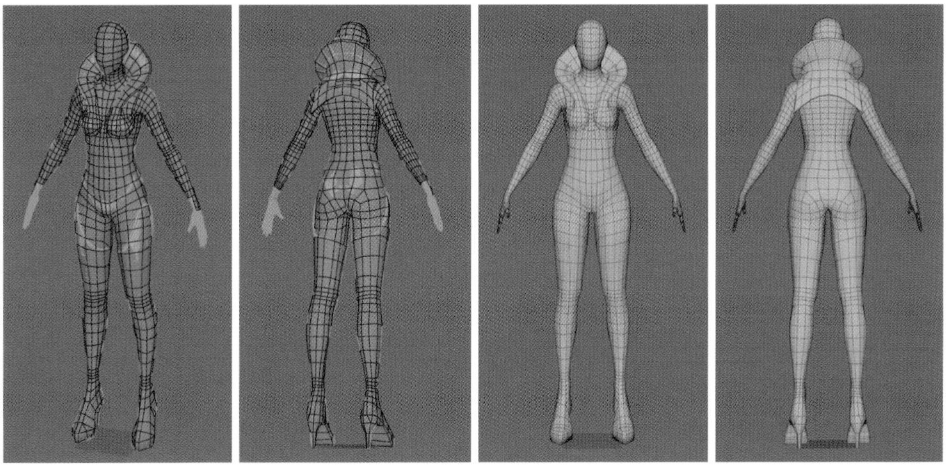

03. メッシュを貼って作成したケージモデルは、オリジナルモデルに近い形になります。多くの場合、体のみでケージモデルを作成します。※比較しやすいようにモデルをずらしています。

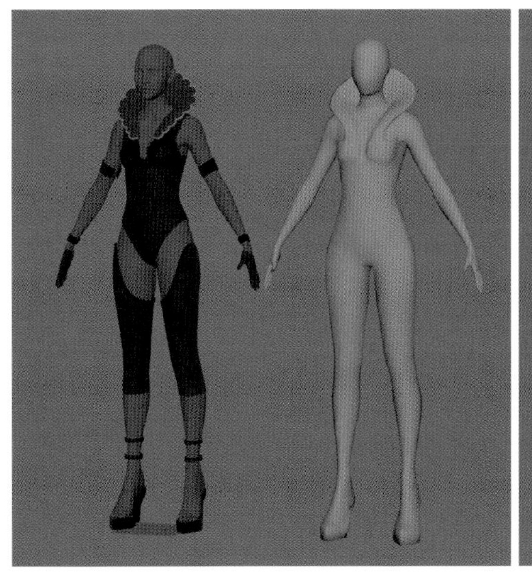

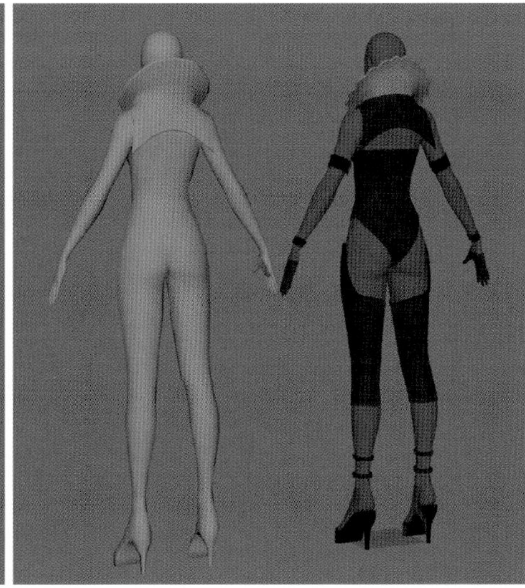

02 ケージモデルのスケルトン作成

01. ローポリのケージモデルにセットアップを行います。まず、腰から背骨、頭部の順番でスケルトンを作成。肋骨を意識しながら配置していきます（※側面ビューからだと、X軸が**0**の位置に配置）。

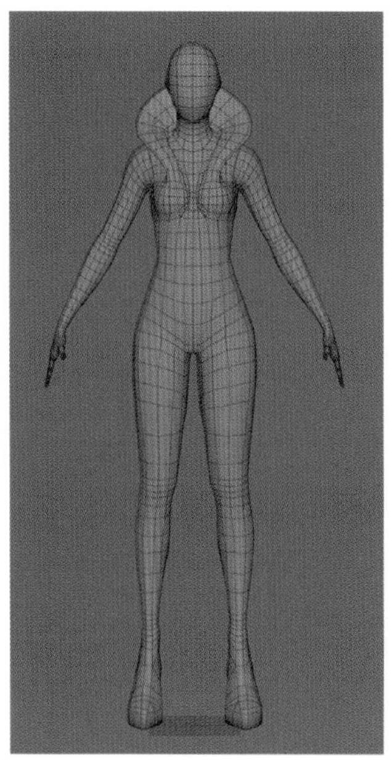

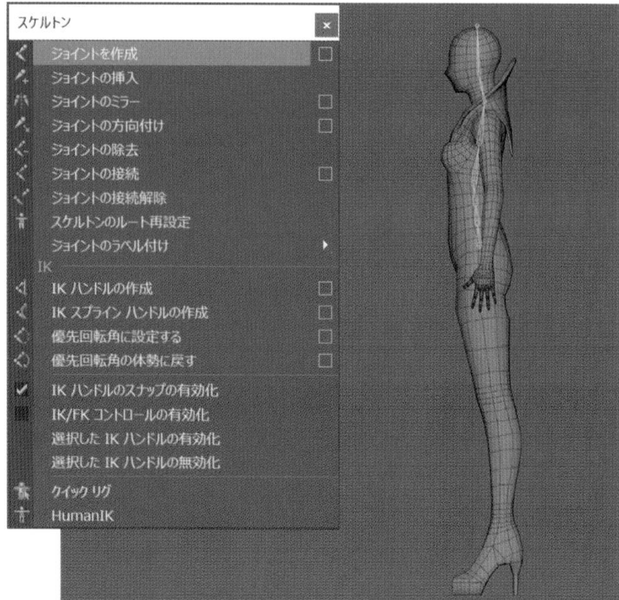

02. 指のスケルトンも気をつけるポイントです。関節の位置に注意しながら配置しましょう。側面ビューで作成した後、指の位置に合わせていくと作りやすいです。

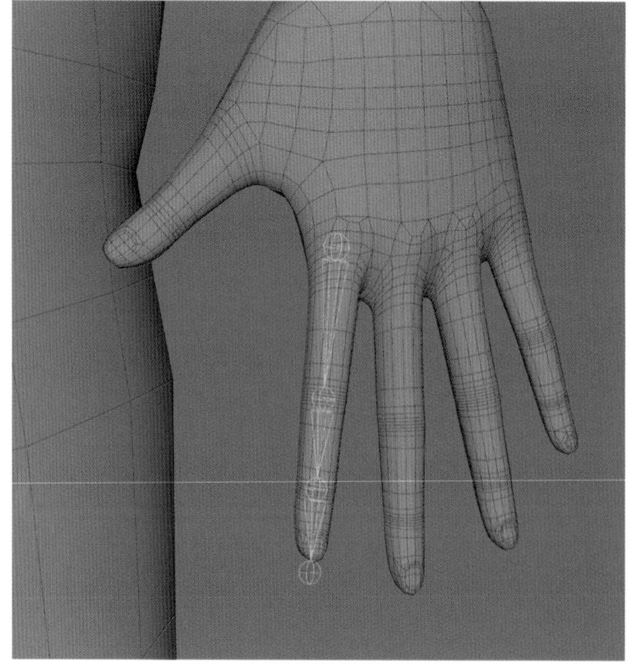

03. 人差し指のスケルトンをコピーして、親指以外のすべての指に配置します。親指は方向や関節の位置が異なるので、個別に作成しましょう。

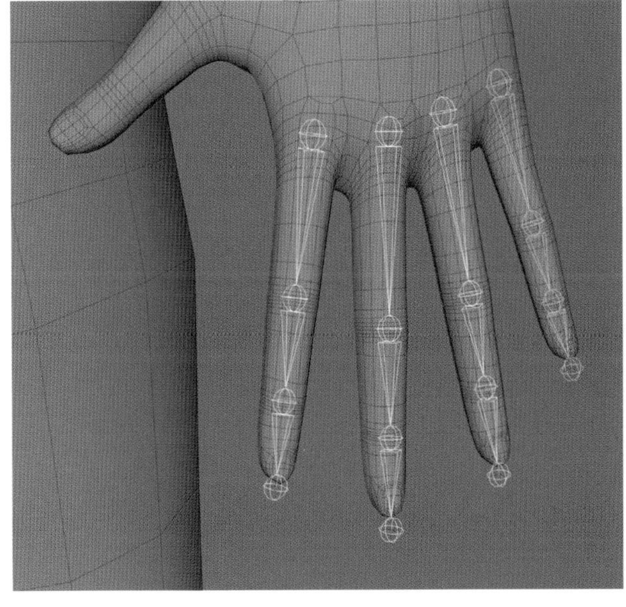

04. **[スケルトン]→[ジョイントの方向付け□]**でジョイントの方向設定をします。[主軸]：**X**にして[適用]を押します。

※ここでのポイントは、**X軸が次のボーンに向いていること、Y軸、Z軸がすべて同じ方向を向いていること**です。

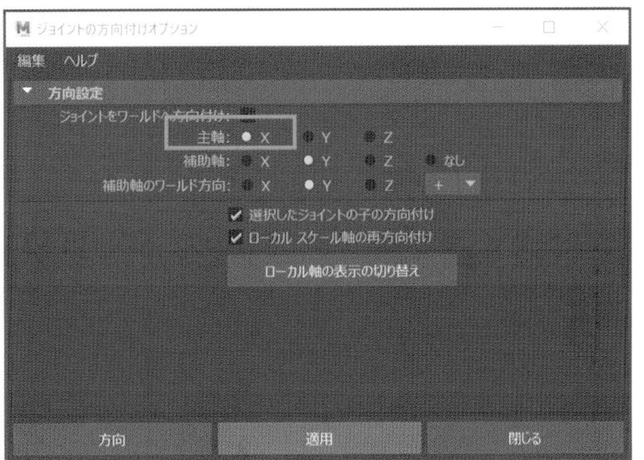

05. 試しにすべてのボーンを選択、回転させてみましょう。軸が同じなので、図のように同じ方向に回転します。

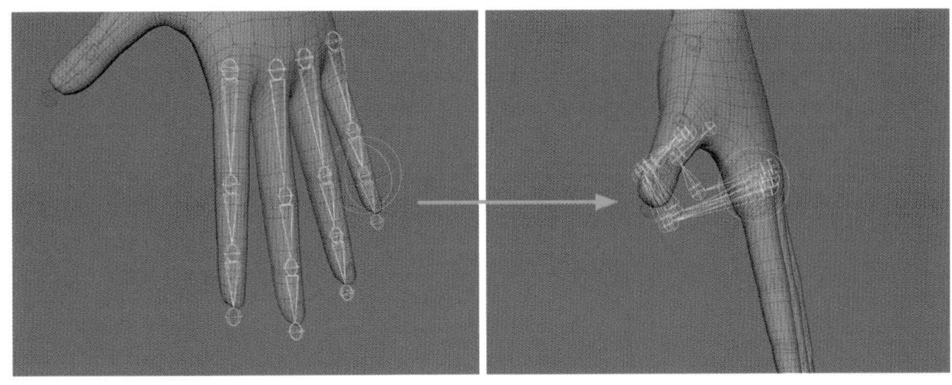

06. 方向や関節の位置に注意しながら、体半分（右もしくは左）のスケルトンを配置します。腕は前面ビューで、脚は側面ビューで作成すると配置しやすいでしょう。

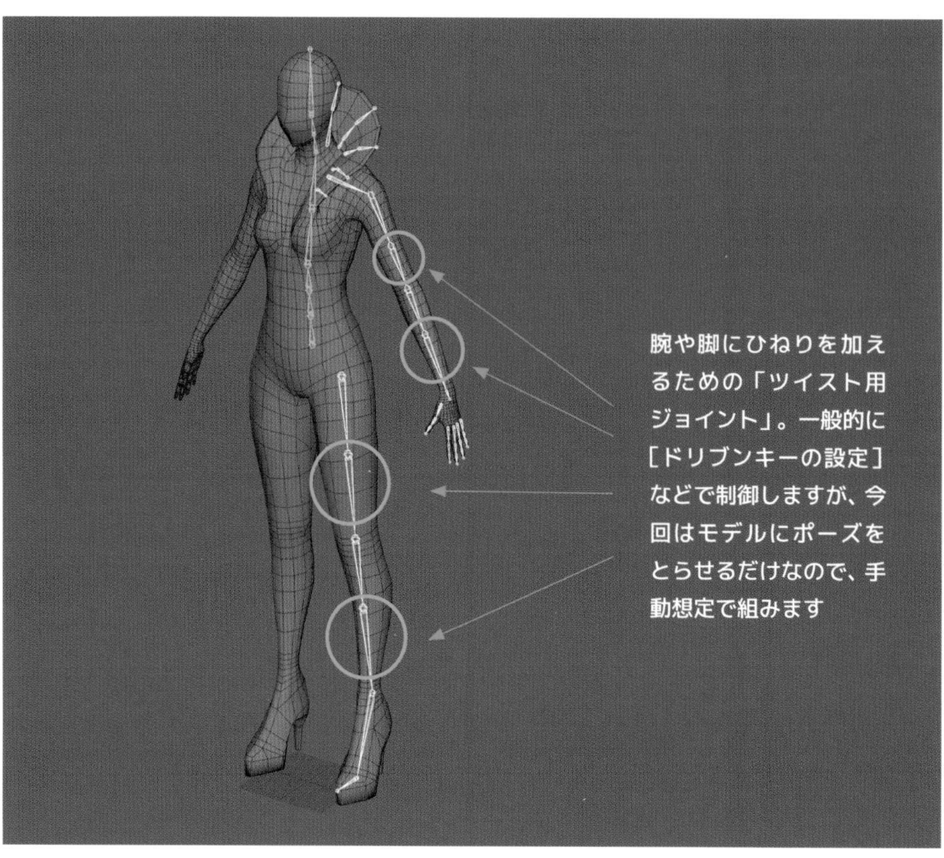

07. ボーンの向きが揃ったら、接続します。「子のスケルトン」「親のスケルトン」の順に選択して、［P］キーでペアレント（親子づけ）するとスケルトン同士が繋がります。

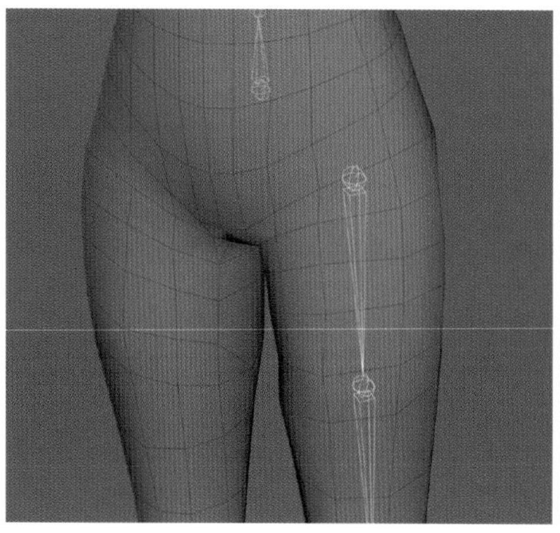

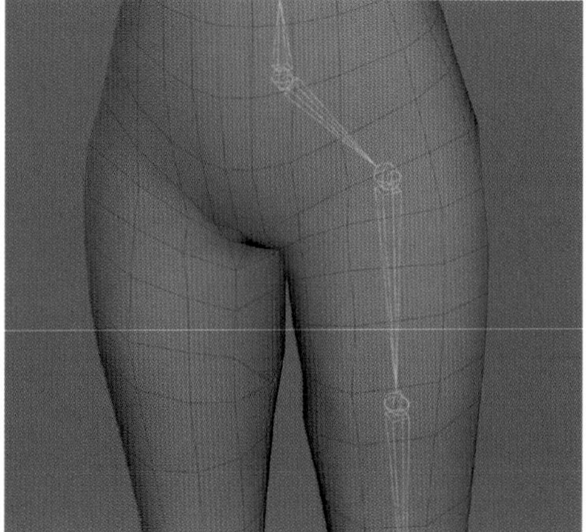

08. [スケルトン]→[ジョイントのミラー□]を選択、図のように設定して[適用]を押すと、反対側にコピーが作成されます。これを必要なすべてのスケルトンに行います。

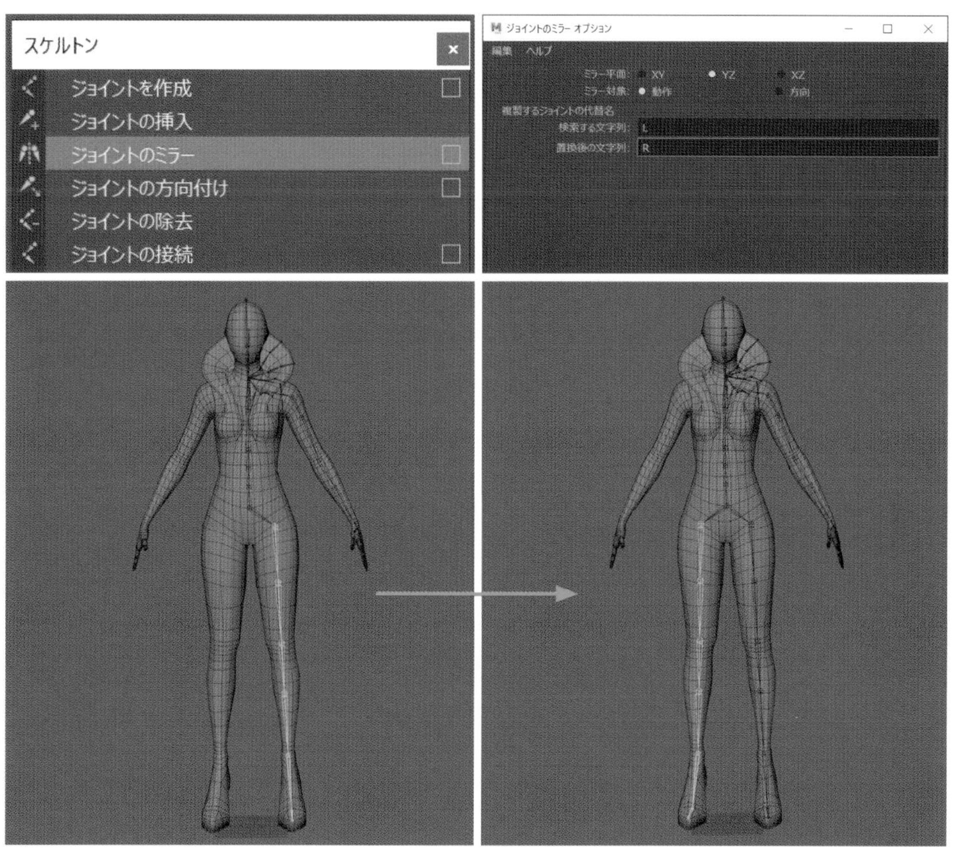

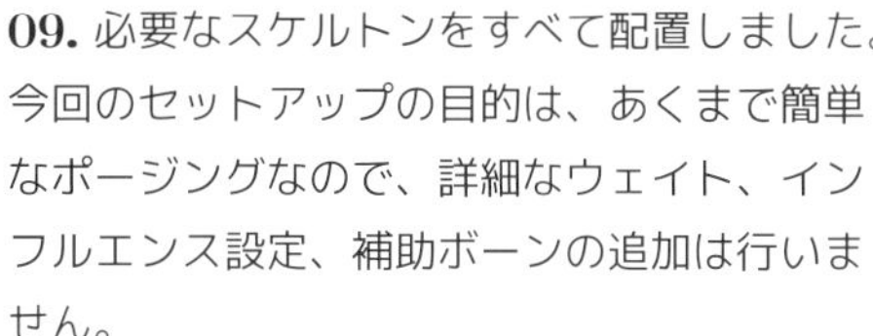

09. 必要なスケルトンをすべて配置しました。今回のセットアップの目的は、あくまで簡単なポージングなので、詳細なウェイト、インフルエンス設定、補助ボーンの追加は行いません。

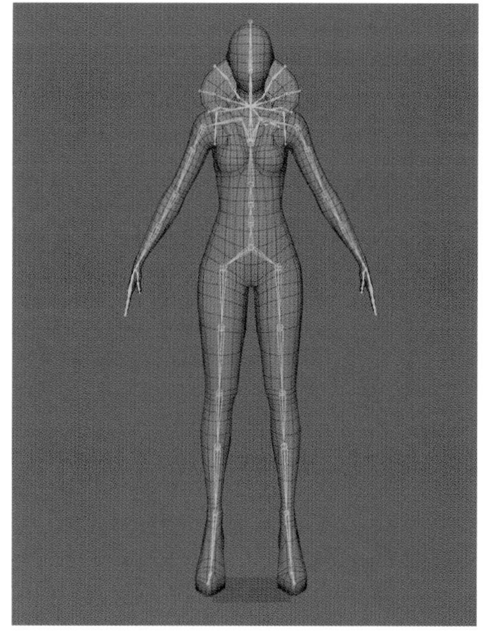

10. **[スキン]→[スキンのバインド□]**を選択、図の設定でケージモデルとスケルトンをバインドし、**[スキン]→[スキン ウェイト ペイント]**で各パーツのウェイト設定をします。

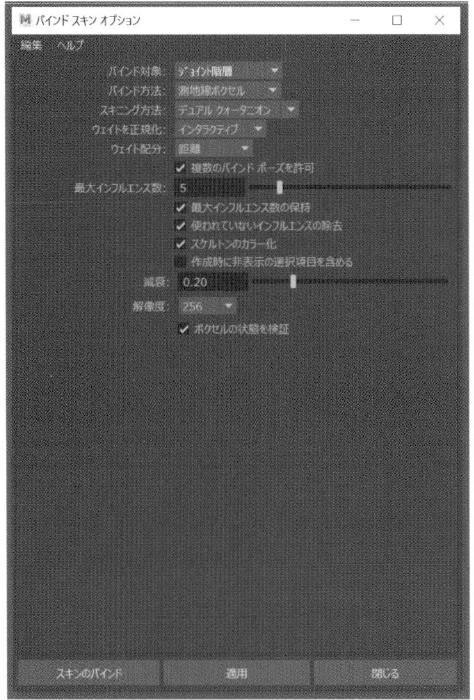

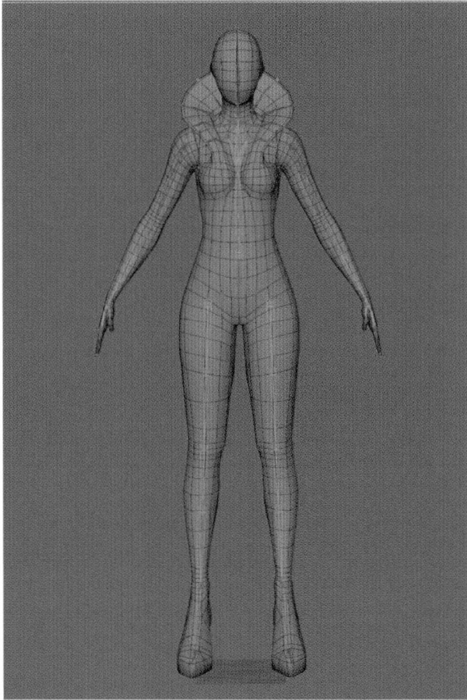

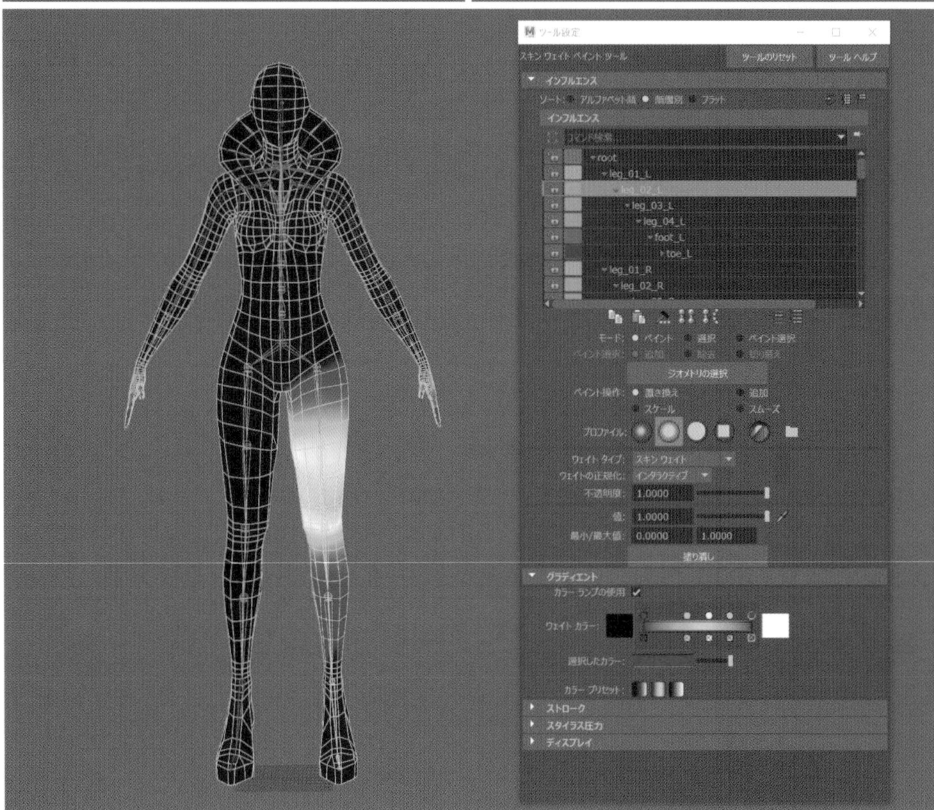

03 オリジナルモデルへウェイトをコピー

01. オリジナルのハイポリモデルにも、同じくバインドします。

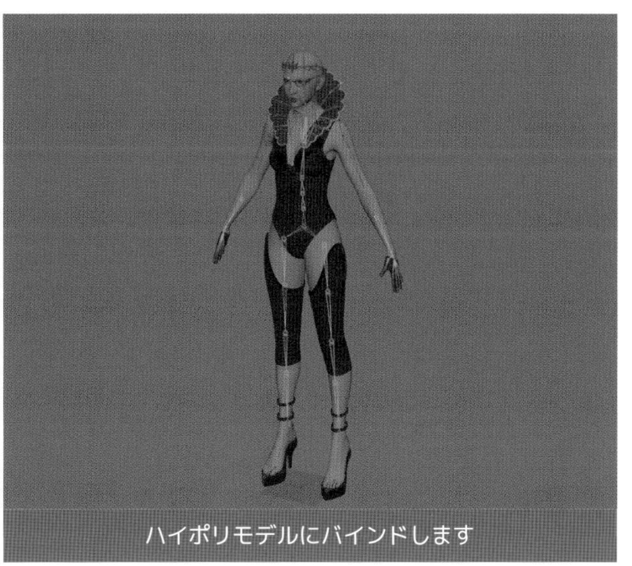

02. ケージモデルとハイポリモデルを表示して、ウェイトをコピーします(**[スキン]→[スキンウェイトのコピー]**)。スケルトンを動かして、ウェイトがコピーされているのを確認します。

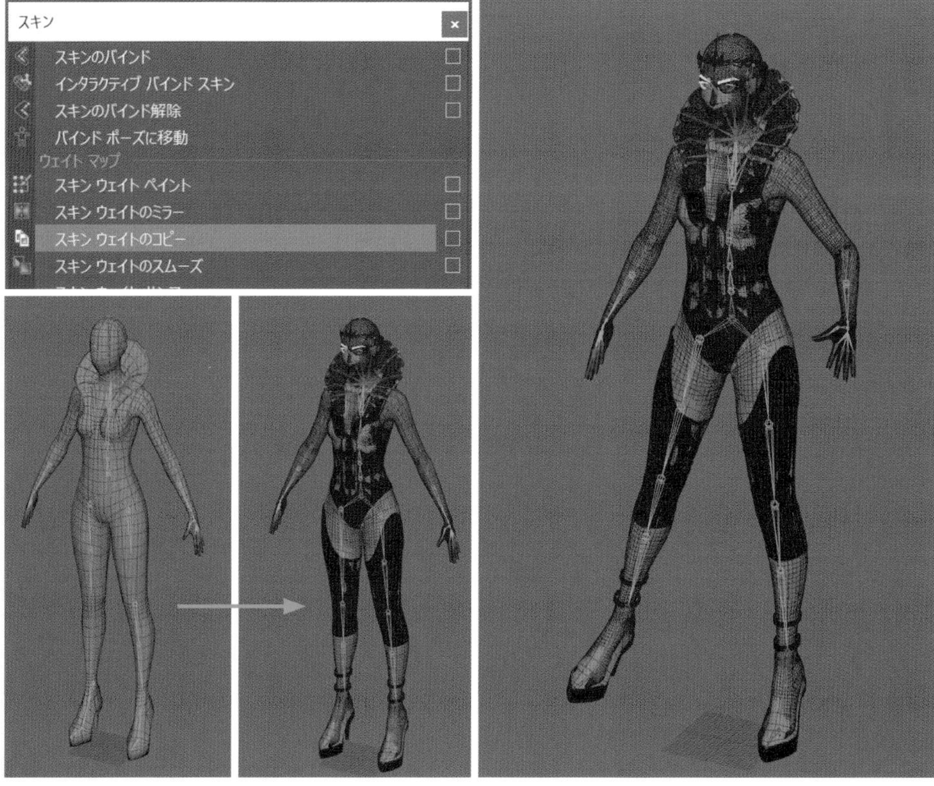

03. キャラクター本体だけでなく、「襟元のネックパーツ」「背面のリボン」「ブーツ」にもスケルトンを作成し、ウェイトを設定します。また、襟のボーンにリボンのボーンをペアレントして繋げます。

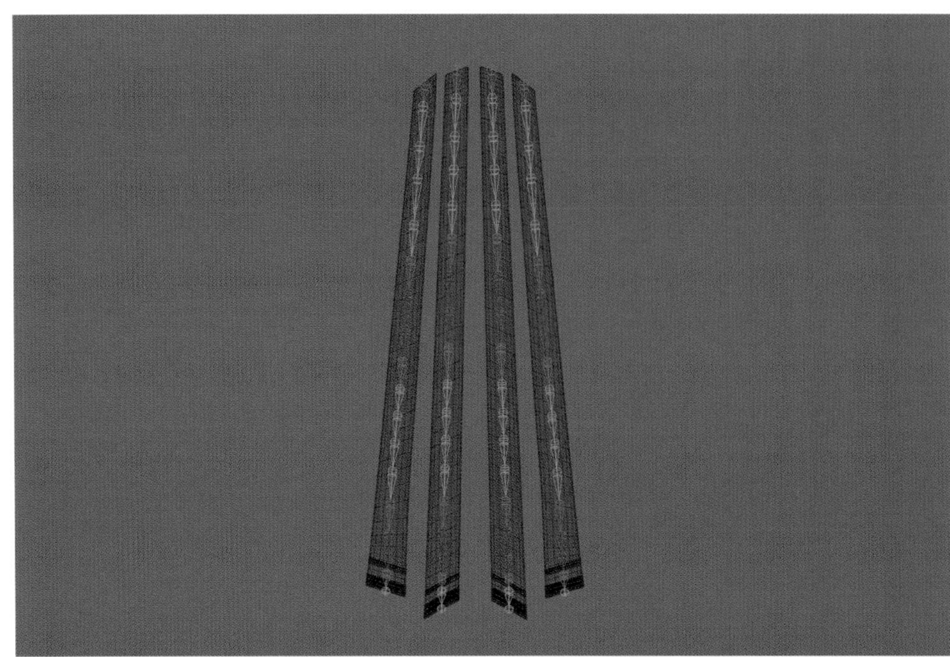

Chapter 07

ポージングとシミュレーション

カメラ位置を調整しながら、キャラクターにさまざまなポーズをとらせ、良い構図を探ります。モデルに破綻が見つかった場合は、ZBrushで修正しましょう。ポージングが決まったら、シミュレーションを実行します。

01 ポージング

Mayaでカメラを動かしながら、さまざまなポーズをとらせ、良い構図を模索します。カメラ位置とポーズが決まったら、モデルを選択し、ヒストリを削除。部分修正のためZBrushへFBX形式で書き出します(※ZBrushのサブツールの中に、パーツごとに出力されます)。

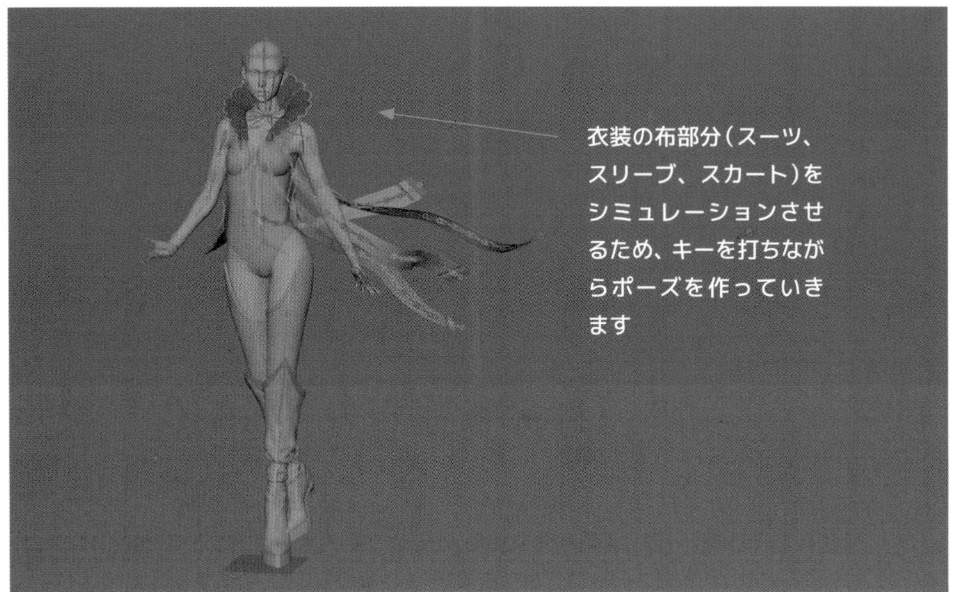

02 モデルの修正

ポージングによって「飛び出し」や「めり込み」、あるいは「人体構造的にありえない曲がり方」をしている場合、ZBrushで形状を修正します。また、モデルのエッジ(特に服の部分)を少し歪ませると「ポリゴン感」が軽減し、よりリアルで説得力のあるルックになります。

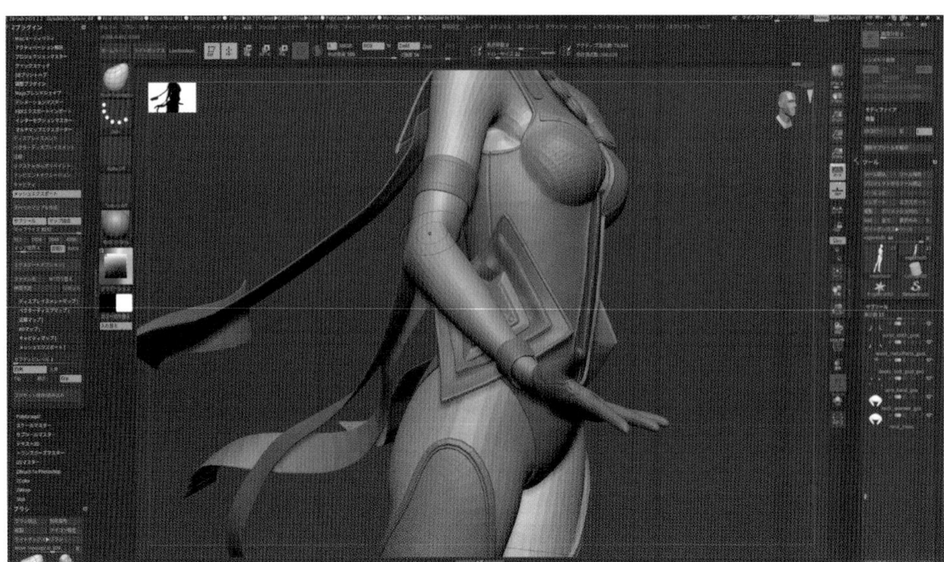

03 衣装のシミュレーション

①準備

これから、MayaのnClothで重力・風向などを設定し、衣装の布部分(スーツ)のシミュレーションを行います。その準備として、図の「before」から「after」への変形で、衣装パーツもブレンドシェイプさせました(これらのブレンドシェイプの動きにもキーを打ち、アニメーションさせています)。では、布部分にシミュレーションをかけ、リアルなしわをつけていきましょう。

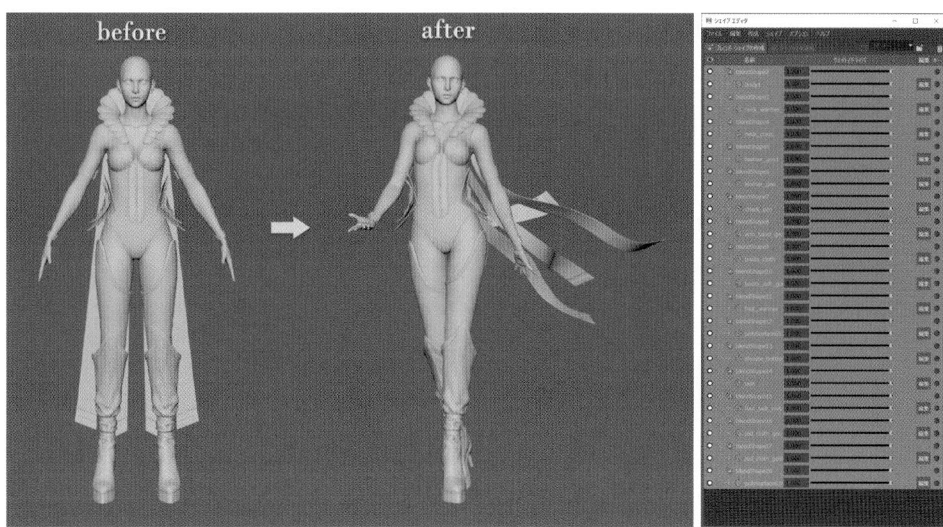

②nClothの設定

01. まず、衝突判定(コリジョン)させるオブジェクトを選択(※シミュレーションに不要なオブジェクトは非表示)、**[nCloth]→[パッシブコライダの作成]**を押します。

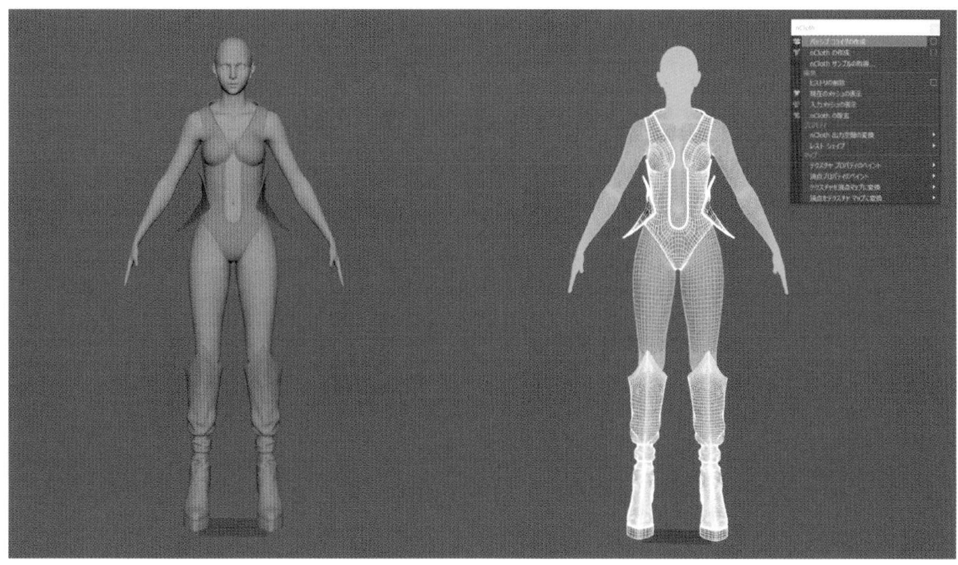

02. シミュレーションさせる衣装オブジェクト（スーツ）を表示し選択、**[nCloth]→[nClothの作成]**を適用します。衣装の素材は[プリセット]で簡単に設定できます。

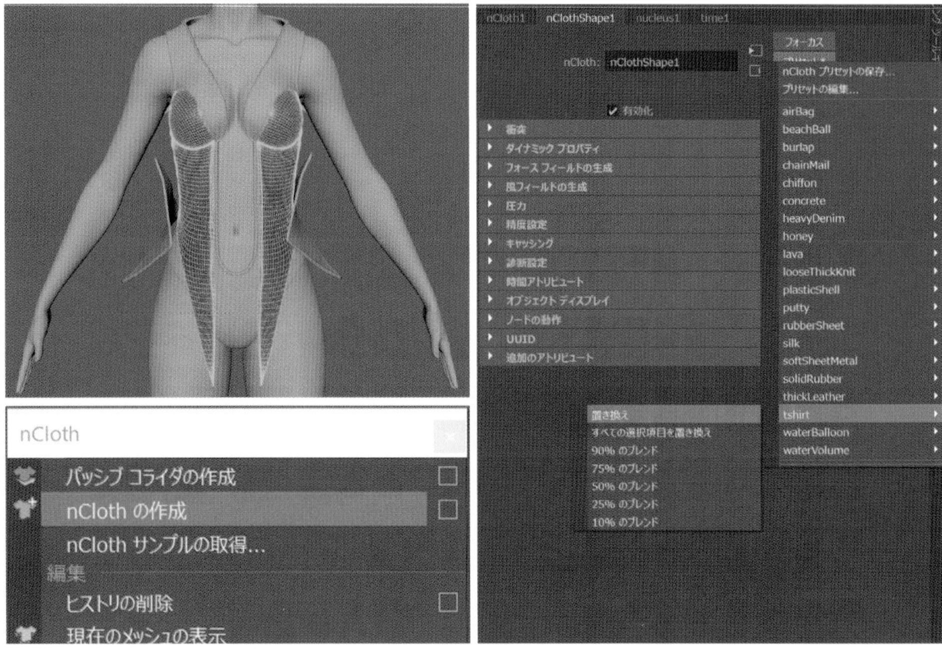

03. シミュレーションで動かしたくない部分／固定する部分の頂点やオブジェクトを選択、**[nConstraint]→[ポイント対サーフェス]**を適用します。

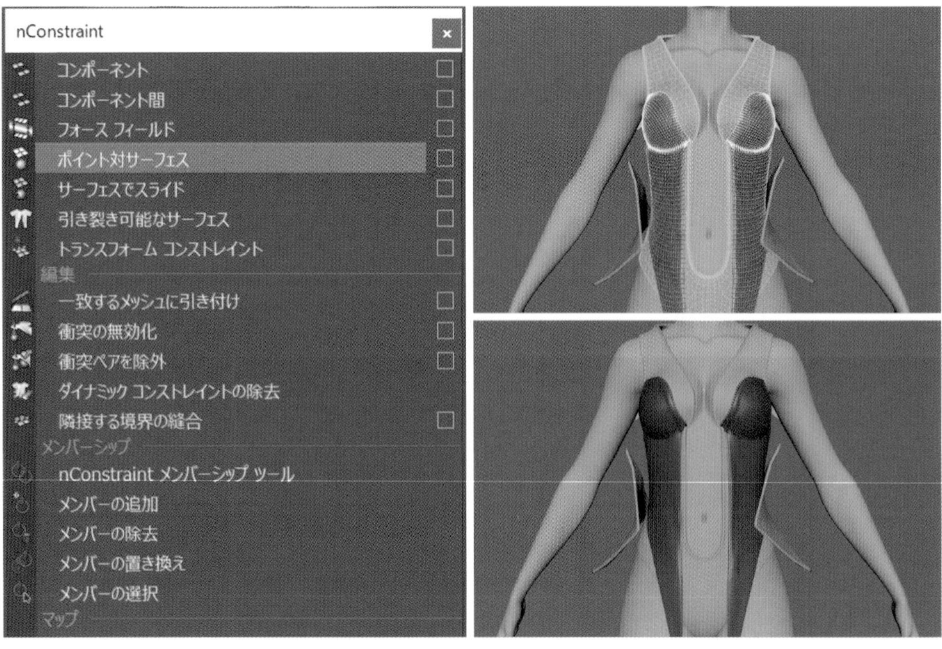

※固定する部分が衝突判定オブジェクトにめり込んでいると、うまくシミュレーションしません。注意してモデルを作成しましょう。

04. [アウトライナ]にあるnucleusノードの[重力と風]セクションを設定をします。[重力][風速][風向]を変更して、衣装のたなびきを調整しましょう。

05. タイムラインの再生ボタンを押して、nClothシミュレーションを実行します。スーツオブジェクトがキャラクターに少しめり込む場合は、ZBrushなどで修正してください。

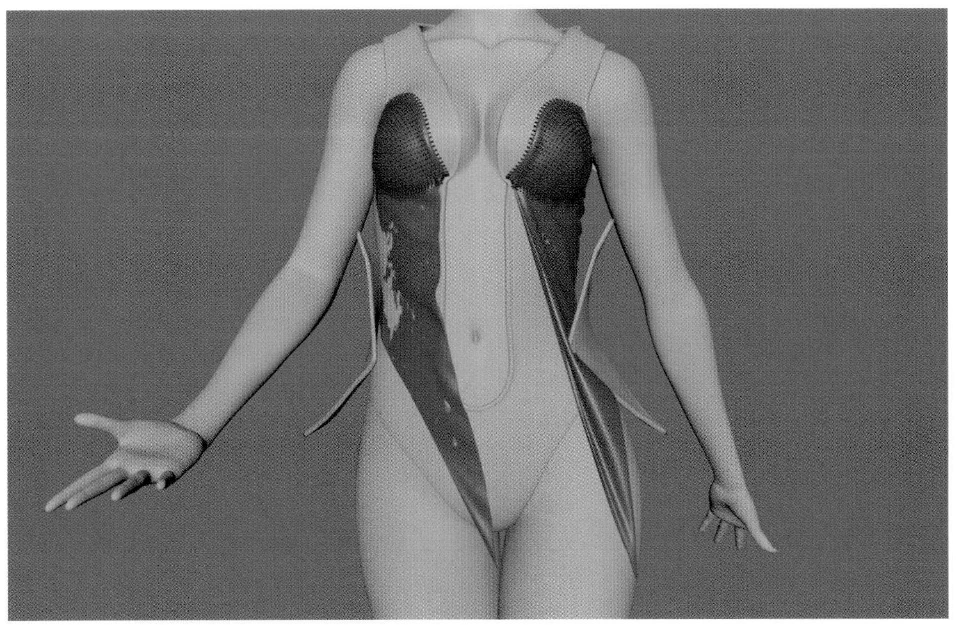

③スーツのブレンドシェイプを作成

01. 元のスーツオブジェクトとシミュレーション後のスーツオブジェクトをブレンドシェイプさせましょう。まずシミュレーション後のオブジェクトを選択、次にシミュレーション前の変形させたいオブジェクトを選択し、**[デフォーム]→[ブレンドシェイプ]**を設定をします。[シェイプエディタ]でスライダを右端に移動すると、元のスーツが変形します。

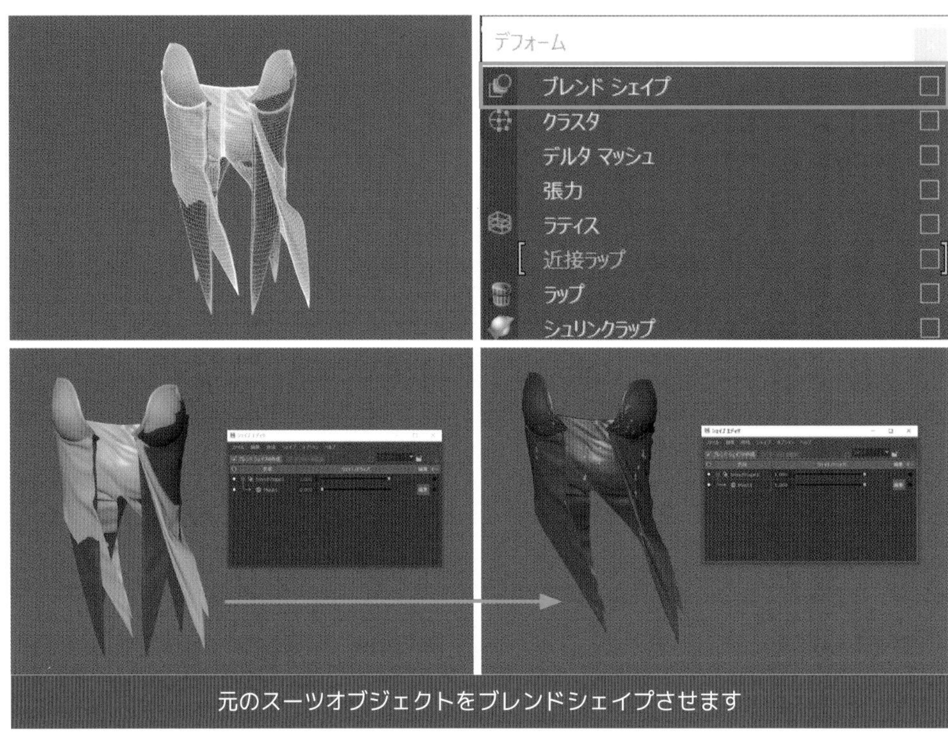

元のスーツオブジェクトをブレンドシェイプさせます

02. 今度はスーツのシミュレーション結果に「装飾」を追従させましょう。まず、裾の装飾オブジェクトを読み込み、スーツのブレンドシェイプを実行してみます。しかし、このままだと装飾が追従しません。これを解決するため、[ラップ]を使用します。

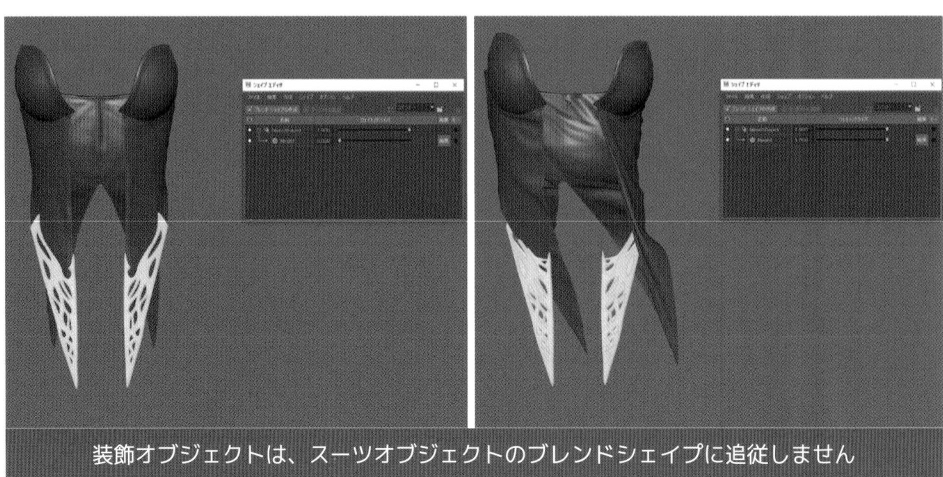

装飾オブジェクトは、スーツオブジェクトのブレンドシェイプに追従しません

03. 先に装飾オブジェクト、次にスーツを選んで、**[デフォーム]→[ラップ]**を適用します。これにより、装飾がスーツのブレンドシェイプに合わせて変形するようになります。

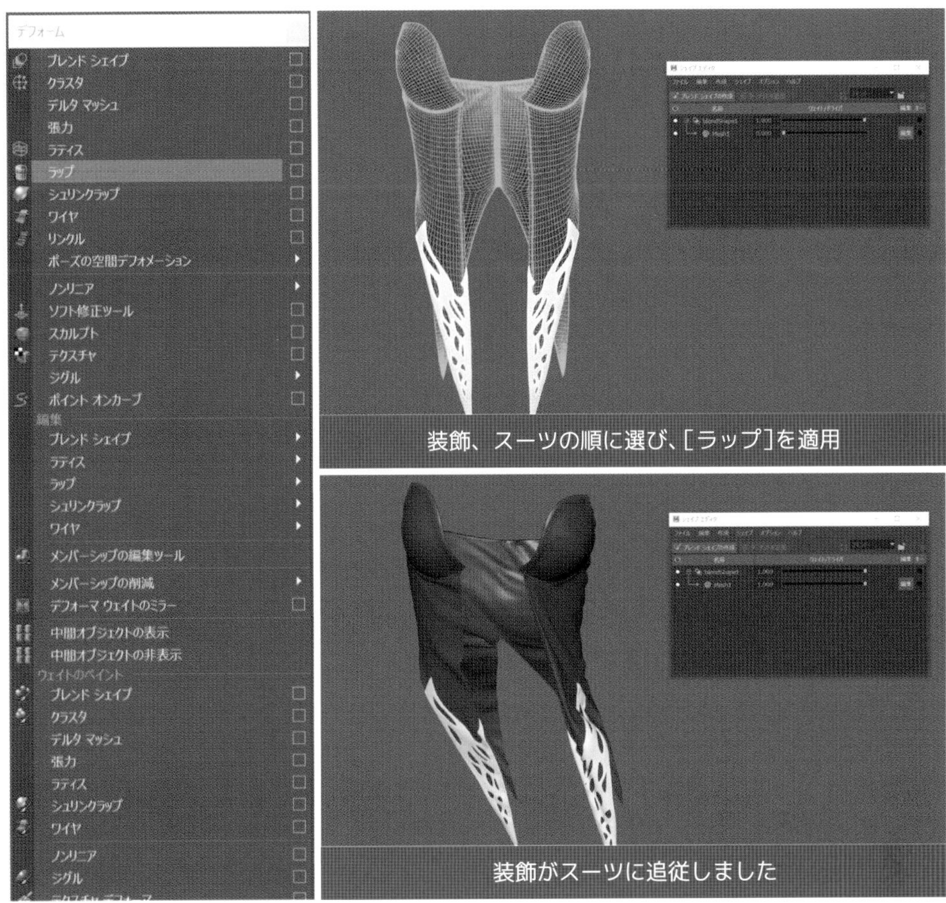

装飾、スーツの順に選び、[ラップ]を適用

装飾がスーツに追従しました

04. 同様に、他の衣装や装飾にも、シミュレーションとブレンドシェイプを行います。シミュレーションを軽くする秘訣は、衝突判定(コリジョン)オブジェクトに、リトポロジしたローポリモデルを使用することです(※今回は静止画の作成なので、素体をコリジョンモデルとしました)。

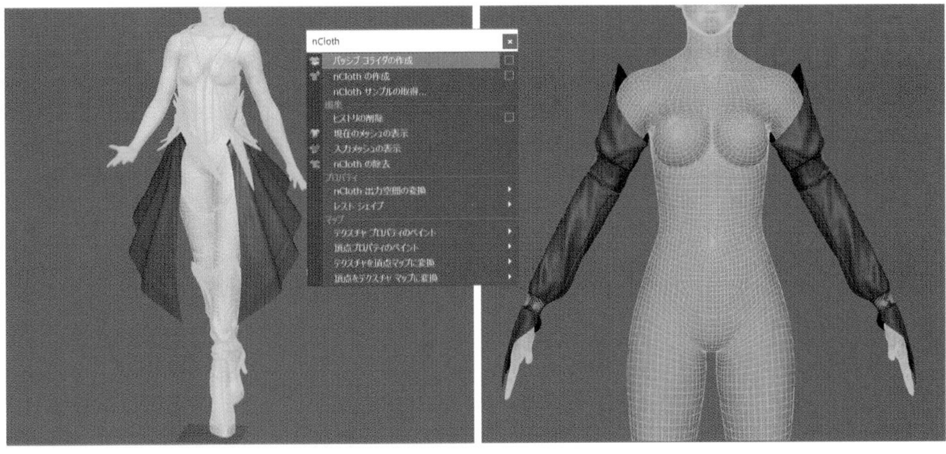

④衣装の要素をシーンにまとめる

ポージングとnClothシミュレーションによって、キャラクターと衣装が仕上がってきました。さらに、Chapter02で設定したXGenの数値、髪の毛のガイドを微調整し、風にたなびく感じを出します。最終的には、キャラクター・衣装・装飾のレンダリング要素を1ファイルにまとめます。

Mayaのシミュレーションで動きをつけた衣装の布部分

髪の毛を調整したキャラクターと衣装を組み合わせたイメージ

Chapter 08 仕上げ

仕上げは、作品の魅力に大きく影響する工程です。ここではPhotoshopやLightroomで画像編集を行い、画作りをします。この作業に時間をかけると、大きな差が出ます。作品に込めるメッセージや魅力が何なのか、そして、それをどのように反映させるのか考えましょう。

01 要素に分けてレンダリングする方法

01. 下図は要素に分けずに、1度にすべてをレンダリングしたものです（Beautyパス）。これだと1枚絵なので、細かく編集することが困難です。しかし、要素に分けてレンダリングすると、「魔法の球」「魔法の粒子」「照らされる部分」など、強調したい部分を個別に調整しやすくなります。

02. 衣装を例に見ていきましょう。図は衣装のワイヤフレーム表示と、1度にすべてをレンダリングしたBeautyパスです。これから、この衣装を要素に分けてレンダリングします。

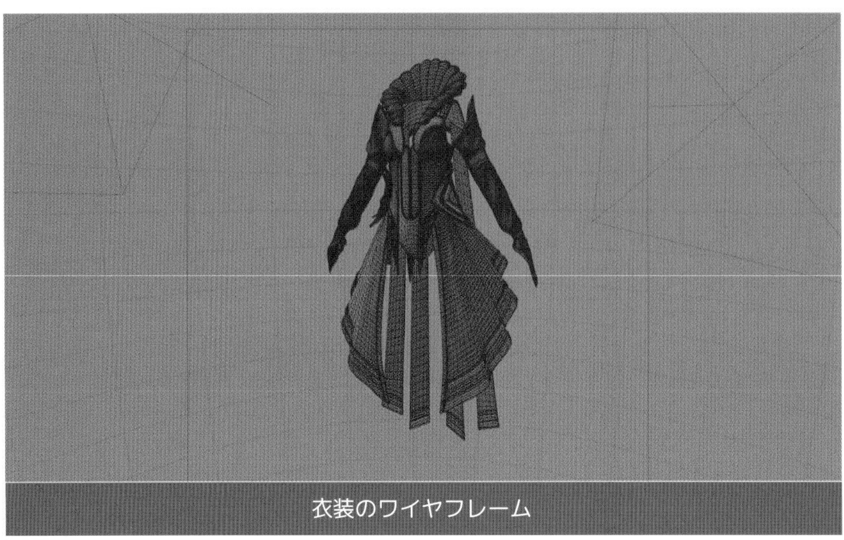

衣装のワイヤフレーム

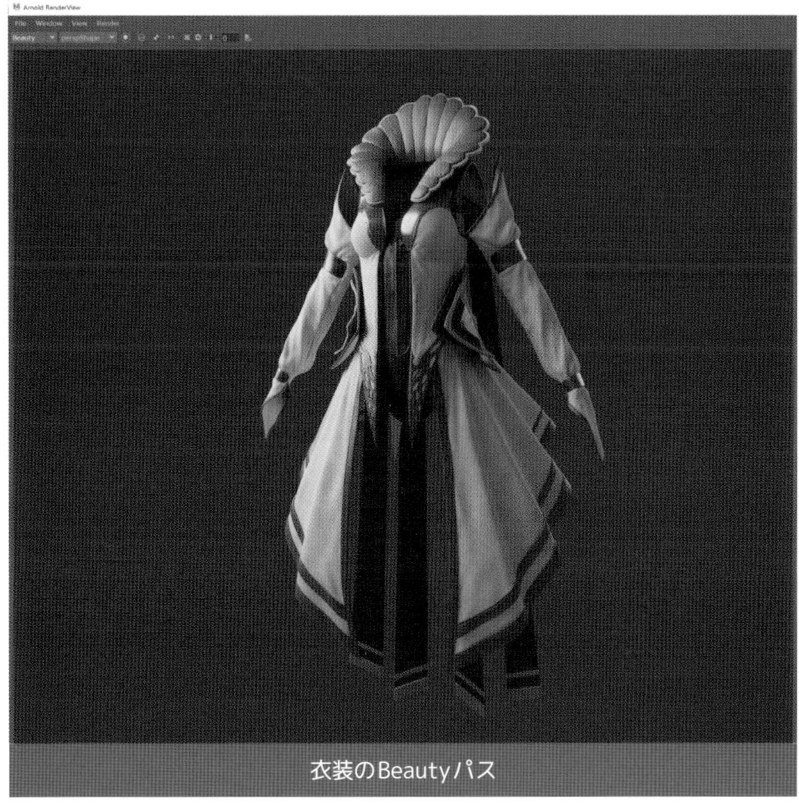
衣装のBeautyパス

03. MayaのArnoldで要素に分けてレンダリングするには、[レンダー設定]の[AOVs]タブでレンダリングする要素を設定します。今回はID、albedo、diffuse、Specularの4つのパスです。「ID」ではオブジェクトごとに色分けされ、パーツ単位の調整が可能になります。

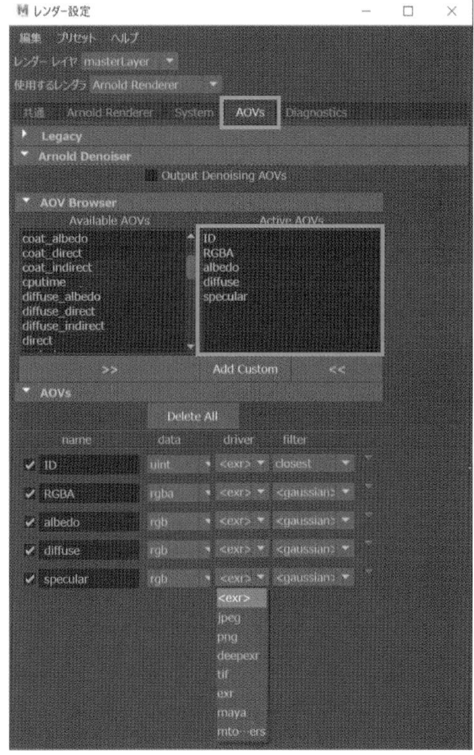

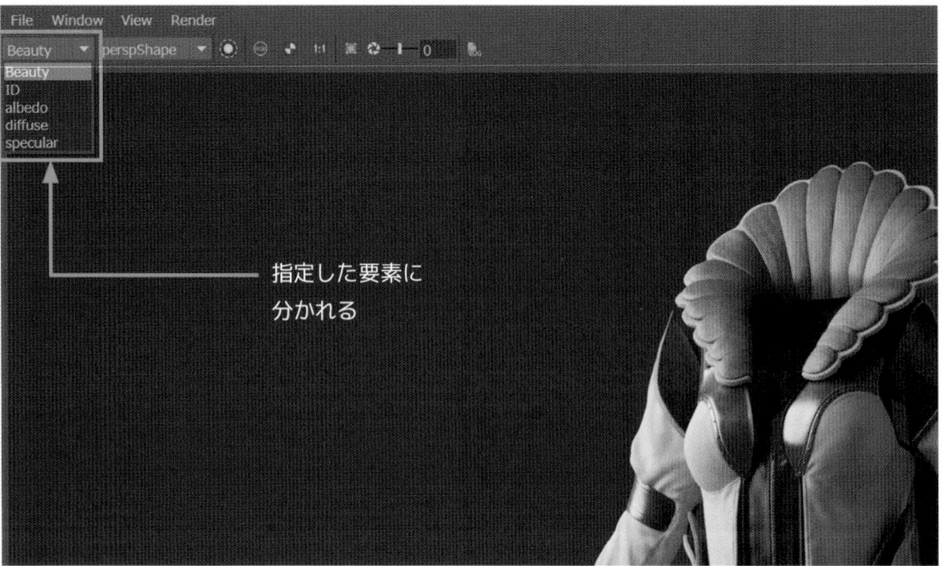
Arnold RenderView
File Window View Render
Beauty
perspShape
Beauty
ID
albedo
diffuse
specular
指定した要素に
分かれる

ID

albedo

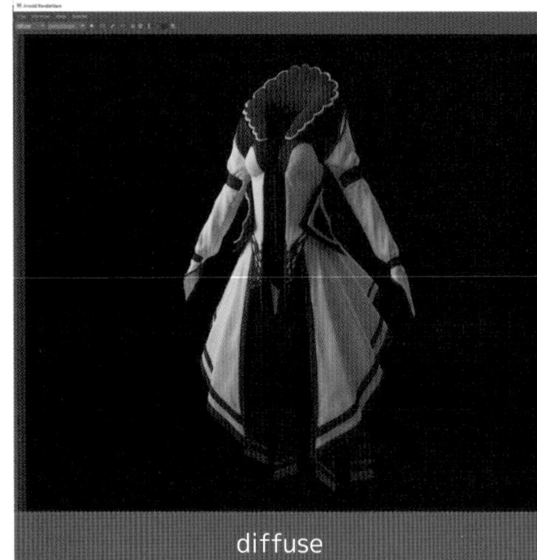
diffuse

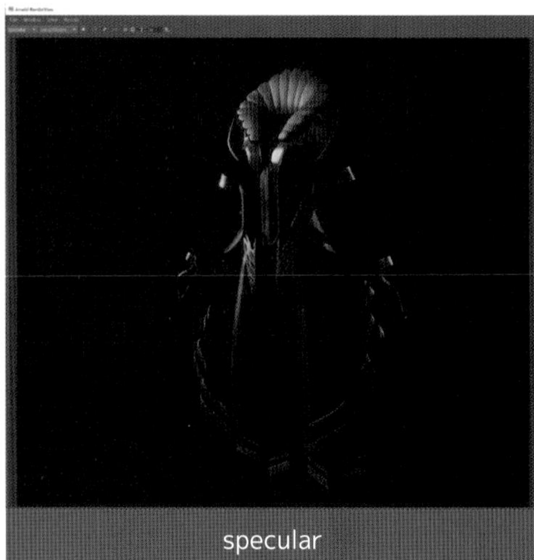
specular

02 ライトで分けてレンダリングする方法

01. このシーンには、3つのライトが配置されています。メインライト（水色）、フィルライト（赤色）、そして、ドームライト（白色）の3つです。レンダリングすると図のようになります。

02. ライトで要素に分けてレンダリングします。まずメインライトを選択、アトリビュートの[AOV Light Group]にライト名**blue**(※小文字)を入力。同様にフィルライトでは**red**、ドームライトでは**white** と入力します。

03. 次は[レンダー設定]の[AOVs]タブを選択、[AOV Browser]セクションの[Add Custom]をクリックします。ドームライト(白色)の場合、[AOV Name]に**RGBA_white**と入力。同様に、メインライトでは**RGBA_blue**、フィルライトでは **RGBA_red**と入力します。

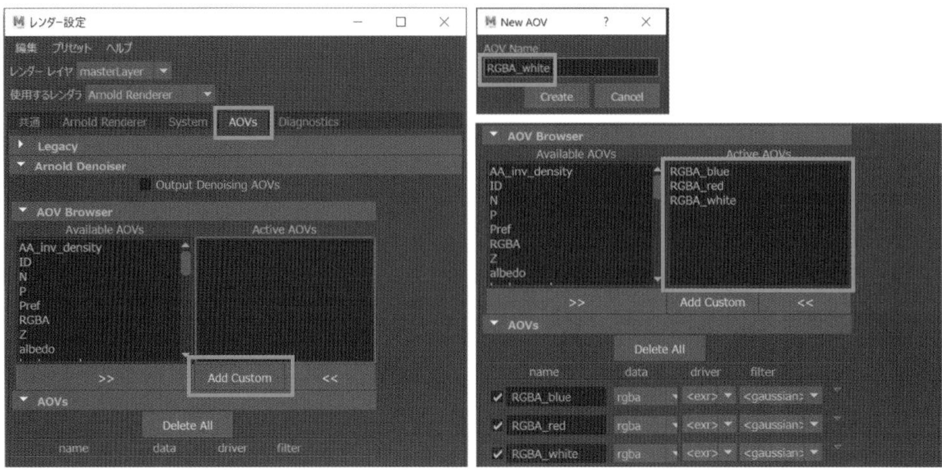

04. レンダリング結果は図のようになりました。[Arnold RenderView]の左上のプルダウンで、ライトごとのレイヤーを表示できます。このように[AOVs]を活用すると、ライトごとに出力できるため、合成するときに役立ちます。

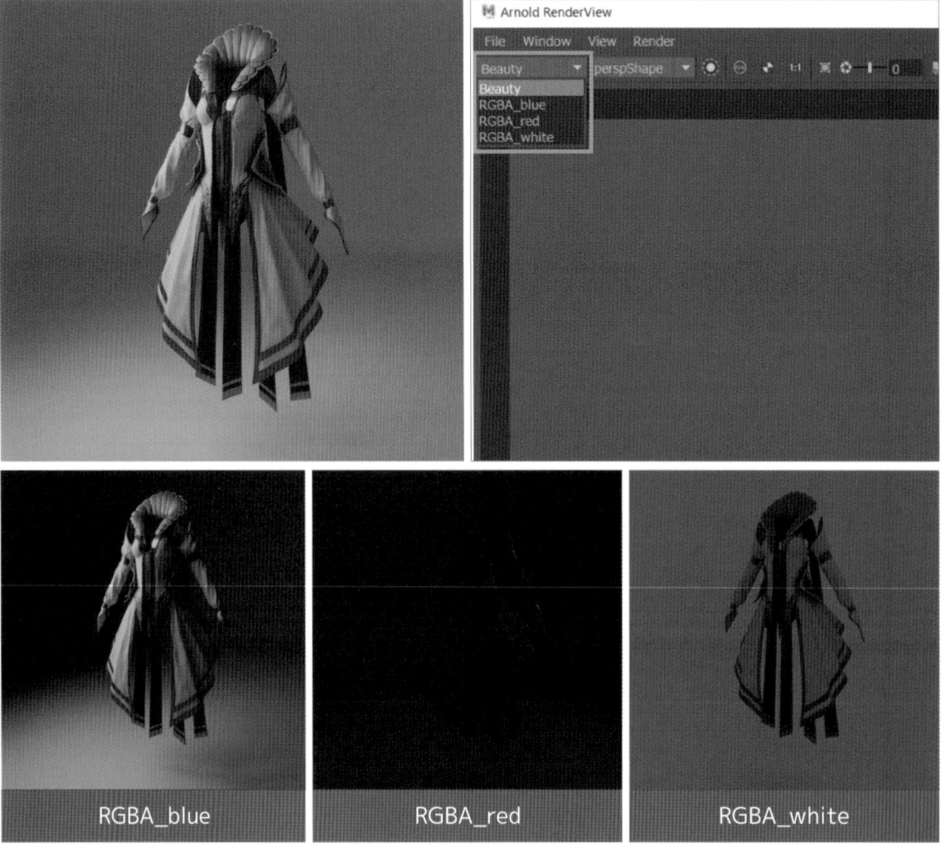

03 シーンの要素分け

[AOVs]や[レイヤエディタ]を使って要素分けします。キャラクターと背景を[レイヤエディタ]で分け、特定のオブジェクト以外を非表示([Ctrl]+[h]キー)にし、個別にレンダリングしてもよいでしょう(魔法の粒子は手描きでもかまいません)。

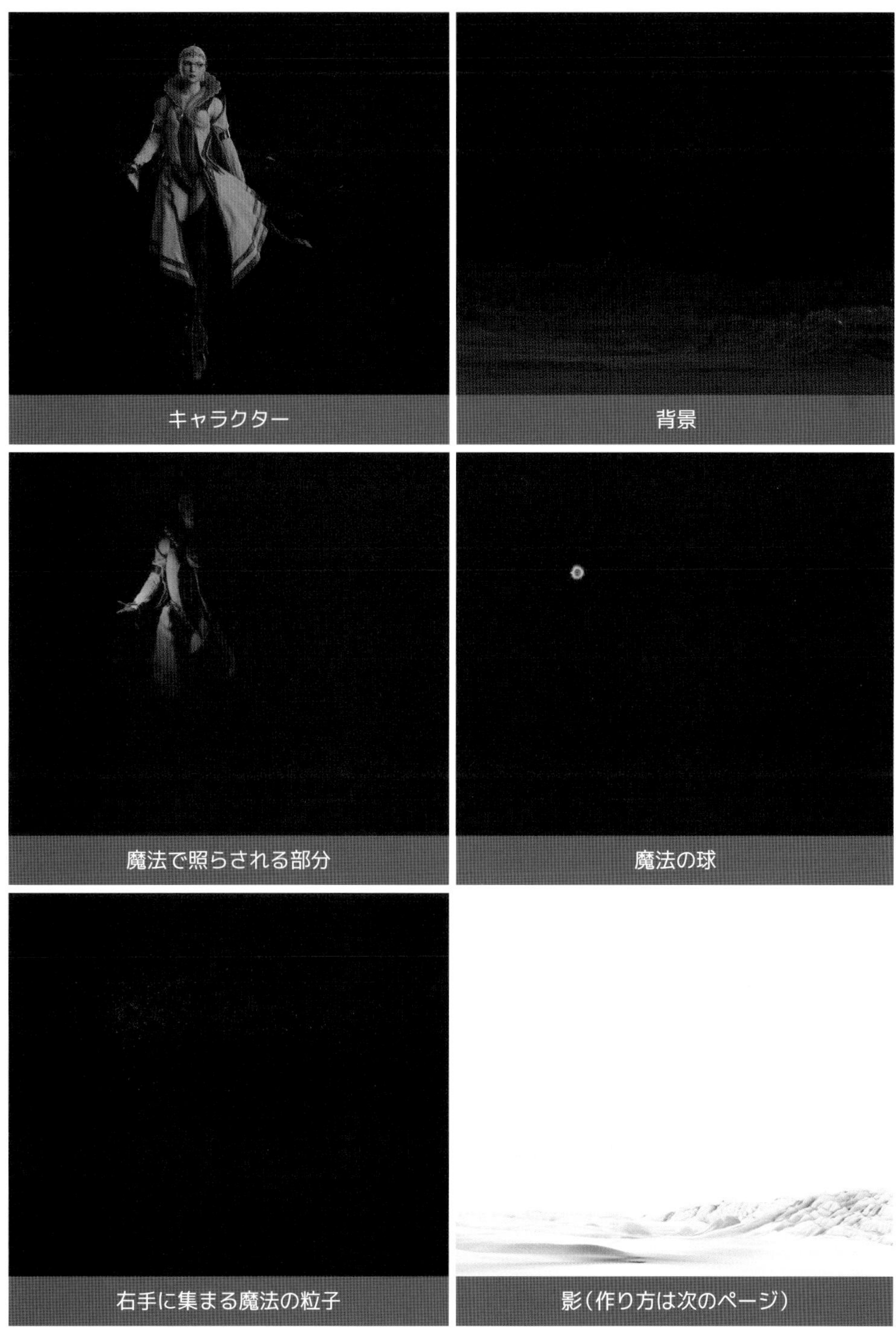

キャラクター

背景

魔法で照らされる部分

魔法の球

右手に集まる魔法の粒子

影(作り方は次のページ)

キャラクターのID

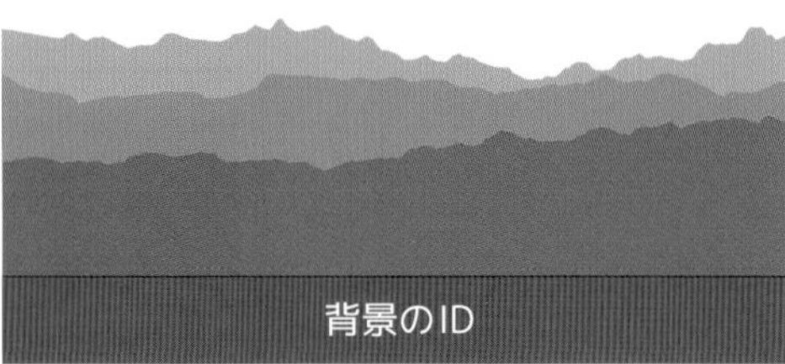

背景のID

Arnoldで影のみレンダリングする方法

①影を落とすオブジェクトをできるだけ1つにまとめます。

②キャラクターの影を落としたい地面に、[aiShadowMatte]を割り当てます。

③レンダリングから除外するモデルのシェイプタブで、[Primary Visibility]をオフ。

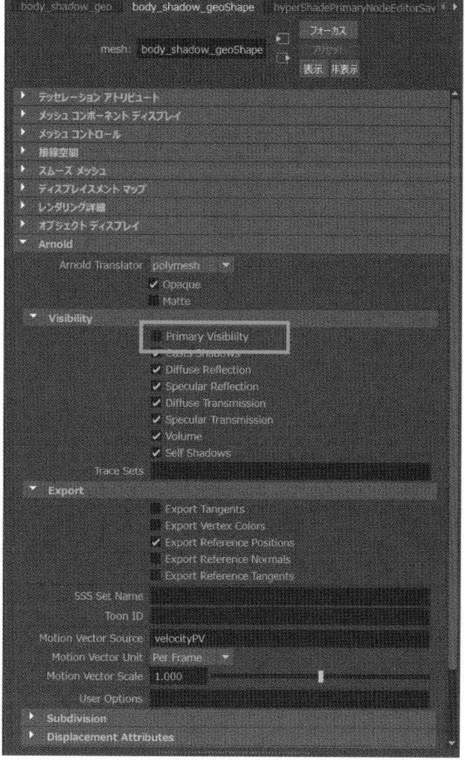

④レンダリングして確認したら、アルファチャンネルのあるpng形式で保存。背景に[乗算]で重ねて背景を白くすると、影がしっかり出力されているのがわかります。

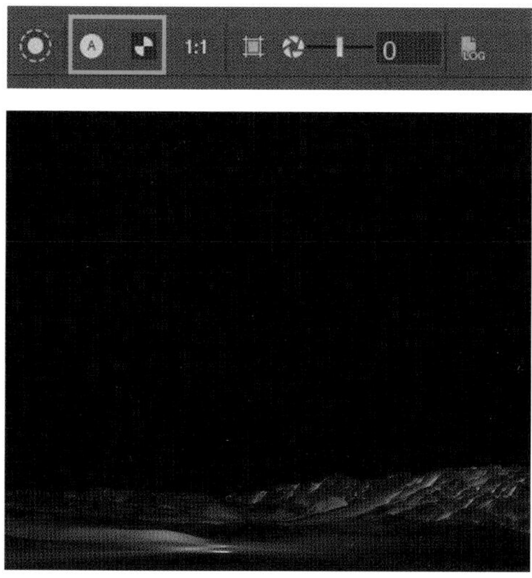

04 要素の合成

ここではPhotoshopを使って、要素を合成します。

01. 背景画像をPhotoshopのグラデーション機能で塗ります。

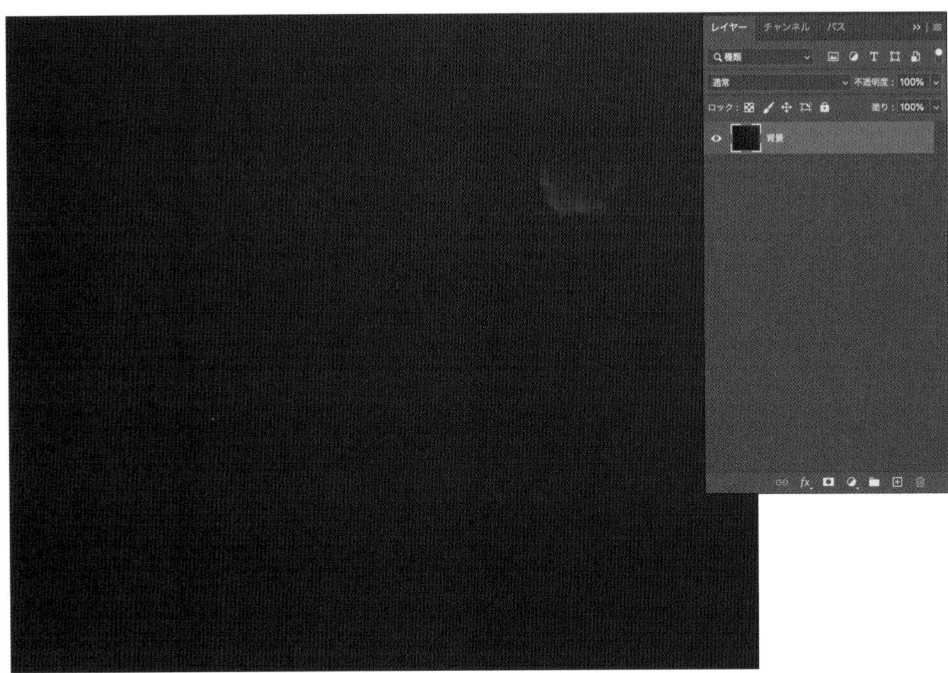

02. ZBrushで地面の起伏を作り、テクスチャを適用。地面は少し傾けて、不安定感を出します。

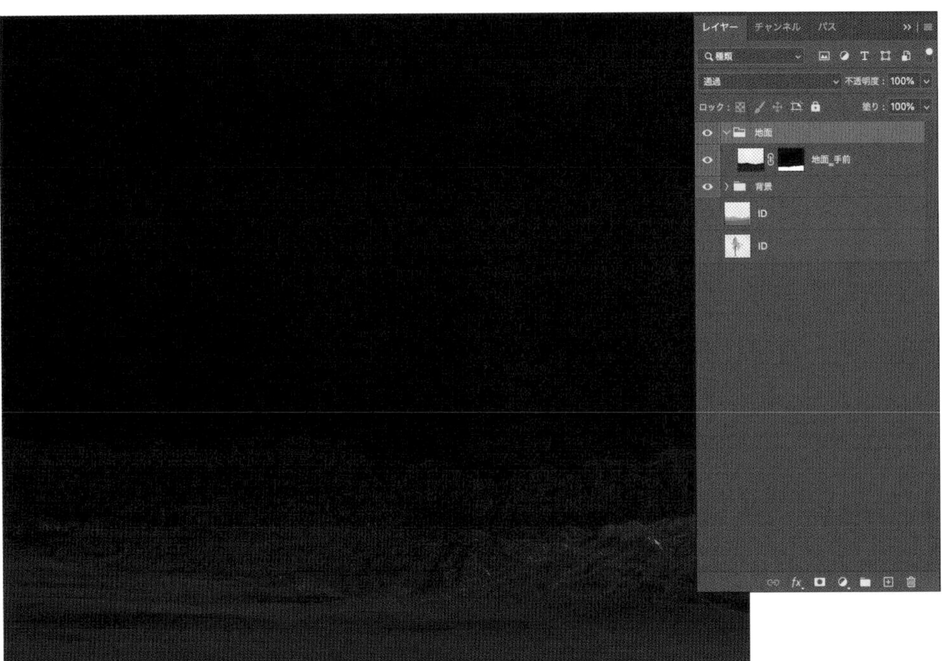

03. IDで地面を選択、手前から順に[レンズぼかし]を強めながらかけて、奥行き感を出します。

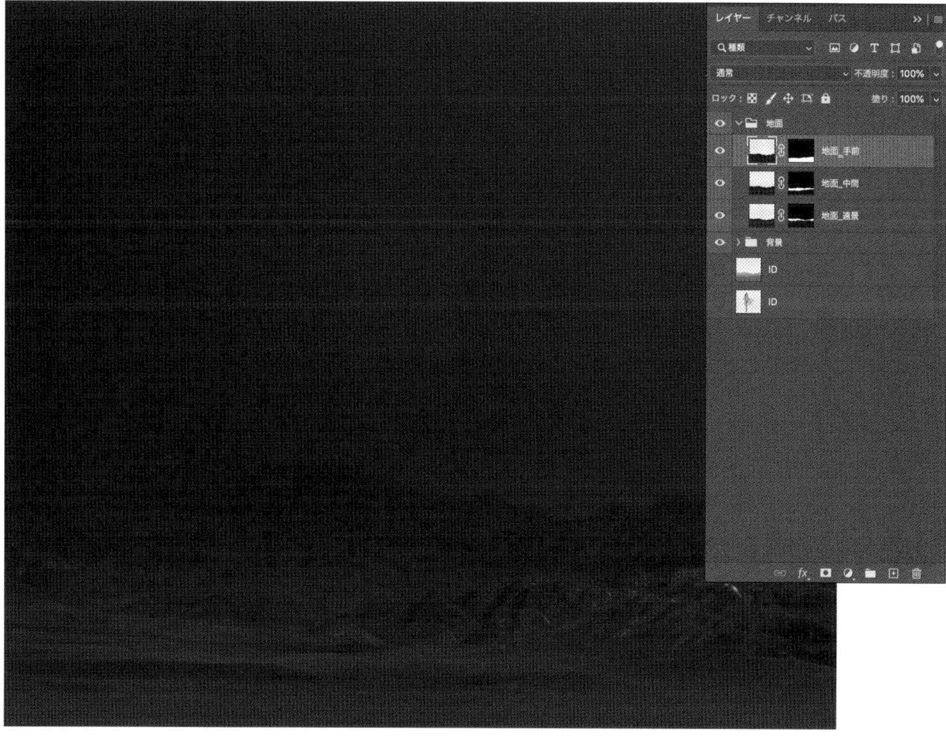

04. [ブラシツール]で土埃を描き、風や空間を感じられる画にします。

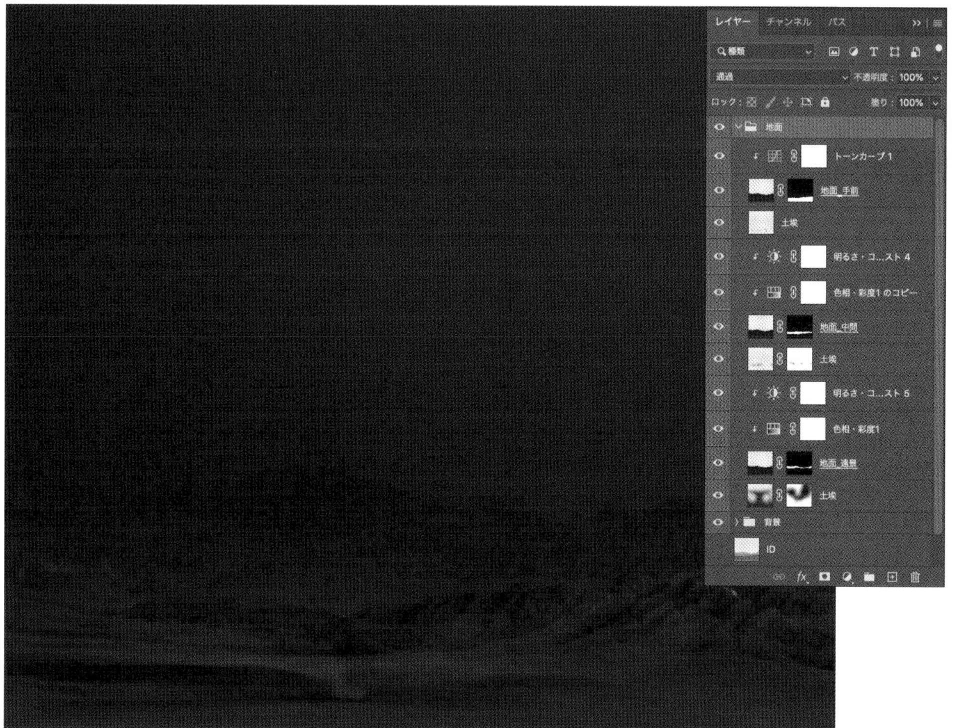

05. キャラクターを配置し、[トーンカーブ]と[明るさ・コントラスト]で調整します。

06. 右の掌の「魔法の球から発せられる光」を[スクリーン]モードで配置します。

07. 右の掌に「魔法の球」を［カラー比較（明）］モードで配置します。

08.「魔法の球」の上に円状に描いた絵をぼかし、［スクリーン］モードにします。

09. [鉛筆ツール]で、画面中央に「魔法の粒子」(細かい多数の点)を描き、ぼかします。

05 最終仕上げ

この画で見せたい箇所は2つあります。1つは「女性キャラクター」で、もう1つは掌の上にある「魔法の球」です。ここからはLightroom を使って、調整していきます。

Lightroomのマスク作成ツール

「マスク」を塗る際に使うツール。塗った部分は赤くなります。

01. 右のスライダを調整して、キャラクターを目立たせます。

02. マスクで背景を暗くして、白い衣装のキャラクターを際立たせます。ただし、キャラクターのみが目立ち過ぎず、その空間に存在しているように見せます。

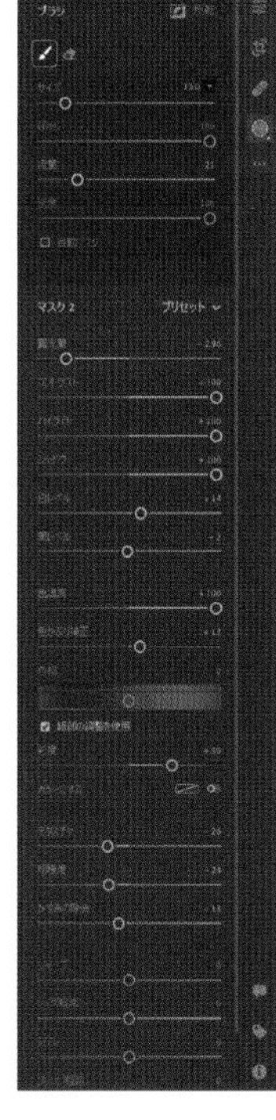

03. 引き続き、マスクでキャラクターと背景がなじむように調整します。

※キャラクターの背景色に近い色味に若干寄せます（今回の場合、背景が暖色系なので、暖色系の色味を足しています）。

04. 魔法の球に集まる「魔法の粒子」を強調するため、色味と明るさを変更します。

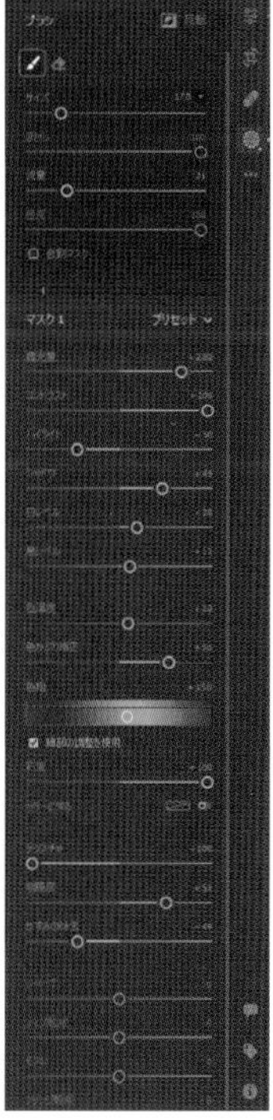

05.「顔」が少し暗いので、明度とコントラストを調整します。

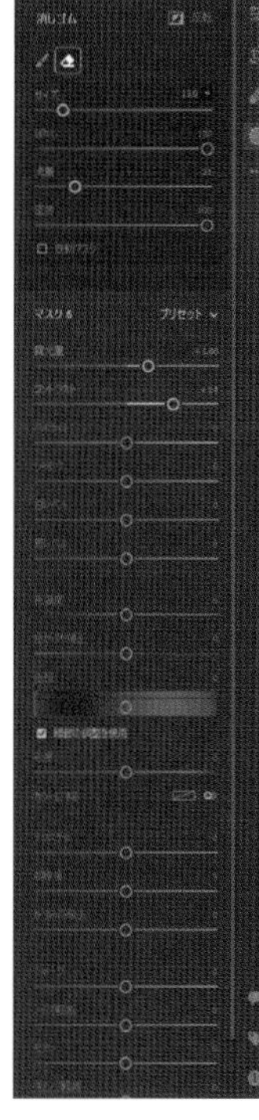

06. キャラクターが焦点になるように、手前の空間のトーンやディテールを落とします。見せたい「女性キャラクター」と「魔法の球」が際立ったら完成です。

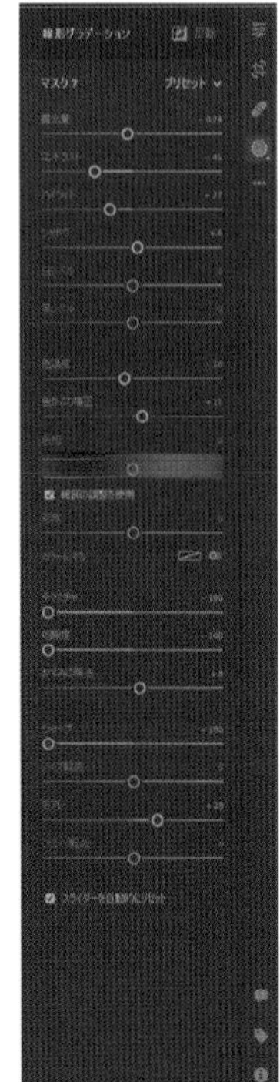

コラム その3

～目標と自己投資～

「何かを作りたい」と思い立ち、その目標を実現させたいのであれば、まず言葉に出してみましょう。なぜ言葉を出すのかというと、自身のビジョンがハッキリして自らの後押しになるからです。

次は目標達成のためにどんな「知識」「ソフト」「参考書」が必要なのかを考え、多少高くても、できるだけ自己投資しましょう。その投資は、後々、巡り巡って、あなたの血肉になります。これを実践していけば、「作りたいと言葉に出す」→「目標としている人の制作動画や書籍、ソフトを買う」→「作って実力がつく」→「さらに上を目指したいと言葉に出す」→・・・という好循環に入っていきます。

もちろん、迷うときや伸び悩むときもあるでしょう。しかし、その時間と経験は無駄にはなりません。作りたいものがあれば、表現したい気持ちが湧いてきたら、目標を掲げて満足いくまで取り組み、「完成」まで持っていきましょう！

Gallery

著者作品紹介

Johnny Depp（2020年）

Fairy of long hair（2015年）
- ASIAGRAPH2015 CGアートギャラリー公募展示部門 最優秀作品

Mana（2019年）
White fairy（2017年）
Thanos（2018年）
Rose（2015年）
Red hair goddess（2019年）

あとがき

最後まで読んでいただき、本当にありがとうございました！
私がこれまで場数を踏んで得てきた「考え方」と「知識」が
少しでも皆様のお役に立てば幸いです。

最初は中級レベルの人に向けて執筆していましたが
途中からは「昔の私と同じように制作に苦しんでいる人」にとって
少しでも後押しになればという思いを込めました。

私自身、これまで挫折を繰り返してきて、辛いこともたくさん経験しました。
なかなか思うように作れなくて、外に出ては悔しくて一人泣いた時期もありました。
しかし、成果の出ない日々を経て、何とか形にできるようになり
認めてもらえるようになるまでの長い時間は
私の人生で何物にも代えがたい財産になっています。

本書の執筆でサポートしてくださった方々
今までお仕事で救ってくださったたくさんの方々には
本当に感謝しかありません。
この場をお借りして、心からお礼申し上げます。

2022年2月
江原 徹

完成データ付 CGキャラクター制作の秘訣

著　　者　江原 徹
発 行 人　村上 徹
編　　集　高木 了
発　　行　株式会社ボーンデジタル

〒102-0074 東京都千代田区九段南 1-5-5 九段サウスサイドスクエア
Tel : 03-5215-8671　Fax : 03-5215-8667
www.borndigital.co.jp / book /
E-mail : info@borndigital.co.jp

デザイン　岩沢 圭
レイアウト　株式会社スタジオリズ
印刷・製本　株式会社大丸グラフィックス

2022年6月25日初版発行

ISBN 978-4-86246-532-0
Printed in Japan